冶金专业教材和工具书经典传承国际传播工程
Project of the Inheritance and International Dissemination of Classical Metallurgical Textbooks & Reference Books

高职高专“十四五”规划教材

冶金工业出版社

稀土火法冶金技术

主　编　王晓丽　宋群玲
副主编　王天丰　宋　鑫　刘小芳
主　审　鲁　强

扫码输入刮刮卡密码
查看数字资源

北　京
冶金工业出版社
2025

内 容 提 要

本书基于稀土火法冶金生产过程，以项目形式分别论述了稀土精矿分解、稀土化合物制备、熔盐电解法制备稀土金属和合金、金属热还原法制备稀土金属和合金、热还原法生产稀土铁合金等生产过程的基本原理、工艺流程和设备、工艺参数及操作技术等内容。本书理论联系实际，实用性强。

本书为职业教育稀土材料技术专业教学资源库“稀土火法冶金技术”课程配套教材，可作为高职高专院校的稀土类、冶金类、机械类和近机械类专业教学用书，也可作为成人大专、职工培训、继续教育教材和参考书。

图书在版编目（CIP）数据

稀土火法冶金技术 / 王晓丽，宋群玲主编. -- 北京 ：冶金工业出版社，2025. 7. --（高职高专“十四五”规划教材）. -- ISBN 978-7-5240-0245-1

Ⅰ. TF845

中国国家版本馆 CIP 数据核字第 20258EF143 号

稀土火法冶金技术

出版发行 冶金工业出版社　**电　话** (010)64027926
地　址 北京市东城区嵩祝院北巷 39 号　**邮　编** 100009
网　址 www. mip1953. com　**电子信箱** service@ mip1953. com

策划编辑 杜婷婷　责任编辑 杜婷婷 梁玉晶　美术编辑 吕欣童
版式设计 郑小利　责任校对 葛新霞　责任印制 禹 蕊
北京博海升彩色印刷有限公司印刷
2025 年 7 月第 1 版，2025 年 7 月第 1 次印刷
787mm×1092mm 1/16；10. 5 印张；235 千字；156 页
定价 49. 00 元

投稿电话 (010)64027932 投稿信箱 tougao@ cnmip. com. cn
营销中心电话 (010)64044283
冶金工业出版社天猫旗舰店 yjgycbs. tmall. com
（本书如有印装质量问题，本社营销中心负责退换）

冶金专业教材和工具书
经典传承国际传播工程
总　　序

钢铁工业是国民经济的重要基础产业，为我国经济的持续快速增长和国防现代化建设提供了重要支撑，做出了卓越贡献。当前，新一轮科技革命和产业变革深入发展，中国经济已进入高质量发展新时代，中国钢铁工业也进入了高质量发展的新时代。

高质量发展关键在科技创新，科技创新离不开高素质人才。党的二十大报告指出："教育、科技、人才是全面建设社会主义现代化国家的基础性、战略性支撑。必须坚持科技是第一生产力、人才是第一资源、创新是第一动力，深入实施科教兴国战略、人才强国战略、创新驱动发展战略，开辟发展新领域新赛道，不断塑造发展新动能新优势。"加强人才队伍建设，培养和造就一大批高素质、高水平人才是钢铁行业未来发展的一项重要任务。

随着社会的发展和时代的进步，钢铁技术创新和产业变革的步伐也一直在加速，不断推出的新产品、新技术、新流程、新业态已经彻底改变了钢铁业的面貌。钢铁行业必须加强对科技进步、教育发展及人才成长的趋势研判、规律认识和需求把握，深化人才培养体制机制改革，进一步完善相应的条件支撑，持续增强"第一资源"的保障能力。中国钢铁工业协会《"十四五"钢铁行业人力资源规划指导意见》提出，要重视创新型、复合型人才培养，重视企业家培养，重视钢铁上下游复合型人才培养。同时要科学管理，丰富绩效体系，进一步优化人才成长环境，造就一支能够支撑未来钢铁行业高质量发展的人才队伍。

高素质人才来源于高水平的教育和培训，并在丰富多彩的创新实践中历练成长。以科技创新为第一动力的发展模式，需要科技人才保持知识的更新频率，站在钢铁发展新前沿去思考未来，系统性地将基础理论学习和应用实践学习体系相结合。要深入推进职普融通、产教融合、科教融汇，建立高等教育+职业教育+继续教育和培训一体化行业人才培养体制机制，及时把钢铁科技创新成果转化为钢铁从业人员的知识和技能。

一流的专业教材是高水平教育培训的基础，做好专业知识的传承传播是当代中国钢铁人的使命。20世纪80年代，冶金工业出版社在原冶金工业部的领导支持下，组织出版了一批优秀的专业教材和工具书，代表了当时冶金科技的水平，形成了比较完备的知识体系，成为一个时代的经典。但是由于多方面的原因，这些专业教材和工具书没能及时修订，导致内容陈旧，跟不上新时代的要求。反映钢铁科技最新进展和教育教学最新要求的新经典教材的缺失，已经成为当前钢铁专业人才培养最明显的短板和痛点。

为总结、提炼、传播最新冶金科技成果，完成行业知识传承传播的历史任务，推动钢铁强国、教育强国、人才强国建设，中国钢铁工业协会、中国金属学会、冶金工业出版社于2022年7月发起了“冶金专业教材和工具书经典传承国际传播工程”（简称“经典工程”），组织相关高校、钢铁企业、科研单位参加，计划用5年左右时间，分批次完成约300种教材和工具书的修订再版和新编，以及部分教材和工具书的对外翻译出版工作。2022年11月15日在东北大学召开了工程启动会，率先启动了高等教育和职业教育教材部分工作。

“经典工程”得到了东北大学、北京科技大学、河北工业职业技术大学、山东工业职业学院等高校，中国宝武钢铁集团有限公司、鞍钢集团有限公司、首钢集团有限公司、河钢集团有限公司、江苏沙钢集团有限公司、中信泰富特钢集团股份有限公司、湖南钢铁集团有限公司、包头钢铁（集团）有限责任公司、安阳钢铁集团有限责任公司、中国五矿集团公司、北京建龙重工集团有限公司、福建省三钢（集团）有限责任公司、陕西钢铁集团有限公司、酒泉钢铁（集团）有限责任公司、中冶赛迪集团有限公司、连平县昕隆实业有限公司等单位的大力支持和资助。在各冶金院校和相关钢铁企业积极参与支持下，工程相关工作正在稳步推进。

征程万里，重任千钧。做好专业科技图书的传承传播，正是钢铁行业落实习近平总书记给北京科技大学老教授回信的重要指示精神，培养更多钢筋铁骨高素质人才，铸就科技强国、制造强国钢铁脊梁的一项重要举措，既是我国钢铁产业国际化发展的内在要求，也有助于我国国际传播能力建设、打造文化软实力。

让我们以党的二十大精神为指引，以党的二十大精神为强大动力，善始善终，慎终如始，做好工程相关工作，完成行业知识传承传播的使命任务，支撑中国钢铁工业高质量发展，为世界钢铁工业发展做出应有的贡献。

中国钢铁工业协会党委书记、执行会长

2023 年 11 月

前　言

为贯彻党的二十大精神，深入实施人才强国战略，本书以学生的全面发展为培养目标，融“知识学习、技能提升、素质培育”于一体，系统梳理了不同知识模块的内容，采用项目教学法、任务驱动式、思政引导式等多种形式相结合的方式进行组织编写，方便教师依据授课内容进行教学。

本书入选中国钢铁工业协会、中国金属学会和冶金工业出版社组织的“冶金专业教材和工具书经典传承国际传播工程”第二批立项教材。

本书主要特点如下：

（1）本书对应稀土材料技术专业教学资源库建设项目。每个知识点都配有相关动画、视频、微课、思考题、作业及答案，方便教师使用云课堂按需求组课，支持教师进行随堂测验和阶段性考核，方便学生进行课前预习和课后复习，加深学生理解，强化学用结合。

（2）本书邀请行业、企业一线专家参加编写并担任主审，并由各校任课教师与企业专家共同研讨，根据具体岗位技能要求，确定学习任务和知识点。在内容安排上也尽量选择与生产实践密切相关的题材，体现了工学结合的鲜明特色。本书汲取各高校近年来“稀土火法冶金技术”课程改革的经验及其他同类教材的优点，融入“1+X”证书考核相关内容。

（3）针对书中的教学重点和难点制作了视频、微课等数字资源，学生使用移动终端扫描二维码即可在线观看相关内容。

本书由包头职业技术学院王晓丽、昆明冶金高等专科学校宋群玲担任主编；包头钢铁职业技术学院王天丰、内蒙古科技大学宋鑫、包头稀土研究院刘小芳担任副主编；包头职业技术学院张称心、张凤龙、杨超、白银矿冶职业技术学院王晓丹、包头稀土高新技术产业开发区稀土产业园朱俞霖、包头钢铁职业技术学院任瑞林参编。本书特邀请中国北方稀土（集团）高科技股份有限公司鲁强任主审。

本书在编写过程中，参考了中国北方稀土（集团）高科技股份有限公司等企业的技术操作规程及有关文献资料，得到了企业专家的大力支持及石富老师的专业指导，在此一并表示感谢。

由于编者水平所限，书中不妥之处，敬请广大读者批评指正。

编 者

2025 年 5 月

目　　录

项目 1 稀土冶金基础知识

项目1
课件

教学目标

知识目标：

了解稀土元素的概念、丰度与电子层结构；认知稀土元素在地壳中的赋存状态、稀土产品的应用及我国稀土工业的发展；掌握稀土金属的物理性质与化学性质。

能力目标：

能够分析稀土元素的物理化学性质及其在矿物中的赋存状态。

素质目标：

培养学生对稀土科学知识的兴趣和探究精神，树立科学的世界观和方法论，培养独立思考和创新能力。

任务 1.1 稀土元素概述

1.1.1 稀土元素的概念

稀土元素包括原子序数为 57~71 的 15 个镧系元素，即镧（La）、铈（Ce）、镨（Pr）、钕（Nd）、钷（Pm）、钐（Sm）、铕（Eu）、钆（Gd）、铽（Tb）、镝（Dy）、钬（Ho）、铒（Er）、铥（Tm）、镱（Yb）、镥（Lu），以及与镧系元素在化学性质上相似的原子序数为 21 的钪（Sc）和原子序数为 39 的钇（Y），共 17 个元素。它们属于化学元素周期表中第ⅢB 族，正常原子价是+3 价。在这 17 个稀土元素中，钪与其他 16 个元素在自然界中的共生关系不太密切，性质差别也比较大，大多数工业稀土矿中都不含钪，或钪的提取方法与其他稀土元素不同。同时，镧系元素中的钷是放射性元素，它是反应堆铀裂变的产物或存在于富铀矿中，其半衰期短，常见的稀土矿中也不含钷。因此，稀土矿处理过程实际只涉及 15 个稀土元素。

稀土元素根据其物理化学性质和地球化学性质上的某些差异和生产工艺的要求，常分为轻、重稀土两组或轻、中、重稀土三组。两组的分类法开始是基于人们把溶解度较小的钆之前的稀土硫酸复盐富集在一起，这种分类方法是把钆之前从镧到铕这些原子序数及相对原子质量较小的稀土元素称为轻稀土或铈组元素，把从钆到镥的稀土元素再加上钇称为重稀土或钇组元素。钇的原子序数与相对原子质量都比镧系元素小得多，但由于它的离子半径与铒等重稀土相近，而且在自然界中往往与重稀土共生，因此将其归于重稀土。三组的分类法通常是根据稀土硫酸复盐溶解度的差异，或者根据酸性萃取剂对稀土元素萃取的难易程度以及工艺需要来分组，例如，有时把钐到镝的5个元素或钐到钆的3个元素称为中稀土。

稀土一词英文为 Rare Earths，国际上通用 R 为其代号，德国用 RE，法国用 TR，俄罗斯用 P.3。我国规定用 RE 代表稀土元素，有时为简便也用 R 代表。

1.1.2 稀土元素的丰度

稀土元素是在1794年由芬兰科学家 J·加多林（Johan Gadolin）研究瑞典伊比特矿（Ytterbite）矿石时首先发现的，以后人们又连续不断地发现了其他稀土元素。1972年人们从天然铀矿发现了微量钷，至此，17个稀土元素在地壳中全部被发现。

由于稀土元素被人类发现较晚，开发和应用还不广泛，因此被列为稀有金属。实际上，稀土元素在地壳（以厚度16 km计）中的储量颇为丰富，17个稀土元素的总量在地壳中的质量分数达0.0236%，其中铈组元素为0.01592%，钇组元素为0.0077%，比常见元素铜（0.01%）、锌（0.005%）、锡（0.004%）、铅（0.0016%）、镍（0.008%）、钴（0.003%）等都多。镧、铈和钕是稀土元素中分布最广的。各个稀土元素在地壳中的丰度见表1-1。

表1-1 稀土元素丰度值

原子序数	元素名称	元素符号	相对原子质量	丰度/%	占稀土总量的比例/%
21	钪	Sc	44.96	5.00×10^{-4}	3.26
39	钇	Y	88.91	2.81×10^{-3}	18.31
57	镧	La	138.91	1.83×10^{-3}	11.93
58	铈	Ce	140.12	4.61×10^{-3}	29.33
59	镨	Pr	140.91	5.53×10^{-4}	3.60
60	钕	Nd	144.24	2.39×10^{-3}	15.58
61	钷	Pm	(145)	4.50×10^{-5}	—
62	钐	Sm	150.36	6.47×10^{-4}	4.22
63	铕	Eu	151.97	1.47×10^{-4}	0.69
64	钆	Gd	157.25	6.36×10^{-4}	4.15
65	铽	Tb	158.92	9.10×10^{-5}	0.59
66	镝	Dy	162.50	4.47×10^{-4}	2.91
67	钬	Ho	164.93	1.15×10^{-4}	0.75
68	铒	Er	167.26	2.47×10^{-4}	1.61
69	铥	Tm	168.93	2.00×10^{-5}	0.13
70	镱	Yb	173.04	2.66×10^{-4}	1.73
71	镥	Lu	174.97	7.50×10^{-5}	0.46

注：括号内数字表示天然放射性同位素中，已知最长半衰期同位素的相对原子质量。

由表 1-1 可看出，稀土元素的丰度随原子序数的增加而递减。从稀土族元素内部来看，奇偶效应很明显，原子序数为偶数的元素，其丰度大大高于原子序数为奇数的元素。铈和钇的高丰度与原子核壳层特殊的稳定性相符合。

1.1.3 稀土元素的电子层结构

稀土元素的物理、化学性质极其相似，这是由其电子层结构的特点所决定的。稀土元素原子的核外电子层结构见表 1-2。从表中可以看出，随着原子序数的增加，原子的最外电子层（P 层）和次外电子层（O 层）的结构基本保持不变，从一个元素过渡到另一个元素时，增加的电子填入原子内部的 4f 层。由于 4f 层电子最大可能数为 14，这样就确定了镧系元素的数量。除镧、铈、钆和镥外，镧系元素的 5d 层没有电子，但 4f 同 5d 两层的能级相接近，由 4f 层转移一个电子至 5d 层所消耗的能量并不大。这些元素离子化时发生 4f 层电子跃迁，因此由 6s 层的两个电子和 5d 层上的一个电子参与组成价键，使镧系元素呈现+3 价。钪、钇具有与镧系元素相似的电子层结构和相同的化合价，因而其化学行为与镧系元素相似。

微课1-1
镧系元素和稀土元素的概念

表 1-2 稀土元素原子的核外部电子层结构

原子序数	元素	M			N				O			P	主要化合价
		3s	3p	3d	4s	4p	4d	4f	5s	5p	5d	6s	
21	Sc	2	6	1	2								+3
39	Y	2	6	10	2	6	1		2				+3
57	La	2	6	10	2	6	10		2	6	1	2	+3
58	Ce	2	6	10	2	6	10	1	2	6	1	2	+3，+4
59	Pr	2	6	10	2	6	10	3	2	6		2	+3，+4
60	Nd	2	6	10	2	6	10	4	2	6		2	+3
61	Pm	2	6	10	2	6	10	5	2	6		2	+3
62	Sm	2	6	10	2	6	10	6	2	6		2	+2，+3
63	Eu	2	6	10	2	6	10	7	2	6		2	+2，+3
64	Gd	2	6	10	2	6	10	7	2	6	1	2	+3
65	Tb	2	6	10	2	6	10	9	2	6		2	+3，+4
66	Dy	2	6	10	2	6	10	10	2	6		2	+3
67	Ho	2	6	10	2	6	10	11	2	6		2	+3
68	Er	2	6	10	2	6	10	12	2	6		2	+3
69	Tm	2	6	10	2	6	10	13	2	6		2	+3
70	Yb	2	6	10	2	6	10	14	2	6		2	+2，+3
71	Lu	2	6	10	2	6	10	14	2	6	1	2	+3

在镧系元素中除+3 价外，还有+4 和+2 价的，这是由于 4f 层电子数的不同而产生电

子结合强度的差异所造成的。电子结合的强度随着4f层电子数目全空、半满、全满而增大。铈和镨的4f层电子是最初填充的，结合力较弱；而铽和镝失去电子趋于形成稳定的钆结构，因而它们的4f层电子很容易移向5d层，都会出现+4价。钐、铕、镱等4f层电子数目接近或等于7和14的元素处于相对稳定状态，参与组成价键的只有6s层的两个电子，故经常为+2价。此外，在某些化合物中还存在Ce^{2+}、Nd^{2+}、Tm^{2+}、Nd^{4+}等化合价，说明其变价特点还受到热力学和动力学因素的影响。所有正常价的RE^{3+}和Ce^{4+}、Eu^{2+}、Yb^{2+}等变价离子可存在于水溶液中，其他变价离子则存在于固态化合物中。利用稀土元素的这种变价特点，易于将其与其他稀土元素分离。

微课1-2
镧系收缩

镧系元素的电子内迁移特性，使其原子半径（铕和镱除外）和+3价离子半径的变化规律是随原子序数的增加而逐渐减小，见表1-3，这种现象称为“镧系收缩”现象。这是由于内填充的4f层电子对核正电荷的屏蔽作用较弱，不是一对一的，因而随着核正电荷数的逐渐增加，对外层电子的静电引力逐渐增强，从而引起电子壳的收缩。除了Sc^{3+}外，RE^{3+}的半径在0.848~0.1061 nm间变化，平均两个相邻元素之间差0.0015 nm，变化很小，因此在矿物晶格中可以互相取代，常呈类质同晶现象。Y^{3+}的半径为0.088 nm，与重稀土元素相近，常与重稀土共存于矿物中。而Sc^{3+}的离子半径与镧系元素相差较大，一般不与稀土矿物共存。镧系元素的离子半径相差不多，因此其性质相似、分离困难。镧系元素离子半径的这种变化规律可用来解释其化合物的某些性质，如镧系元素的碱性差异很小，且随离子半径的减小而减弱，这对判断离子的水解程度、络合能力以及形成$RE(OH)_3$的pH值具有指导作用。生产实践中，正是利用稀土元素间的这种微小差别将其逐个分离的。

表1-3 稀土元素的原子和+3价离子半径

原子序数	元素	原子半径/nm	+3价离子半径/nm	+3价离子颜色
21	Sc	0.1641	0.068	无
39	Y	0.1803	0.088	无
57	La	0.1877	0.1061	无
58	Ce	0.1824	0.1034	无
59	Pr	0.1828	0.1013	绿色
60	Nd	0.1821	0.0995	淡红色
61	Pm	(0.1810)	(0.0987)	粉红色
62	Sm	0.1802	0.0964	黄色
63	Eu	0.2042	0.0950	无
64	Gd	0.1802	0.0938	无
65	Tb	0.1782	0.0923	无
66	Dy	0.1773	0.0908	黄色
67	Ho	0.1766	0.0894	棕黄色
68	Er	0.1757	0.0881	淡红色
69	Tm	0.1746	0.0869	绿色
70	Yb	0.1940	0.0858	无
71	Lu	0.1734	0.0848	无

原子半径是指金属晶体中两个原子核之间距离的一半。在金属中，最外层电子在相邻原子之间是相互重叠的，可以在晶格之间自由运动而成为传导电子。铕和镱只有两个传导电子 $6s^2$，而其他镧系金属原子有 3 个传导电子 $4f^1$ 和 $6s^2$，因此这两个金属的原子半径远大于其他镧系金属的原子半径。

在 4f 电子层的 7 个轨道中，除 La^{3+} 全空和 Lu^{3+} 全部排满 14 个电子外，其余镧系元素的 4f 层电子可在这 7 个轨道间任意排布，产生比一般元素更多种多样的能级。电子在这些能级间的跃迁，能吸收或发射各种波长的紫外光、可见光和红外光。而且，在 5s、5p 电子层的屏蔽作用下，4f 层电子受稀土化合物中其他元素的影响较小，稀土化合物的吸收光谱和自由离子的吸收光谱基本一样。由于这些光学特性，稀土元素在与光学有关的领域内，如在荧光材料和激光材料方面取得了广泛的应用。此外，部分稀土离子吸收单色光呈现单色光补色的颜色，据此可以辨别稀土离子或其化合物。由于多个稀土原子的 4f 电子层存在不成对电子，这些电子自旋产生较大的磁场，而且 4f 层电子绕原子核运动也产生磁场，这样与其他元素结合就有可能成为性能优异的磁性材料。

因此，在讨论含稀土元素的材料时，可分为以下两种情况来考虑：一是利用取决于 4f 层电子的物理性质的材料；二是利用与 4f 层电子没有直接关系的稀土特有化学性质（如与离子半径、电荷等有关）的材料。与 4f 层电子直接有关的材料有荧光、激光等发光材料和磁性材料。发光材料是利用 4f 层轨道内电子的能级跃迁；而磁性材料是利用不成对的 4f 层电子的自旋排列。归根结底，都是利用 4f 层轨道电子未充满的性质。用在玻璃着色剂、陶瓷釉上的稀土化合物也是利用 4f 层电子对光的吸收性质。与此相反，用在催化、冶金添加剂、固体电解质、氧化物高温超导体、储氢合金和发光材料的基质等方面的稀土元素，是由于它们的电荷、离子半径等适合形成具有某种结构的化合物。

任务 1.2 稀土金属的性质

1.2.1 稀土金属的物理性质

稀土金属断口大多数呈银白色，其中钕和镨略带黄色。在一般条件下，它们的表面呈现褐色至黑色，视金属表面上所存在的氧化物膜或氮化物膜而定。稀土金属的物理性质见表 1-4。

微课1-3
稀土金属的物理性质

表 1-4 稀土金属的物理性质

元素	晶体结构	晶格参数/nm		密度	熔点	沸点	热中子俘获	电阻率（25 ℃）	弹性模量
		a	*c*	/g · cm^{-3}	/℃	/℃	截面/b①	/Ω · nm	/MPa
Sc	密排六方	0.3309	0.5273	2.992	1538	2730	24.0±1.0	660	—
Y	密排六方	0.3648	0.5732	4.478	1502	2630	1.31±0.08	530	67000
La	双重六方	0.3774	1.2270	6.174	920	3470	9.3±0.3	570	39150
Ce	面心立方	0.5161	—	6.771	797	3468	0.73±0.08	750	30580

续表 1-4

元素	晶体结构	晶格参数/nm		密度/g·cm^{-3}	熔点/℃	沸点/℃	热中子俘获截面/b①	电阻率（25 ℃）/Ω·nm	弹性模量/MPa
		a	*c*						
Pr	双重六方	0.3672	1.1833	6.782	935	3017	11.6±0.6	680	35920
Nd	双重六方	0.3658	1.1796	7.004	1024	3210	46±2	640	28600
Pm	双重六方	0.3650	1.165	7.264	1035	3200	—	—	—
Sm	菱形	0.8980	α=23.31°	7.536	1072	1670	6500±200	920	34800
Eu	体心立方	0.4583	—	5.259	826	1430	4500±100	810	—
Gd	密排六方	0.3634	0.6783	7.895	1312	2800	46000	1340	57300
Tb	密排六方	0.3605	0.5694	8.272	1356	2480	46±4	1160	58640
Dy	密排六方	0.3592	0.5650	8.536	1407	2330	950±50	910	64330
Ho	密排六方	0.3577	0.5618	8.803	1761	2490	65±3	940	68500
Er	密排六方	0.3559	0.5585	9.051	1497	2420	173±17	860	74740
Tm	密排六方	0.3537	0.5554	9.332	1545	1700	127±4	900	—
Yb	面心立方	0.5485	—	6.977	824	1320	37±4	280	18150
Lu	密排六方	0.3503	0.5549	9.842	1652	3000	112±5	1080	—

① 1 b（靶恩）= 10^{-28} m^2。

常温下，稀土金属都具有紧密排列的晶格结构，即密排六方、面心以及α-Sm型的菱形晶格，只有铕为体心立方晶格结构。大多数稀土金属具有同素异构转变，低温时为密排六方晶格，高温下变成体心立方晶格后熔化。它们的晶格转变过程较缓慢，因而有时在金属中出现具有不同晶格结构的两相。其中，铈在低温下有同素异构转变，在230~263 K温度范围内，面心立方晶格的γ-Ce转变为双重六方晶格的β-Ce。另外，在等静压作用下稀土金属的晶体结构按下列方式转变：密排六方晶格→α-Sm型菱形晶格→双重六方晶格→面心立方晶格。

在一级近似下，镧系元素的密度依次单调增加，熔点按一定规律增高，只有铕和镱明显偏离这一关系。铕和镱的物理性质异常与它们的晶格结构有关，而晶格结构又取决于金属的电子结构。通常，在稀土金属的晶格结点上存在RE^{3+}，但铕和镱很容易先给出$6s^2$亚电子层上的两个电子，而$4f^7$和$4f^{14}$亚电子层的电子难以脱离，因而在晶格结点上存在RE^{2+}。+2价离子的半径比+3价离子大，因此这两种金属“较松散”，比其他稀土金属的原子体积大，密度小。铕和镱晶格中RE^{2+}+2e的结合能，比其他稀土金属中RE^{3+}+3e的结合能小，因此铕和镱的熔点和沸点较低。同理，在晶格结点上存在RE^{3+}的稀土金属中，由于离子半径依次减小，RE^{3+}+3e的结合能依次增大，因此密度依次增加，熔点依次增高（铈除外），熔点最高的镥和熔点最低的铈相差近1000 ℃，硬度也有类似的变化。呈+2价的稀土金属钐、铕、铥、镱的沸点明显低于其他稀土金属。

稀土金属最明显的差异是原子核的性质，轻稀土镧和铈对热中子的吸收少，钐、铕、钆等中重稀土的热中子俘获截面远大于现反应堆作为热中子俘获材料用的镉（2500 b）和硼（1715 b）。

稀土金属的导电性能较差，常温下的电阻率比铜大 40~70 倍。α-La 在 4.9 K、β-La 在 5.85 K 的转变具有超导性能，其他稀土金属甚至在零点几开的绝对温度下仍无超导性能。

除钆、镝、钬具有铁磁性外，其他稀土金属均具有顺磁性。在低温下，钆之前的金属也表现出铁磁性。

高纯度稀土金属具有可塑性，其中铈、钐、镱还具有良好的延展性。稀土金属的力学性能在很大程度上取决于杂质含量，特别是氧、硫、氮、碳等。钇组金属（镱除外）的弹性模量高于铈组金属。稀土金属的硬度一般是随原子序数的增加而增大，其布氏硬度为 20~70 MPa。

已知稀土元素的同位素有 200 余种，其中天然同位素只有 65 种，其余为人工核分裂产生的放射性同位素。

1.2.2 稀土金属的化学性质

稀土金属的化学活性很强，能与大多数元素作用，其金属活泼性仅次于碱土金属。稀土金属的活泼性按钪、钇、镧的顺序递增，由镧至镥递减，镧为最活泼的稀土金属。

微课1-4
稀土金属的化学性质

稀土金属在室温下就能与空气中的氧作用，继续氧化的程度视所生成的氧化物的结构和性质有所不同。镧、铈、镨和钕氧化得很快，其余氧化得很慢，能在很长时间内保持金属光泽。铈氧化后生成的 Ce_2O_3 很容易继续氧化成疏松的 CeO_2，会使铈无阻碍地继续发生氧化，这是引起铈和富铈合金自燃的原因。当温度高于 180~200 ℃时，所有稀土金属都会在空气中迅速氧化甚至自燃，其中铈、镨、铽分别生成 CeO_2、$Pr_6O_{11}(4PrO_2 \cdot Pr_2O_3)$ 和 $Tb_4O_7(2TbO_2 \cdot Tb_2O_3)$，其余稀土金属生成 RE_2O_3 型氧化物。

稀土金属在室温下即可吸收氢，在 250~300 ℃时其与氢相互作用加剧，并形成 $REH_{2.8}$ 型（对于 La、Ce、Pr）或 REH_2 型氢化物。氢化物在真空中加热至高于 1000 ℃时分解，并且在潮湿空气中不稳定。

在含硫的气氛中加热稀土金属会生成 RE_2S_3、RE_3S_4 和 RES 等硫化物，稀土硫化物具有很高的熔点（1900~2500 ℃）和耐火性。稀土金属在 750~1000 ℃时与氮反应，生成以 REN 型为主的氮化物。稀土金属与碳、碳氢化合物、CO、CO_2 在加热时相互作用，形成 REC_2 型碳化物。稀土碳化物在湿空气中发生水解，生成以乙炔为主的碳氢化合物和部分甲烷。

所有卤素在温度高于 200 ℃时均与稀土金属发生强烈反应，生成 REX_3 型卤化物。除氟化物外，所有卤化物都有很强的吸水性，并很容易水解生成 REOX 型氧卤化物。只有钐、铕和镱生成低价卤化物 REX_2。

稀土金属能与多数金属元素生成金属间化合物或合金。稀土金属和镁生成 REMg、$REMg_2$、$REMg_3$、$REMg_4$ 等化合物，稀土金属还微溶于镁；与铝生成 LaAl、$LaAl_2$、$LaAl_4$、La_3Al、Ce_3Al_2 等化合物；与钴生成 $SmCo_2$、$SmCo_3$、$SmCo_5$、Sm_2Co_7、Sm_3Co、Sm_3Co_4 等强磁性化合物；与镍生成 LaNi、$LaNi_5$、La_3Ni_5 等化合物；与铜生成 YCu、YCu_2、YCu_4、

YCu_5、$NdCu_5$、CeCu、$CeCu_2$、$CeCu_4$、$CeCu_6$ 等化合物；与铁生成 $CeFe_2$、$CeFe_3$、Ce_2Fe_3、YFe_2 等化合物，但镧与铁只生成共晶体。

稀土元素由于原子体积比较大，因此与其他金属元素一般不能形成固溶体。稀土金属与碱金属及钙等均生成不互溶的体系；其在锆、铪、铌、钽金属中的溶解度很小，一般只形成共晶体，其与铬、钼、钨等元素也不能生成化合物。

稀土金属可分解水，冷则慢，加热则快；易溶于稀盐酸、硫酸和硝酸；微溶于氢氟酸和磷酸，这是由于生成了难溶盐的保护膜。稀土金属和碱溶液不发生作用。

任务 1.3 稀土主要化合物的性质

1.3.1 稀土氢氧化物

微课1-5
稀土元素的氢氧化物

稀土氢氧化物一般为 $RE(OH)_3$ 形式，铈有 $Ce(OH)_4$ 形式。在稀土的盐溶液中加入氨水或其他碱，可生成稀土氢氧化物。稀土氢氧化物是一种胶状沉淀，在热溶液中聚积沉降。在不同盐的溶液中，稀土氢氧化物开始沉淀的 pH 值及溶度积稍有不同。由于镧系收缩，+3 价离子的离子势 E/r 随原子序数的增大而增加，开始沉淀时的 pH 值也随原子序数的增大而降低，见表 1-5。其中，Sc^{3+} 由于离子半径最小，开始沉淀的 pH 值最低。+4 价铈的氢氧化物在 pH=0.7~1.0 时就沉淀析出。+2 价的铕与碱土金属（尤其 Ba^{2+}）的性质相似，它们的氢氧化物溶于水。

表 1-5 稀土氢氧化物的物理性质

氢氧化物	颜色	溶度积（25 ℃）	在不同盐溶液中 $Re(OH)_3$ 开始沉淀的 pH 值				
			硝酸盐	氯化物	硫酸盐	醋酸盐	高氯酸盐
$La(OH)_3$	白色	1.0×10^{-19}	7.82	8.03	7.41	7.93	8.10
$Ce(OH)_3$	白色	1.5×10^{-20}	7.60	7.41	7.35	7.77	
$Pr(OH)_3$	浅绿色	2.7×10^{-20}	7.35	7.05	7.17	7.66	7.40
$Nd(OH)_3$	紫红色	1.9×10^{-21}	7.31	7.02	6.95	7.59	7.30
$Sm(OH)_3$	黄色	6.8×10^{-22}	6.92	6.82	6.70	7.40	7.13
$Eu(OH)_3$	白色	3.4×10^{-22}	6.82		6.68	7.18	6.91
$Gd(OH)_3$	白色	2.1×10^{-22}	6.83		6.75	7.10	6.81
$Er(OH)_3$	浅红色	1.3×10^{-23}	6.75		6.50	6.95	
$Tm(OH)_3$	浅绿色	2.3×10^{-24}	6.40		6.20	6.53	
$Yb(OH)_3$	白色	2.9×10^{-24}	6.30		6.18	6.50	6.45
$Lu(OH)_3$	白色	2.5×10^{-24}	6.30		6.18	6.46	6.45
$Y(OH)_3$	白色	1.6×10^{-23}	6.95	6.78	6.83	6.83	6.81
$Sc(OH)_3$	白色	4×10^{-30}	4.9	4.8		6.10	
$Ce(OH)_4$	黄色	4×10^{-51}	0.7~1				

稀土氢氧化物胶状沉淀受热不稳定，温度高于 200 ℃时发生脱水反应，由 $RE(OH)_3$ 转变成 REO(OH)。这种脱水物也可在高温、高压下通过热合成法制备，如在 193~420 ℃和 $2.159\times10^5 \sim 7.093\times10^7$ Pa 的条件下，NaOH 溶液中生长出晶体稀土氢氧化物（La~Yb，$Y)(OH)_3$，晶体属于密排六方晶系。Lu 和 Sc 则可在 NaOH 溶液中于 157~159 ℃制取，晶体为密排六方晶系。加热温度再升高，脱水的氢氧化物 REO(OH) 则会生成 RE_2O_3。见表 1-6，从 La 到 Lu 离子半径逐渐减小，离子势逐渐增大，脱水温度也逐渐降低。含水 $Ce(OH)_3$ 在空气中将被缓慢氧化，在加热情况下很快变成黄色的 $Ce(OH)_4$。$Ce(OH)_3$ 是一种强还原剂。

表 1-6　$RE(OH)_3$ 及 REO(OH) 的脱水温度　（℃）

元素	沉淀法制样			水热法制样	
	$RE(OH)_3 \cdot nH_2O$	$RE(OH)_3$	REO(OH)	$RE(OH)_3$	REO(OH)
La	70	390	590	410	550
Pr	54	328	460	355	
Nd	58	338	464	375	535
Sm	60	345	515	345	595
Eu	71	370	540	330	575
Gd	76	380	570	330	490
Tb	66	340	500	320	375
Dy	60	300	490	295	455
Ho	48	270	460	290	430
Er	45	255	440	250	430
Tm	40	240	430	270	390
Yb	36	225	410		
Lu	31	210	400		
Y	56	280	470	310	470

$RE(OH)_3$ 不溶于水和碱，本身呈碱性，其碱性大小由镧到镥逐渐减弱。胶状的氢氧化物可从空气中吸收 CO_2 而生成碳酸盐。$RE(OH)_3$ 溶于酸而生成盐，但在稀硝酸或稀盐酸中溶解度不同。$Ce(OH)_4$ 的溶解度比 $RE(OH)_3$ 小，这是稀硝酸或稀盐酸中优先溶解 RE^{3+} 分离铈的依据。

1.3.2　稀土氧化物

稀土氧化物一般可用 RE_2O_3 通式表示，而铈、镨、铽可以生成 CeO_2、PrO_2 和 $Pr_6O_{11}(Pr_2O_3 \cdot 4PrO_2)$、$Tb_4O_7(Tb_2O_3 \cdot 2TbO_2)$，钐、铕、镱还可以生成 SmO、EuO、YbO。

微课1-6
稀土元素
氧化物

除了 Ce、Pr、Tb 外，其余稀土元素的氧化物（RE_2O_3）均可通过灼烧氢氧化物及稀土盐 $RE_2(CO_3)_3$、$RE_2(C_2O_4)_3$、$RE(NO_3)_3$、$RE_2(SO_4)_3$ 等

得到。在空气条件下，灼烧 Ce、Pr、Tb 的氧化物和稀土盐，可分别得到 CeO_2、Pr_6O_{11} 和 Tb_4O_7 等氧化物。

稀土氧化物都是粉末状的，具有很高的熔点和沸点。除镧、钆、镱、镥的氧化物为白色外，其他氧化物均具有不同的颜色和结构。稀土氧化物的物理性质见表 1-7。稀土氧化物的反应活性取决于加热的程度，灼烧的温度应尽可能低些，以便获得最高活性。

表 1-7 稀土氧化物的物理性质

氧化物	密度 /g·cm⁻³	熔点 /℃	颜色	氧化物	密度 /g·cm⁻³	熔点 /℃	颜色
Sc_2O_3	3.864	2300	白色	EuO	8.210	—	暗红色
Y_2O_3	5.010	2410	白色	Gd_2O_3	7.407	2322	白色
La_2O_3	6.510	2217	白色	Tb_2O_3	8.330	2292	白色
Ce_2O_3	6.860	2142	灰绿色	Tb_4O_7	—	2337	棕色
CeO_2	7.132	2397	黄白色	Dy_2O_3	7.810	2352	白色
Pr_2O_3	7.070	2127	浅绿色	Ho_2O_3	8.360	2405	淡黄色
Pr_6O_{11}	6.830	2042	黑色	Er_2O_3	8.640	2387	淡红色
Nd_2O_3	7.240	2211	蓝紫色	Tm_2O_3	8.770	2392	绿白色
Sm_2O_3	7.680	2262	黄白色	Yb_2O_3	9.170	2372	白色
Eu_2O_3	7.420	2002	紫红色	Lu_2O_3	9.942	2467	白色

稀土氧化物不溶于水和碱，本身都呈碱性，并且随原子序数的增加，从镧到镥碱性逐渐减弱。CeO_2 的碱性比+3 价稀土氧化物微弱，其性质很稳定，难溶解在盐酸和硝酸中，但 CeO_2 与浓 H_2SO_4 作用可生成橘红色的 $Ce(SO_4)_2$ 溶液。+3 价稀土氧化物能溶于无机酸（除 HF 和 H_3PO_4 外）生成相应的盐。稀土氧化物可以与水结合生成氢氧化物，例如用水热法，令水蒸气与稀土氧化物一起加热，可以得到 $RE(OH)_3$ 和 $REO(OH)$。稀土氧化物在空气中能吸收 CO_2 生成碳酸盐，而在 800 ℃灼烧可得到无碳酸盐的氧化物。

1.3.3 稀土卤化物

在工艺中较重要的稀土卤化物是稀土氯化物和氟化物，它们从水溶液中析出的是水合结晶物。稀土氯化物包括水合氯化物、无水氯化物和氯氧化物。无水氯化物通过水合物脱水或氧化物氯化等方法制取。

稀土氧化物、氢氧化物或碳酸盐溶解在盐酸中，都可得到氯化稀土溶液，然后蒸发浓缩析出水合物。对于轻稀土 La、Ce、Pr，析出水合物为 $RECl_3 \cdot 7H_2O$；对于 Nd~Lu、Sc、Y，析出水合物则为 $RECl_3 \cdot 6H_2O$。水合结晶氯化物有强烈的吸水性，易溶于水和酸。无水氯化物和水合氯化物在水中的溶解焓见表 1-8，无水氯化物的溶解焓为很大的负值，表明为强烈放热反应，且随+3 价稀土离子半径的减小，溶解焓的绝对值变大，而放热量增加。

表 1-8　稀土氯化物在水中的溶解焓（25 ℃）　（kJ/mol）

元素	无水氯化物	水合氯化物	元素	无水氯化物	水合氯化物
La	-137.3	-28.00	Dy	-209	-41.73
Ce	-143.9	-28.9	Ho	-213.4	-43.58
Pr	-149.4	-23.91	Er	-215.1	-44.95
Nd	-156.9	-38.21	Tm	-215.9	-46.53
Sm	-166.6	-36.04	Yb	-215.9	-48.18
Eu	-170.3	-36.46	Lu	-218.4	-49.62
Gd	-181.6	-38.15	Y	-224.7	-46.24
Tb	-192.5	-39.97	Sc		-31.8

稀土氯化物在有机溶剂中有一定的溶解度，例如，$LaCl_3$ 在甲醇和乙醇中的溶解度分别为 2.45 mol/kg 和 1.26 mol/kg，而且随着镧系元素原子序数的增加，稀土氯化物的溶解度也增加。溶解度一般随溶剂碳链的增长而下降。

稀土元素在各种溶液中，如 $RE(OH)_3$、$RE(CO_3)_3$、$RE(NO_3)_3$、$RE_2(SO_4)_3$、$RECl_3$，都易与氟反应，以 $REF_3 \cdot 0.5H_2O$ 的水合结晶物或无水盐（如 PrF_3 和 NdF_3）形式从水溶液中沉淀出来。稀土氟化物几乎不溶于水和无机酸，也不溶于碱金属的氟化物溶液。水合氟化物在热分解时也伴随有水解反应，生成 REOF，因此其脱水过程应在真空条件下进行。

1.3.4 稀土含氧盐

1.3.4.1　稀土草酸盐

稀土的盐溶液加入草酸或草酸铵，可得到白色结晶的草酸稀土。所生成的草酸盐一般都带有结晶水，可分为两类。较轻的稀土 La ~ Er、Y 为十水合物的正盐 $RE_2(C_2O_4)_3 \cdot nH_2O$；较重的稀土 Er ~ Lu、Sc 为六水合物，反应式为：

$$2RE^{3+} + 3(C_2O_4)^{2-} + nH_2O = RE_2(C_2O_4)_3 \cdot nH_2O$$

稀土草酸盐的溶解度随溶液酸度的升高而增大；酸度相同时，溶解度随原子序数的增大而减小。在无机酸浓度相同时，稀土草酸盐在盐酸介质中的溶解度比在硝酸介质中要小，见表 1-9，因此，沉淀稀土草酸盐最好在盐酸介质中进行。溶液中有过量草酸存在可降低其溶解度。当溶液中含有大量 NH_4^+ 时，重稀土的草酸盐在草酸铵溶液中有少量溶解，从而造成稀土损失。

表 1-9　稀土草酸盐的溶解度（25 ℃）　（g/L）

草酸盐	La	Ce	Pr	Nd	Sm	Yb	Y
水	6.2×10^{-4}	4.1×10^{-4}	7.4×10^{-4}	4.9×10^{-4}	5.4×10^{-4}	3.3×10^{-3}	1.0×10^{-3}
2 mol/L 盐酸	7.02	5.72	4.65	3.44	2.37		
2 mol/L 硝酸	9.94	7.30	5.46	4.58	3.64		
2 mol/L 硫酸	5.90	4.46	3.26	2.64	2.57		

1.3.4.2 稀土碳酸盐

在可溶性的稀土盐溶液中加入略过量的碳酸铵或者碳酸氢铵，反应后得到稀土碳酸盐，反应式为：

$$2RE^{3+} + 3CO_3^{2-} + nH_2O = RE_2(CO_3)_3 \cdot nH_2O$$

得到的沉淀为正碳酸盐，但随着原子序数的增加，生成碱式盐的趋势也增加。碱金属的碳酸盐与稀土可溶性盐作用，只能得到碱式盐；而碱金属的酸式碳酸盐与稀土可溶性盐作用，则生成稀土碳酸盐。从水溶液中沉淀出来的稀土碳酸盐一般均含有一定的水合水分子，含水分子的多少随金属离子的不同而不同。

无论是稀土碳酸盐还是其碱式盐，在水中的溶解度均不大，见表1-10。但碳酸稀土在碱金属和铵的碳酸盐溶液中有一定的溶解度，其溶解度随原子序数递增而增大，这是因为形成了易溶的碳酸盐配合物 $RE_2(CO_3)_3 \cdot Me_2CO_3 \cdot nH_2O$。

表1-10 $RE_2(CO_3)_3$ 在25 ℃水中的溶解度 (μmol/L)

碳酸盐	La	Ce	Pr	Nd	Sm	Eu	Gd	Dy	Y	Er	Yb
溶解度	1.02	1.0	1.99	3.46	1.89	1.94	7.4	6.0	2.52	2.10	5.0
颜色	白色	白色	绿色	微黄色	微红色	白色	白色	白色	白色	白色	白色

混合稀土碳酸盐为白色固体粉末，单一稀土元素碳酸盐随+3价稀土离子颜色的不同而不同，见表1-10。碳酸稀土可溶于酸中，生成相应的盐而放出 CO_2。碳酸稀土受热发生分解，在320~550 ℃时生成 $RE_2O(CO_3)_2$，而在800~905 ℃则分解为 $RE_2O_2CO_3$，最后为 RE_2O_3，其反应式为：

$$RE_2(CO_3)_2 \cdot nH_2O = RE_2O_3 + 3CO_2\uparrow + nH_2O$$

1.3.4.3 稀土硝酸盐

稀土氧化物溶于硝酸中，蒸发溶剂后结晶即可得到水合硝酸盐，其组成可用 $RE(NO_3)_3 \cdot nH_2O$ 表示，其中 n 可以是3、4、5、6，而以6为最常见。无水的硝酸盐可在150 ℃、加压条件下，通过相应稀土氧化物与 N_2O_4 反应制得。

稀土硝酸盐在水中的溶解度很大，25 ℃时溶解度大于2 mol/L，并且温度升高溶解度增大。此外，稀土硝酸盐还能溶于乙醇、无水胺、丙酮、乙醚、乙腈等极性溶剂，且可被磷酸三丁酯（TBP）等中性溶剂萃取。

稀土硝酸盐的热稳定性不好，受热后分解放出 O_2、N_2 和 NO_2，最终产物为氧化物。Sc、Y、La、Ce、Pr、Nd、Sm的硝酸盐转变为氧化物的最低温度分别为510 ℃、480 ℃、780 ℃、450 ℃、505 ℃、830 ℃、750 ℃，其反应式为：

$$4RE(NO_3)_3 = 2RE_2O_3 + 12NO_2 + 3O_2$$

1.3.4.4 稀土硫酸盐

+3价稀土元素的硫酸盐呈水合结晶形态存在，其中最有代表性的为 $RE_2(SO_4)_3 \cdot 8H_2O$。稀土硫酸盐有强烈的吸水性，易溶于水和酸。硫酸盐 $RE_2(SO_4)_3 \cdot 8H_2O$ 在水中的溶解度随着温度的升高而降低。它们在加热时分解，通过生成碱式盐形态最终转变成 RE_2O_3 型氧化物。硫酸盐在 500 ℃以下稳定，超过 800 ℃时转变成氧化物。

1.3.5 稀土复盐与络合物

多数稀土盐能与碱金属盐、铵盐以及许多+2 价元素的盐类生成复盐或络盐。

稀土元素能与硝酸铵或硝酸镁生成硝酸复盐 $RE(NO_3)_3 \cdot 2NH_4NO_3 \cdot 4H_2O$ 及 $2RE(NO_3)_3 \cdot 3Mg(NO_3)_2 \cdot 24H_2O$，其溶解度随原子序数的增加而增大。而钇组元素除铽外难以形成硝酸复盐沉淀，以前曾根据这一性质用分步沉淀法分离铈组元素。铈组元素复盐的溶解度由镧到钐递增（见表 1-11），早期曾利用这一性质用分级结晶法制取单一稀土化合物。

表 1-11　稀土硝酸复盐的相对溶解度（取镧的硝酸复盐的溶解度为 1）

复　盐	La^{3+}	Ce^{3+}	Pr^{3+}	Nd^{3+}	Sm^{3+}
$RE(NO_3)_3 \cdot NH_4NO_3 \cdot 4H_2O$	1	1.5	1.7	2.2	4.6
$2RE(NO_3)_3 \cdot Mg(NO_3)_2 \cdot 2H_2O$	1	1.2	1.2	1.5	3.8

当把碱金属硫酸盐或硫酸铵加入稀土硫酸盐溶液时，可析出稀土硫酸复盐沉淀 $xRE_2(SO_4)_3 \cdot yMe_2SO_4 \cdot zH_2O$（Me 代表 Na、K、$NH_4^+$）。复盐的组成依溶液中稀土浓度、沉淀剂的浓度和沉淀的温度而有所不同。通常，y 随溶液中沉淀剂浓度的增加而增大；z 随溶液温度的提高而减小，当温度高于 90 ℃时，则生成无水盐。复盐的溶解度按照所用沉淀剂的不同，依 $(NH_4)_2SO_4 > Na_2SO_4 > K_2SO_4$ 的顺序减小，且随溶液温度的升高而减小。同时，随稀土元素原子序数的增加，硫酸复盐的溶解度增大。按溶解度大小，硫酸复盐可以分为微溶的（La、Ce、Pr、Nd、Sm）、中等溶解的（Eu、Gd、Tb、Dy）和可溶的（Ho、Er、Tm、Yb、Lu、Y）三组。在有过量的碱金属或铵的碳酸盐沉淀剂存在时，+3 价稀土元素的碳酸盐生成难溶的碳酸复盐 $xRE_2(CO_3)_3 \cdot yMe_2CO_3 \cdot zH_2O$，但+4 价铈的碳酸盐却生成可溶性复盐 $Me_{2x}[Ce(CO_3)_{2+x}]$。

稀土元素还能与许多有机酸形成络合物，其中最重要的是与乙二胺四乙酸（EDTA）、磷酸三丁酯（TBP）、甲基膦酸二甲庚酯（P_{350}）、二（2-乙基己基）磷酸（P_{204}）、2-乙基己基膦酸单 2-乙基己基酯（P_{507}）、环烷酸等生成络合物。稀土元素与有机酸生成的络合物的稳定性，大都是从镧至镥依次增加的，这一性质被广泛用于稀土元素的分离方法中。

任务 1.4 稀土矿物原料

1.4.1 稀土元素在地壳中的赋存状态

地壳是由岩石构成的，而岩石是矿物的集合体。含有稀土元素的矿物称为稀土矿物或含稀土矿物。

根据地球化学的研究，在液态岩浆相分离的第一阶段，稀土元素成为硅酸盐熔体的成分，是亲石的元素；在岩浆凝固的第二阶段，稀土元素与其他稀有金属元素一起主要富集在岩浆结晶的最终产物中。尽管地壳中稀土丰度很高，但其在很大程度上是分散的，其原生矿物通常很少局部聚集。它们主要富集在花岗岩、碱性岩和碱性超基性岩及与它们有关的矿床中，其中最富含稀土元素的是花岗岩。

在自然界中，稀土元素多以离子化合物形式存在于矿物晶格中，呈多面体配位形式，其氧离子配位数一般为6~12。稀土元素能形成具有8电子外层的惰性气体型阳离子，离子半径较大，易与氧或含氧阴离子团结合形成矿物。矿物中阴离子部分的变化有时是以F^-和OH^-进入晶格中进行补偿。稀土元素在矿物中的存在状态主要有下列三种。

（1）参加矿物晶格，与其他元素一同形成独立的稀土矿物。这类矿物通常由稀土元素的阳离子与含氧的阴离子结合，矿物的化学成分比较简单。这类矿物主要有氟碳铈矿 $(Ce,La)CO_3F$、独居石 $(Ce,La,Nd,Th)PO_4$、磷钇矿 YPO_4 等。

（2）以类质同晶的形态分散于许多造岩矿物和另外一些稀有矿物中。这类矿物通常由两种以上阳离子与氧或含氧阴离子结合形成复合矿物。按照类质同晶形成的条件，在这类矿物中稀土离子常与类型相同、半径相近的Ca、Sr、Ba、Mn、Zr、Nb、Ta、Fe、Ti、Th、U等离子进行总电价相等的相互置换，如褐钇铌矿 $(Y,Ce,V,Th,Ca)(Nb,Ta,Ti)O_4$、褐帘石 $(Ca,Ce,Th)_2(Al,Fe,Mn,Mg)_3(SiO_4)_3OH$、易解石 $(Ce,Th,Y)(Ti,Nb)_2O_3$、钛铀矿 $(U,Ca,Fe,Y,Th)_3Ti_5O_{16}$等均属此类。

（3）呈离子吸附状态存在于某些矿物的表面和晶层间。这类矿物是花岗岩风化后的风化土中含离子化稀土元素的矿物，易富集在硅铝酸盐、高岭石等黏土层中，称为离子吸附型矿。

上述第一类稀土矿物是工业利用的主要资源，另两类矿物可通称为含稀土元素的矿物，其中有一些矿物也是稀土金属的重要工业来源。

在各种稀土矿物中，铈组稀土元素和钇组稀土元素大多同时共存。根据其稀土配分量的特点，稀土矿物可分为完全配分型和选择配分型两类。在完全配分型矿物中，铈组稀土元素和钇组稀土元素的含量相差无几，属于此类的有铈磷灰石、钇萤石等。在选择配分型矿物中，可能是铈组元素占优势，如氟碳铈矿、独居石、易解石等；也可能是钇组元素占优势，如磷钇矿、褐钇铌矿、菱氟钇钙矿等。任一矿物不论其属于何种选择配分型，在该矿物中往往也只是一两种元素特别富集，如氟碳铈矿选择铈，磷钇矿选择镱、钇，易解石选择铈、钕，褐钇铌矿选择镝、钇等。

必须指出，每种矿物的稀土配分不是固定不变的，而是随着生成条件的不同而变化，甚至在同一矿床中，该矿物的稀土配分亦因产状而异。例如我国铁铌稀土矿床，产于钠闪石型矿石和钠辉石型矿石中的独居石比其他类型矿石中的独居石贫镧而富钕。

1.4.2 稀土工业矿物

所谓稀土工业矿物，是指那些目前已被或者近期内有可能为工业部门利用的稀土矿物。目前世界上已知的含有稀土元素的矿物至少有 250 种，但含稀土 5%以上的矿物则不到 60 种。在 50 余种稀土工业矿物中，有一小部分矿物（主要是稀土硅酸盐类，如钇榍石、硅铈钛矿、铈磷灰石和褐帘石等矿物）尽管在自然界有一定程度的富集，但鉴于它们的工业利用加工工艺至今尚未合理解决，目前只能认为具有潜在的工业价值；还有极少数几种矿物，如磷铝铈矿、水磷钪石等，只是另类矿床的伴生组分；大部分稀土工业矿物均是在稀土矿床中作为主要稀土矿物的伴生组分而可顺便回收的对象。

微课1-7
稀土矿物

作为稀土元素主要工业来源的矿物，在自然界有 10 余种。表 1-12 列出了某些稀土工业矿物的大致成分。它们的晶体构造均已查明，故其化学式常用结构式表示。稀土矿物的化学定量分析结果用氧化物含量表示。在独立稀土矿物中，REO 含量与其化学式表示的理论含量大致相同。在以类质同晶存在的矿物中，REO 含量受矿物晶体结构的控制，在一定范围内变化。在离子吸附型稀土矿中，黏土胶体对稀土离子的吸附有较大影响，REO 含量变化范围大且无规律。

表 1-12 主要稀土工业矿物的大致成分（质量分数） （%）

矿物名称	化学式	TREO①	铈组	钇组	其 他
氟碳铈矿	$(Ce,La)(CO_3)F$	58~76	30~60	0~5	$CO_2$18~22，F5~8
独居石	$(Ce,La,Nd,Th)PO_4$	50~68	39~74	0~5	$P_2O_5$22~31，$ThO_2$5~10，$U_3O_8$0.1~0.3
磷钇矿	YPO_4	57~68	0~11	54~64	$P_2O_5$22~30，ThO_2~1，U_3O_8~1
硅铍钇矿	$(Ce,La,Nd,Y)_2FeBe_2Si_2O_{10}$	32~50	0~51	32~46	BeO<12，ThO_2<2
褐帘石	$(Ce,Ca,Y)(Al,Fe)_3(SiO_4)_3(OH)$	11~23	2~34	0~4	CaO10.6，$Al_2O_3$17，$Fe_2O_3$18，$SiO_2$31，$ThO_2$0.25
褐钇铌矿	$YNbO_4$	30~45	1~8	31~37	$Nb_2O_5$38~51，$ThO_2$1~7，$U_3O_8$1~9，$Ta_2O_5$4~17
黑稀金矿	$(Y,Ca,U,Th)(Nb,Ta,Ti)_2O_6$	25~30	5~12	15~25	$Nb_2O_5$18~33，$Ta_2O_5$10~25，$TiO_2$17~26
复稀金矿	$(Y,Ca,U,Th)(Ti,Nb,Ta)_2O_6$				$ThO_2$1.5~4.7，$U_3O_8$2.6~16
离子吸附型矿	$(Si,Al,K)RE$	0.056~0.224	约 88	约 88	$SiO_2$64~75，$Al_2O_3$13~17，K_2O3.4~5.6，ThO_2<0.01

① 氧化稀土总含量。

主要稀土工业矿物不仅含稀土量高，而且加工工艺比较简单，在自然界又有大量的聚集。在这些主要工业矿物中，具有头等工业意义的是氟碳铈矿、独居石和离子吸附型矿。

应该指出，目前公认的工业稀土矿物并不是绝对不变的，随着现代科学技术的发展及对稀土需求量的增加，工业矿物的数量必然不断增加，现有稀土工业矿物的相对重要性也会发生程度不同的变化。

1.4.3 稀土资源

世界稀土资源储量巨大，我国居于首位。根据 1985 年公布的全球已探明的稀土储量数据，中国的稀土占全球稀土资源的80%，储量全球最高。至20世纪90年代末下降到45%左右。中国稀土资源占全球资源量的比例在不断下降，是因为国际上稀土资源在不断被发现，探测的稀土储量数据在不断更新，尤其是国外稀土资源量数据的公开和采纳，使全球的资源量在增大。例如，2022年，土耳其宣称在贝伊利科瓦（Beylikova）地区新勘探出来6.94亿吨稀土矿石。一旦其工业储量得到确认，将使土耳其稀土资源量的全球占比大大提高。如果中国稀土不增加，或增加的幅度不如国外，则中国稀土资源占全球资源量的占比大大提高。至于世界上的稀土资源究竟有多少，目前没有一个很准确的数字。

微课1-8
世界及中国稀土资源

根据近期发表的有关文献估计，我国已探明的稀土工业储量为4400万吨REO。按国外有国名、地区名称的稀土储量统计数据，全球稀土工业储量约11458万吨REO（见表1-13），我国占世界总储量的38.4%，中国正以38.4%的世界稀土储备，供应了全球97%的稀土需求。

表1-13 世界已探明稀土资源储量（2023年）

国　家	工业储量/万吨REO	世界工业储量占比/%
中国	4400	38.4
越南	2200	19.2
巴西	2100	18.3
俄罗斯	1000	8.7
印度	690	6.0
澳大利亚	570	5.0
美国	180	1.6
丹麦（格陵兰岛）	150	1.3
坦桑尼亚	89	0.8
南非	79	0.7
总计	11458	100

我国稀土资源整体呈现南重北轻的特点，北方轻稀土储量高，超过全国的80%；南方则重稀土储量高，占全国重稀土资源的90%，且分布较为分散，主要为离子型稀土矿。

在众多的稀土矿中，氟碳铈矿是最为重要的稀土原料矿物。它几乎没有放射性，含铕量是独居石的2~2.5倍，比独居石更易处理，因此其需求量迅速增加。我国白云鄂博铁-铌-稀土矿床采选出铁精矿与氟碳铈矿和独居石的混合稀土精矿，其稀土储量和稀土矿产品产量均占世界的55%以上，使我国成为举世瞩目的稀土资源大国和稀土产业大国。此外，我国山东、四川等地产出单一氟碳铈矿，在稀土资源中也占有重要位置。

独居石是在海滨和河岸等的二次堆积砂矿，是开发最早、分布最广、易于采选的稀土原料矿物。不久以前独居石还是提取钍和稀土的主要原料。由于钍的需求有限，因此独居石已不如氟碳铈矿重要，但仍是稀土的重要原料。

我国独特的离子吸附型稀土矿，具有类型新、分布广、配分全、采冶性能好和放射性低等特点。尤其是中重稀土离子吸附型矿，近年来已成为提取钇和其他中重稀土的主要原料。

近年来钇颇受重视。磷钇矿、褐钇铌矿及钛铀矿等矿物，是钇组稀土主要的工业来源。尽管钛铀矿是一种铀钍矿物，却是目前西方国家获取钇组稀土的最主要原料。

目前世界稀土矿产品总需求约 10 万吨 REO，平均年增长率 9%。世界上生产和提供稀土矿产品的国家主要有中国、美国、俄罗斯、马来西亚、巴西、斯里兰卡等。2024 年，世界稀土产量约为 39 万吨 REO，我国稀土产量为 27 万吨 REO，占世界产量的 69.23%。

任务 1.5 稀土工业概况

1.5.1 稀土工业简史

世界稀土工业发展史就是一部稀土应用开发史。

1886 年，奥地利科学家威尔斯巴赫（C. A. Welsbach）发明了用硝酸钍和硝酸铈做汽灯纱罩用于照明，标志着稀土工业的开始。1903 年，威尔斯巴赫采用熔盐电解法制取了铁铈发火合金，发明了打火石。1912 年，人们制成氟化稀土电弧碳棒。1920 年，人们用稀土做玻璃着色剂，并发现了添加氧化镧的玻璃具有高折射、低色散的特点；同年，德国人成功开发稀土镁合金，开始了稀土在冶金方面的应用。1933 年，人们制造了氧化铈抛光粉。1939 年，氧化铈作为乳浊剂用于陶瓷工业。

从 20 世纪 40 年代起，随着原子能工业的发展，离子交换分离技术和溶剂萃取技术开始应用于稀土元素分离。1954 年，美国学者斯比亭（F. H. Speeding）确立了以 EDTA 为淋洗剂、Cu^{2+}作为延缓剂的离子交换分离稀土方法，使全部高纯单一稀土的生产均实现了工业化。该工艺于 20 世纪 50 年代中后期投入工业运行，取代了传统的分级结晶工艺，大大降低了生产成本，为稀土元素的特性研究和开发应用提供了物质基础。

20 世纪 60 年代后，稀土的科研、生产和应用进入了蓬勃发展的时期。1962 年，含稀土石油裂化催化剂研制成功，并迅速成为稀土的主要工业用途之一；同年，钕作为激光玻璃材料而被应用。稀土在钢铁中的应用始于 20 世纪 50 年代，至 70 年代有大规模应用。1964 年，以钒酸钇作为基质材料、铕作为激活剂的彩电红粉的应用，进一步推动了稀土工业的发展。1967 年，人们发明了钐钴磁性材料。1983 年，人们又发现了钕铁硼作为磁性材料的重要应用；同时期，稀土储氢材料也得到了开发和应用。

进入 21 世纪以来，稀土元素在高温陶瓷、超导材料、磁致伸缩材料等方面的应用得到了开发。稀土元素的重要作用越来越得到世界各国的广泛关注和高度重视。随着全球产业结构的调整和以信息技术为主要代表的科技革命的迅速发展，稀土元素作为高新技术产业支柱性原材料的作用已日益凸显，稀土工业的发展正在步入辉煌的时期。

1.5.2 我国稀土工业的发展

我国稀土工业起步于 20 世纪 50 年代，一开始就受到政府的高度重视。我国科学家针对我国稀土资源的特点，研究开发了一系列独特的采选、冶炼、分离提取、材料制备工艺和技术，并迅速使之工业化，形成了比较完整的新兴工业体系。

1958年，上海跃龙化工厂用广东和朝鲜的独居石矿生产出打火石和电弧炭棒用的稀土化合物，标志着我国稀土工业的萌芽。1960年，科研人员成功采用稀土高炉渣冶炼含稀土25%的稀土硅铁合金。1975年，科研人员成功从包头钢铁公司选铁尾矿选出含60%稀土氧化物的稀土精矿，使稀土原矿和精矿都得到利用。这两项创造为我国稀土工业奠定了基础，标志着我国稀土工业的开端。

20世纪80年代以来，我国的稀土开发进入空前活跃阶段。首先是包头稀土矿的选冶技术取得了重大进展。1981年，包头钢铁公司实现了高品位稀土精矿的大规模工业生产。1984年，包头稀土研究院又选出了品位大于70%、纯度为95%的氟碳铈矿精矿。1990年，包头钢铁公司建成年产6万吨稀土精矿的浮选工程，加上原有能力，稀土精矿生产能力达到了8万吨，品位为60%的稀土精矿可以满足需要了。

由稀土精矿制备氯化稀土技术，最初是由包头稀土研究院、北京有色金属研究总院和中科院长春应用化学研究所等单位研究出了5种方法，并在20世纪80年代初都建立了相应工厂，形成了一定生产能力。1984年，包头稀土研究院又研究成功碱法分解包头稀土精矿生产氯化稀土新工艺，回收率达到85%。后来，北京有色金属研究总院开发成功第三代酸法生产氯化稀土新工艺，用浓硫酸强化焙烧包头稀土精矿，浸出后进行萃取，该工艺简单、周期短、能耗低，回收率高。现在，全国分解稀土精矿的生产能力按氧化物计达到10万吨，这标志着我国稀土湿法工艺达到了国际先进水平。

20世纪80年代以来，包头稀土资源和南方离子吸附型稀土资源的综合回收、分离和应用列入了国家“六五”“七五”重点科技攻关计划，创立了多项具有国际先进水平的工艺技术。1981年，包头稀土研究院研究成功 P_{507} 萃取剂全萃取分离单一稀土工艺，用同一种介质可连续得到7种纯度达99.9%~99.99%的高纯单一稀土氧化物。北京大学徐光宪教授提出的串级萃取理论为稀土萃取技术的发展作出了重大贡献。1983年，包头钢铁公司应用这一技术建成了单一稀土产品萃取车间，并且陆续推广到全国各地，建起了许多单一稀土分离厂。近几年，在这项技术的基础上又发展成为“多出口”工艺，可连续分离出15个单一稀土元素。南方稀土资源品种齐全，离子吸附型稀土矿和独居石砂矿相当丰富，还有富含重稀土的磷钇矿。具有我国特色的单一稀土分离技术取得突破并实现工业化以后，江西、广东已经成为我国南方重要的稀土生产基地。

混合稀土金属和部分单一稀土金属的制取普遍采用稀土氯化物熔盐电解法。用稀土氧化物直接电解制取稀土金属从20世纪60年代末开始研究，到1985年制取金属钕的技术已经达到世界先进水平。这一技术也可用于其他单一稀土金属和合金的制取。10 kA 氟盐体系熔盐电解国产化装备已研究成功，并在生产中稳定运行。

利用包头矿冶炼稀土铁合金在我国稀土工业中占有重要位置。稀土铁合金冶炼技术最先由上海冶金陶瓷研究所研究成功，于20世纪60年代初在包头钢铁公司实现工业化。这项技术是采用高炉-电炉联合流程，把稀土中贫矿送进高炉冶炼，生产出稀土富渣，然后用电炉冶炼出稀土硅铁合金。这一流程具有我国资源特色，成本比国外采用的电炉法低得多。1984 年，包钢稀土一厂和包钢钢研所又试验成功用稀土精矿直接入电炉冶炼稀土硅铁合金，使合金中稀土品位从 25%提高到 35%，还增加了 Mn 系、Ca 系、Ti 系、Cu 系稀土铁合金等新产品，扩大了稀土铁合金的用途。近几年又开发了采用喷射冶金技术强化冶炼稀土硅铁合金的方法，可以大幅度提高稀土收率，降低成本，缩短冶炼时间，减少电耗，很有推广价值。此外，综合利用稀土、铌和铁的高炉-转炉-电炉流程，采用高铌、高稀土矿入高炉工艺，可生产出含稀土 12%的稀土富渣、铌锰合金和含磷半钢。采用含磷半钢制作的火车闸瓦寿命比普通闸瓦长得多。

进入 21 世纪以来，在国家有关政策的引导和支持下，稀土采、选、冶、用的关键技术攻关和研发工作不断得到加强，一批先进适用技术在生产中得到应用。目前，我国从技术源头治理消除稀土开发污染的乱局，力图解决稀土企业生产中造成的水土流失、资源浪费和“三废”超标排放等问题。其中，稀土精矿低温硫酸化动态焙烧技术解决了包头稀土精矿硫酸焙烧尾气和放射性渣对环境污染的问题；非皂化萃取分离稀土新工艺获得 2012 年度国家科学技术发明奖二等奖，经济和环保效益显著；模糊联动萃取分离工艺可满足高端稀土功能材料对超纯稀土氧化物的需求，同时可以降低酸碱消耗 30%以上。稀土新材料的发展迅速，其在高新技术领域的应用增长速度明显快于在传统领域的应用。

1.5.3　稀土元素的用途

稀土元素发现史及稀土工业发展史都与稀土应用密切相关。各稀土元素的应用举例如下。

1.5.3.1　镧

镧的应用非常广泛，如应用于压电材料、电热材料、热电材料、磁阻材料、发光材料（蓝粉）、储氢材料、光学玻璃、激光材料、各种合金材料等，也应用于制备有机化工产品的催化剂、光转换农用薄膜等。

1.5.3.2　铈

铈广泛应用于如下几个方面：

（1）铈作为玻璃添加剂，能吸收紫外线与红外线，现已被大量应用于汽车玻璃。添加铈的汽车玻璃不仅能防紫外线，而且还可降低车内温度，节约空调用电。从 1997 年起，日本汽车玻璃全部加入氧化铈。1996 年，用于汽车玻璃的氧化铈至少有 2000 t，其中美国 1000 多吨。

（2）目前铈正被应用于汽车尾气净化催化剂中，该法可有效防止大量汽车废气排到空气中。美国在这方面的消费量占稀土总消费量的 1/3。

（3）硫化铈可以取代铅、镉等对环境和人类有害的金属应用到颜料中，可对塑料着色，也可用于涂料、油墨和纸张等行业。

（4）掺铈氟铝酸锶（Ce:LiSAF）激光系统是美国研制出来的固体激光器，通过监测色氨酸浓度可用于探查生物武器，还可用于医学。

铈的应用领域非常广泛，几乎所有的稀土应用领域中都含有铈，如抛光粉、储氢材料、热电材料、铈钨电极、陶瓷电容器、压电陶瓷、铈碳化硅磨料、燃料电池原料、汽油催化剂、某些永磁材料、各种合金钢及有色金属等。

1.5.3.3 镨

镨是用量较大的稀土元素，主要用于玻璃、陶瓷和磁性材料中。

(1) 镨被广泛应用于建筑陶瓷和日用陶瓷中，其既可与陶瓷釉混合制成色釉，也可单独作釉颜料，制成的颜料呈淡黄色，色调纯正、淡雅。

(2) 镨用于制造永磁体。选用廉价的镨钕金属代替纯钕金属制造永磁材料，其抗氧化性能和力学性能明显提高，可加工成各种形状的磁体，广泛应用于各类电子器件和马达。

(3) 镨用于石油催化裂化。以镨钕富集物的形式加入 Y 型沸石分子筛中制备石油裂化催化剂，可提高催化剂的活性、选择性和稳定性。

(4) 镨还可用于磨料抛光。

(5) 镨在光纤领域的用途也越来越广。

1.5.3.4 钕

钕元素凭借其在稀土领域中的独特地位，多年来成为市场关注的热点。金属钕的最大用途是制备钕铁硼永磁材料。钕铁硼永磁体的问世，为稀土高科技领域注入了新的生机与活力。钕铁硼磁体磁能积高，被称作当代“永磁之王”，其以优异的性能广泛用于电子、机械等行业。阿尔法磁谱仪的研制成功，标志着我国钕铁硼磁体的各项磁性能已跨入世界一流水平。钕还应用于有色金属材料。在镁或铝合金中添加 1.5%~2.5%的钕，可提高合金的高温性能、气密性和耐腐蚀性，广泛用作航空航天材料。掺钕的钇铝石榴石产生短波激光束，在工业上广泛用于厚度在 10 mm 以下薄型材料的焊接和切削。在医疗上，掺钕钇铝石榴石激光器代替手术刀用于摘除手术或消毒创伤口。钕也用于玻璃和陶瓷材料的着色剂及橡胶制品的添加剂。随着科学技术的发展以及稀土科技领域的拓展和延伸，钕元素将会有更广阔的利用空间。

1.5.3.5 钷

钷为核反应堆生产的人造放射性元素。钷的主要用途有：

(1) 钷可作热源，为真空探测和人造卫星提供辅助能量。

(2) ^{147}Pm 放出能量低的 β 射线，用于制造钷电池，作为导弹制导仪器及钟表的电源。此种电池体积小，能连续使用数年之久。

(3) 钷还用于便携式 X 射线仪、制备荧光粉、度量厚度及航标灯中。

1.5.3.6 钐

钐是制备钐钴系永磁体的原料，钐钴永磁体是最早得到工业应用的稀土磁体。这种永磁体有 $SmCo_5$ 系和 Sm_2Co_{17} 系两类。20 世纪 70 年代前期发明了 $SmCo_5$ 系，后期发明了 Sm_2Co_{17} 系，现在以后者的需求为主。钐钴永磁体所用的氧化钐的纯度不需太高，从成本方面考虑，主要使用纯度为 95%左右的产品。此外，氧化钐还用于陶瓷电容器和催化剂方面。钐还具有核性质，可用作原子能反应堆的结构材料、屏蔽材料和控制材料，使核裂变产生的巨大能量得以安全利用。

1.5.3.7 铕

铕大部分用于荧光粉。Eu^{3+}用于红色荧光粉的激活剂，Eu^{2+}用于蓝色荧光粉的激活剂。现在 Y_2O_2S:Eu^{3+}是发光效率、涂敷稳定性、回收成本等最好的荧光粉，再加上对提高发光效率和对比度等技术的改进，故正在被广泛应用。近年来，氧化铕还用于新型 X 射线医疗诊断系统的受激发射荧光粉。氧化铕还可用于制造有色镜片和光学滤光片，用于磁泡储存器件，在原子反应堆的控制材料、屏蔽材料和结构材料中也能一展身手。

1.5.3.8 钆

钆在现代科技革命中将起重要作用。它的主要用途有：

（1）其水溶性顺磁络合物在医疗上可提高人体的核磁共振（NMR）成像信号；

（2）其硫氧化物可用作特殊亮度的示波管和 X 射线荧光屏的基质栅网；

（3）钆镓石榴石中的钆对于磁泡记忆存储器是理想的单基片；

（4）在无卡诺循环限制时，其可用作固态磁致冷介质；

（5）钆可用作控制核电站连锁反应级别的抑制剂，以保证核反应的安全；

（6）钆可用作钐钴磁体的添加剂，以保证钐钴磁体性能不随温度而变化。

另外，氧化钆与镧一起使用，有助于玻璃化区域的变化和提高玻璃的热稳定性。氧化钆还可用于制造电容器、X 射线增感屏。目前，人们正在努力开发钆及其合金在磁致冷方面的应用，现已取得突破性进展，室温下采用超导磁体、金属钆或其合金为致冷介质的磁冰箱已经问世。

1.5.3.9 铽

铽的应用大多涉及高技术领域，是技术密集、知识密集型的尖端项目，又是具有显著经济效益的项目，有着诱人的发展前景。铽的主要应用领域有如下。

（1）铽用于三基色荧光粉中绿粉的激活剂，如铽激活的磷酸盐基质、硅酸盐基质、铈镁铝酸盐基质，在激发状态下均发出绿色光。

（2）铽用于磁光储存材料。近年来铽系磁光材料已达到大量生产的规模，用 Tb-Fe 非晶态薄膜研制的磁光光盘作计算机存储元件，存储能力提高 10~15 倍。

（3）铽用于磁光玻璃。含铽的法拉第磁光玻璃是制造在激光技术中广泛应用的旋转器、隔离器和环形器的关键材料。

（4）铽镝铁磁致伸缩合金（Terfenol），是 20 世纪 70 年代发现的新型材料，该合金中有一半成分为铽和镝，有时加入钬，其余为铁。当 Terfenol 置于一个磁场中时，其尺寸的变化比一般磁性材料变化大，这种变化可以使一些精密机械运动得以实现。铽镝铁开始主要用于声呐，目前已广泛应用于从燃料喷射系统、液体阀门控制、微定位到机械制动器、太空望远镜的调节机构和飞机机翼调节器等领域。

1.5.3.10 镝

镝目前在许多高技术领域起着越来越重要的作用。镝的最主要用途如下。

（1）镝作为钕铁硼系永磁体的添加剂。在钕铁硼系永磁体中添加2%~3%的镝，可提高其矫顽力。过去镝的需求量不大，但随着钕铁硼磁体需求的增加，它成为必要的添加元素，需求迅速增加，且其品位必须为95%~99.9%。

（2）镝用作荧光粉激活剂。+3价镝是一种有前途的单发光中心三基色发光材料的激活离子，它主要由两个发射带组成，一个为黄光发射，另一个为蓝光发射。掺镝的发光材料可作为三基色荧光粉。

（3）镝是制备大磁致伸缩合金铽镝铁合金的必要金属原料，能使一些机械运动的精密活动得以实现。

（4）镝可用作磁光存储材料，具有较高的记录速度和读数敏感度。

（5）镝用于镝灯的制备。镝灯中采用的工作物质是碘化镝，这种灯具有亮度大、颜色好、色温高、体积小、电弧稳定等优点，已用于电影、印刷等照明光源。

（6）镝元素具有中子俘获截面积大的特性，在原子能工业中用来测定中子能谱或作中子吸收剂。

（7）$Dy_3Al_5O_{12}$还可用作磁致冷用磁性工作物质。

随着科学技术的发展，镝的应用领域将会不断地拓展和延伸。

1.5.3.11 钬

钬的应用领域目前还有待于进一步开发，其用量不是很大。包钢稀土研究院采用高温高真空蒸馏提纯技术，研制出非稀土杂质含量很低的高纯金属钬［$w(Ho)/w(TRE)>$ 99.9%］。目前，钬的主要用途如下。

（1）钬用作金属卤素灯添加剂。金属卤素灯是一种气体放电灯，它是在高压汞灯基础上发展起来的，其特点是灯泡里充有各种不同的稀土卤化物，目前使用的主要是稀土碘化物，在气体放电时发出不同的谱线光色。钬灯中采用的工作物质是碘化钬，在电弧区可以获得较高的金属原子浓度，从而大大提高了辐射效能。

（2）钬可以用作钇铁或钇铝石榴石的添加剂。

（3）掺钬的钇铝石榴石（Ho:YAG）可发射2 μm激光，而人体组织对2 μm激光吸收率高，几乎比掺钕的钇铝石榴石（Nd:YAG）高3个数量级。因此，用Ho:YAG激光器进行医疗手术时，不但可以提高手术效率和精度，而且可使热损伤区域更小。钬晶体产生的自由光束可消除脂肪而不会产生过大的热量，从而减少对健康组织产生的热损伤。据报道，美国用钬激光治疗青光眼，可以减少患者手术的痛苦。我国2 μm激光晶体的水平已达到国际水平，应大力开发生产这种激光晶体。

（4）在磁致伸缩合金Terfenol-D中，也可以加入少量的钬，从而降低合金饱和磁化所需的外场。

（5）用掺钬的光纤可以制作光纤激光器、光纤放大器、光纤传感器等光通信器件，这在光纤通信迅猛发展的今天将发挥重要作用。

1.5.3.12 铒

铒的光学性质非常突出，一直是人们关注的重点。

（1）Er^{3+}在 1550 nm 处的光发射具有特殊意义，因为该波长正好位于光纤通信的光学纤维的最低损失点，如果把适当浓度的铒掺入合适的基质中，可依据激光原理作用，使放大器能够补偿通信系统中的损耗。因此，在需要放大波长 1550 nm 光信号的电信网络中，掺铒光纤放大器是必不可少的光学器件。目前，掺铒的二氧化硅纤维放大器已实现商业化。据报道，为避免无用的吸收，光纤中铒的掺杂量为 10^{-5}~10^{-4} 数量级。光纤通信的迅猛发展将开辟铒的应用新领域。

（2）掺铒的激光晶体及其输出的 1730 nm 激光和 1550 nm 激光对人的眼睛安全，大气传输性能较好，对战场的硝烟穿透能力较强，保密性好，照射军事目标的对比度较大，已制成军事上使用的对人眼安全的便携式激光测距仪。

（3）将 Er^{3+} 加入玻璃中可制成稀土玻璃激光材料，它是目前输出脉冲能量最大、输出功率最高的固体激光材料。

（4）Er^{3+} 还可做稀土上转换激光材料的激活离子。

（5）铒也可应用于眼镜片玻璃、结晶玻璃的脱色和着色等方面。

1.5.3.13　铥

铥的主要用途有以下几个方面。

（1）铥可用作医用轻便 X 光机射线源。铥在核反应堆内辐照后产生一种能发射 X 射线的同位素，可用于制造便携式血液辐照仪。这种辐射仪能使 ^{169}Tm 受到高中子束的作用转变为 ^{170}Tm，放射出 X 射线照射血液并使其引起器官移植排异反应的白细胞数量下降，从而减少器官的早期排异反应。

（2）铥元素可以应用于临床诊断和治疗肿瘤，因为它对肿瘤组织具有较高的亲和性，重稀土比轻稀土亲和性更高，尤其以铥元素的亲和力为最大。

（3）铥在 X 射线增感屏用荧光粉中做激活剂 LaOBr∶Br（蓝色），可增强光学灵敏度，降低 X 射线对人的照射和危害，与以前钨酸钙增感屏相比，可降低 X 射线剂量 50%，这在医学应用中具有重要的现实意义。

（4）铥可在新型照明光源金属卤素灯作添加剂。

（5）Tm^{3+} 加入玻璃中可制成稀土玻璃激光材料。Tm^{3+} 也可做稀土上转换激光材料的激活离子。

1.5.3.14　镱

镱的主要用途如下。

（1）镱用作热屏蔽涂层材料。镱能明显地改善电沉积锌层的耐蚀性，而且含镱镀层比不含镱镀层晶粒细小、均匀致密。

（2）镱用作磁致伸缩材料。这种材料具有超磁致伸缩性，即在磁场中膨胀的特性。该合金主要由镱-铁氧体合金及镝-铁氧体合金构成，并加入一定比例的锰，以便产生超磁致伸缩性。

（3）镱用于制作测定压力的镱元件。试验证明，镱元件在标定的压力范围内灵敏度高，同时为镱在压力测定方面的应用开辟了一个新途径。

（4）镱用于磨牙空洞的树脂基填料，以替换过去普遍使用的银汞合金。

（5）日本学者成功地完成了掺镱钆镓石榴石埋置线路波导激光器的制备工作，这一工作的完成对激光技术的进一步发展很有意义。

另外，镱还用于荧光粉激活剂、无线电陶瓷、电子计算机记忆元件（磁泡）添加剂、玻璃纤维助熔剂以及光学玻璃添加剂等。

1.5.3.15 镥

镥的主要用途如下。

（1）镥用于制造某些特殊合金。例如，镥可制造用于中子活化分析的镥铝合金。

（2）稳定的镥核素在石油裂化、烷基化、氢化和聚合反应中起催化作用。

（3）镥作为钇铁石榴石或钇铝石榴石的添加元素，改善某些性能。

（4）镥作为磁泡储存器的原料。

（5）掺镥的四硼酸铝钇钕（NYAB）是一种复合功能晶体，属于盐溶液冷却生长晶体的技术领域。实验证明，掺镥的 NYAB 晶体在光学均匀性和激光性能方面均优于 NYAB 晶体。

（6）经国外有关部门研究发现，镥在电致变色显示和低维分子半导体中具有潜在的用途。

此外，镥还用于能源电池技术以及荧光粉的激活剂等。

1.5.3.16 钇

钇是一种用途广泛的金属，主要用途如下。

（1）钇作为钢铁及有色合金的添加剂。Fe-Cr 合金通常含钇 0.5%～4%，钇能够增强这些不锈钢的抗氧化性和延展性；MB26 合金中添加适量的富钇混合稀土后，合金的综合性能得到明显的改善，可以替代部分中强铝合金用于飞机的受力构件；在 Al-Zr 合金中加入少量富钇稀土，可提高合金导电率，该合金已被国内大多数电线厂采用；在铜合金中加入钇，可提高其导电性和机械强度。

（2）含钇 6%、铝 2%的氮化硅陶瓷材料，可用来研制发动机部件。

（3）用功率 400 W 的钕钇铝石榴石激光束，可对大型构件进行钻孔、切削和焊接等机械加工。

（4）由钇铝石榴石单晶片构成的电子显微镜荧光屏，荧光亮度高，对散射光的吸收低，抗高温和抗机械磨损性能好。

（5）含钇 90%的高钇结构合金，可以应用于航空及其他要求低密度和高熔点的场合。

（6）目前备受人们关注的掺钇 $SrZrO_3$ 高温质子传导材料，对燃料电池、电解池和要求氢溶解度高的气敏元件的生产具有重要意义。

此外，钇还用于耐高温喷涂材料、原子能反应堆燃料的稀释剂、永磁材料添加剂及电子工业中作为吸气剂等。

1.5.3.17 钪

钪与钇和镧系元素相比，由于离子半径特别小，氢氧化物的碱性也特别弱，当钪和稀土元素混合在一起时用氨（或极稀的碱）处理，钪将首先析出，因此应用分级沉淀法可比较容易地把它从稀土元素中分离出来。还有一种方法是利用硝酸盐的分级分解进行分离，由于硝酸钪最容易分解，因此可达到分离的目的。

（1）在冶金工业中，钪常用于制造合金（作为合金的添加剂），以改善合金的强度、硬度和耐热性能。例如，在铁水中加入少量的钪可显著改善铸铁的性能，将少量的钪加入铝中可改善其强度和耐热性。

（2）在电子工业中，钪可用作各种半导体器件，如钪的亚硫酸盐在半导体中的应用已引起了国内外的注意，含钪的铁氧体在计算机磁芯中也颇有前途。

（3）在化学工业上，钪化合物用作酒精脱氢及脱水剂，生产乙烯和用废盐酸生产氯时的高效催化剂。

（4）在玻璃工业中，钪可以制造含钪的特种玻璃。

（5）在电光源工业中，含钪和钠制成的钪钠灯具有效率高和光色正的优点。

（6）^{46}Sc 作为示踪剂，已在化工、冶金及海洋学等方面使用。

（7）在医学上，国外还有人研究用^{46}Sc 来医治癌症。

1.5.4 稀土产品的应用

稀土因其独特的化学和光、电、磁等特性，成为新材料开发领域的重要元素，广泛应用于国民经济的各个领域，是经济发展和高技术开发不可或缺的重要战略资源。稀土应用一般可分为两大类，即传统应用和高技术应用；也有人称为两个市场，即传统市场和高技术市场。稀土已进入“新材料时代”或“高新技术时代”，即使传统应用领域也有新材料的成分，例如在冶金行业中，稀土不仅用于钢铁，而且还以镁、铝等轻合金的“金属材料”形式用于航空航天与汽车行业；又如，玻璃领域还有稀土激光玻璃等。

稀土磁性材料多用于 PC 中的硬盘驱动器，手提电脑、数码相机等用的活动硬盘，彩电、手机、MP3 等的声振元件，光纤通信中的光隔离器及汽车电机等器件。用于医疗诊断的磁共振成像仪（MRI）和磁选机也是不可忽视的领域，一台永磁型 MRI 约用 3 t 钕铁硼永磁材料。磁选机不仅用于选矿，在食品和环保等产业也有广阔的应用前景。由于国家对节能环保高度重视，稀土磁性材料以其独特的性能成为不可缺少的材料，其应用领域必将越来越宽，具备较大的增长潜力。

稀土发光材料（荧光粉）的开发利用取得了很大进展，近几年用在稀土节能灯上的荧光粉量已超过显像管（CRT），其成为稀土荧光粉的第一大应用领域。现在正在发展的等离子显示（PDP）、大屏幕彩电和发光二极管照明灯又给稀土荧光材料提供了新的机遇。

稀土储氢材料主要用作镍氢电池，添加稀土金属制造的镍氢电池在混合动力汽车和纯电动汽车上的应用占据重要地位。近年来，高性能储氢材料生产技术取得了重要进展，我国储氢合金产量以年均增长 20%的速度增加，按照我国新能源汽车规划，技术成熟的镍氢电池将用于动力汽车。作为绿色能源的风力发电和太阳能发电现在正在迅猛发展，但由于其电压具有不稳定性，要通过镍氢电池储存，以达到逆变状态实现上网。电站储能镍氢电池市场巨大。

稀土在玻璃中的消费居各稀土材料之首，其中最大的用户是阴极射线管（CRT）。为防止玻璃脱色和变暗，需数千吨甚至上万吨的 CeO_2 加入量。数码相机、摄像机等镜头玻璃中加入 La_2O_3，光纤通信中用掺铒的玻璃光纤作为光放大器。此外，汽车、建筑等行业所用的防紫外线玻璃中，REO 每年的消费量就达 1000 t 以上。

每年用于抛光的 REO 超过 1 万吨，除了 PC、电视、手机、数码相机等的屏幕和各种镜头的抛光外，还有玻璃硬盘中的玻璃基板、集成电路中的光掩膜等半导体的抛光。由于应用不同，稀土抛光粉的品种、规格、档次越来越丰富。

稀土陶瓷有功能陶瓷、结构陶瓷与工艺陶瓷。功能陶瓷用途广泛而且发展较快，主要用于多层陶瓷电容器、彩电消磁元件所需的正温度系数热敏电阻、汽车尾气净化器配套的氧传感器、固体氧化物燃料电池的固体电解质等。

汽车与摩托车用的尾气净化催化剂是稀土应用中增长较快的领域。此外，我国研发的稀土顺丁橡胶制作汽车轮胎也是催化的一种应用。

Nd:YAG 激光器早已用于医疗、机械加工、测距、军事等领域，如汽车工业就用稀土激光器进行打孔、切割、焊接等机械加工。现在又有 Ho:YAG 与 Er:YAG（掺铒的钇铝石榴石）用于激光外科，其最大的好处是“微创伤”，几乎不伤皮肉，患者无痛苦，恢复快。

稀土在冶金行业主要用于钢、铸铁（球铁、蠕铁和高牌号灰铸铁等）、有色金属及合金材料的生产。使用的稀土产品主要有混合稀土金属（MM）、稀土硅化物（稀土硅铁镁）的中间合金、稀土有色金属中间合金等。稀土金属利用其高活泼性，可用于脱除金属液中的氧、硫及其他有害杂质，起净化金属液的作用；控制硫化物及其他化合物的形态，起到变质、细化晶粒和强化基体等作用。稀土利用其易氧化、燃烧的特性，可用于制备打火石和各类军用发火合金。

稀土在石油化工领域中的应用形式是含稀土的分子筛催化剂，用作石油裂解的裂化催化剂。稀土原子由于具有可变的配位数，它们的催化活性优于不含稀土的分子筛催化剂，可以提高汽油等轻质油的产率 5%，提高裂解装置能力 20%~30%。稀土化合物还可用作合成氨、有机化学氧化过程、硫酸生产及工业废气净化等的催化剂，工程塑料的改性剂及油漆、染料的成分等。

在我国，稀土还用于农业。将稀土用作植物生长的生理调节剂，每亩农田仅施用 15~20 g REO 就可使粮食作物增产 10%，经济作物增产 15%。现在我国已将稀土用于多元复合肥的微量元素。

综合以上对稀土材料和应用器件的概略评述，稀土的应用可归纳为以下主要行业：电子、信息、通信、汽车，包括医疗器械在内的精密机电以及传统的石油、玻璃、冶金等。在稀土产业链的后续环节，即稀土新材料、元器件及终端应用上，多属高新技术产业。这些产业的高速增长为我国稀土工业提供了良好的机遇。我国稀土工业的发展也必将为人类社会的进步作出应有的贡献。

稀土的产品种类很多。按加工深度，其可分为选冶产品和应用产品。前者指稀土矿山和冶炼企业生产的稀土精矿、单一和混合的稀土氧化物、金属及其合金、单一和混合稀土盐类等，共计 300 多个品种、500 多个规格。后者指一切含稀土的制成品，如稀土永磁体、稀土荧光粉、稀土抛光粉、稀土微肥、稀土激光晶体、稀土储氢材料等。从稀土原料到最终成品要经过原料→材料→器件→产品这几个阶段，且每一个环节都有关键的技术，越接近最终产品，技术含量也越高，当然附加值也就越高。因此，发展稀土应用产品和高附加值产品是我国稀土产业未来的希望。

思政案例

一生情系稀土研究的稀土之父——徐光宪

说到中国的稀土，我们必须提到一位国际著名的化学家，他就是被誉为“中国稀土之父”“稀土界的袁隆平”的徐光宪。他一生情系于祖国，根据国家的需要，四次转换了自己的科研方向。徐光宪和他的团队一路披荆斩棘，带领中国稀土工业昂然跨进世界前列，创造了举世瞩目的“中国传奇”。他在稀土化学领域的研究成果，使我国实现了从稀土“资源大国”到“生产强国”的飞跃；他提出的串级萃取理论，在世界上都处于领先水平，为我国稀土元素的开发利用作出了重要的贡献。

“中国作为世界最大的稀土所有国，长期只能出口稀土精矿和混合稀土等初级产品，我们心里不舒服。所以，再难也要上。”查阅资料时徐光宪发现，分离镨和钕的问题，国外学界也尚未很好解决。徐光宪作出了一个大胆的决定——放弃采用国际上流行的离子交换法和分级结晶法，选择萃取法分离。为了实现这次前无古人的尝试，他付出了百倍的辛劳与磨砺：住实验室、啃干面包，在北京和出产稀土的包头矿山之间来回奔波。功夫不负有心人，整整三年之后，徐光宪和他的团队终于取得突破。1975 年 8 月，第一次全国稀土会议在京召开。徐光宪在会上提出了自己的串级萃取理论，他的理论引起了轰动，来自中国的冲击让世界惊叹！发达国家在国际稀土市场的垄断地位很快被打破，由于中国高纯度稀土大量出口，国际稀土价格下降了 30%~40%。一股中国旋风在世界稀土市场上雄劲地刮了起来。

徐光宪为中国的稀土事业奉献了一生，为中国稀土产业界培养了大批工程技术人才，他是当之无愧的“中国稀土之父”。

复习思考题

1-1 稀土元素是哪几个元素，为何说稀土矿处理过程中实际上只有 15 个稀土元素？

1-2 稀土元素是如何分组的，可分为几组，各组分别包括哪几个稀土元素？

1-3 稀土元素在地壳中的储量如何，其分布的丰度值有何特点？

1-4 稀土元素的核外电子层如何排布？试写出各稀土元素的核外电子排布式。

1-5 稀土元素的物理和化学性质有何特点，与其核外电子排布有何关系？

1-6 稀土金属的主要物理、化学性质有哪些？

1-7 简述稀土主要化合物的性质，并设想主要化合物产品的生产工艺。

1-8 稀土元素的重要有机络合物有哪些，各有何应用？

1-9 稀土元素在地壳中有哪几种赋存状态？写出氟碳铈矿、独居石、离子吸附型矿的化学式及大致成分范围。

1-10 稀土工业矿物有哪些，我国处理的主要稀土工业矿物有哪些？

1-11 由稀土工业发展过程，归纳稀土矿物的主要处理方法。

1-12 稀土元素在传统应用和高技术应用领域中各有哪些应用产品？

项目 2 熔盐电解法制备稀土金属和合金

项目2
课件

教学目标

知识目标：

掌握稀土熔盐电解法的理论基础；熟知电极电位、分解电压、电化学当量、电流效率等概念和技术经济指标；了解稀土电解槽的类型和发展趋势。

能力目标：

会进行 10 kA 钕电解槽的设计；能够进行稀土氟化物-氧化物系电解生产操作和控制。

素质目标：

培养学生的团队合作精神、沟通能力和自主学习能力，提升解决复杂问题的综合能力；强化学生的安全意识和环保意识，培养其职业责任感和社会责任感；引导学生关注行业发展趋势和技术前沿，激发其求知欲和创新精神，为其未来的职业发展奠定坚实的基础。

熔盐电解可用于工业上大批量生产混合稀土金属（以下用 REM 表示）、单一轻稀土金属（除钐外）和某些稀土合金。与金属热还原法相比，它比较经济方便，金属回收率高，又可连续生产。

任务 2.1 稀土熔盐电解的电化学基础

2.1.1 稀土熔盐电解的概念

熔盐或称熔融盐，是盐的熔融态液体。形成熔融态的无机盐在固态时大部分为离子晶体，在高温下熔化后形成离子熔盐。稀土熔盐电解是在电解槽内直流电场的作用下，稀土熔融盐中的稀土离子向阴极迁移获得电子，从而还原成稀土金属的生产方法。按照稀土熔盐体系的不同，稀土熔盐电解分为稀土氯化物熔盐体系的电解和稀土氧化物在氟化物熔盐体系中的电解。由于稀土氯化物熔盐电解的氯气回收问题难以解决，近年来工业生产中主要应用氟化物熔盐体系电解生产稀土金属。

稀土氟化物熔盐电解（见图2-1）是将稀土氧化物溶解在碱金属氟化物熔盐中，以石墨为阳极、钨或钼为阴极进行电解，在阴极上析出稀土金属，在阳极处析出氧，氧进一步与石墨作用生成CO或CO_2，总反应为：

$$RE_2O_3 + 3C = 2RE + 3CO(\text{或} CO_2)$$

电解过程中消耗的是电能和稀土氧化物，只要不断补充稀土氧化物则电解能连续进行。

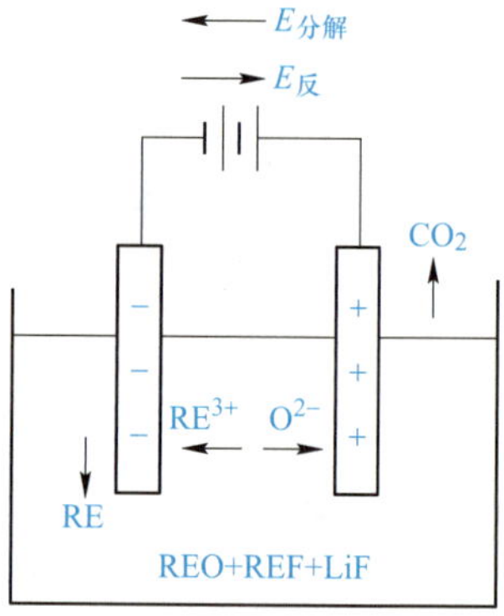

图2-1 稀土氟化物熔盐电解过程

稀土熔盐电解之所以采用氟化物体系熔盐电解质，取决于稀土金属及稀土氧化物和卤化物的热化学性质。这些性质从本质上决定了稀土熔盐电解的电化学特性，是决定稀土熔盐电解各项技术经济指标的内因。在制定熔盐电解生产稀土金属或稀土合金的产品结构方案时，除了依据产品需要外，首先要了解稀土金属的熔点（见表2-1）和稀土合金的相图，以判断熔盐电解法的可行性；然后参照稀土氧化物、氟化物及各种混合盐的熔点、沸点等性质，决定采用哪类稀土熔盐。由表2-1中数据可知，La、Ce、Pr、Nd等稀土金属的熔点不高，混合稀土金属的熔点为800 ℃，而它们的卤化物的熔点和沸点较高，故普遍采用熔盐电解法生产这组金属。Sm、Eu、Yb、Tm的沸点低并能形成二价化合物，常用La、Ce或REM等金属还原其氧化物的方法制备；其余重稀土金属的熔点高，常用金属钙还原其氧化物的方法来生产。

表2-1 稀土金属的热性质

金属	熔点/℃	沸点/℃	熔化热/kJ·mol^{-1}	升华热/kJ·mol^{-1}	热容/kJ·$(mol·℃)^{-1}$
La	920±1	3454	6.201	430.9±2.0	26.2
Ce	798±3	3257	5.180	466.9	27.1
Pr	931±5	3212	6.912	372.7	27.0
Nd	1016±5	3127	7.134	370.6±4.2	27.4
Pm	1080±10	2460	8.117	267.8	27.2
Sm	1073±1	1778	8.623	206.3±2.9	28.5
Eu	822±5	1597	9.213	177.8±2.5	27.1
Gd	1312±2	3233	10.054	400.6±2.1	27.4
Tb	1353±6	3041	10.807	393.1	28.5
Dy	1409	2335	11.213	297.9±1.4	27.5
Ho	1470	2720	12.175	299.9±12.1	27.2
Er	1522	2510	19.916	311.7±31.8	28.1
Tm	1545±15	1727	16.820	293.9±3.3	27.0
Yb	816±2	1193	7.657	159.8±7.9	25.8
Lu	1663±12	3315	19.037	427.4	27.0
Sc	1539	2832	14.096	380.7±4.2	25.5
Y	1526±5	3337	11.431	416.7±5.0	26.5

稀土熔盐电解在高温下进行，因而具有导电率高、浓差极化小、能以高电流密度电解等优点。但正因为高温，氟化物盐的腐蚀性大，电解所产生的气体（如 CO_2）反应强烈，所以设备材料方面出现的问题较多。稀土熔盐电解槽的设计难度较大，要对电极形状、电极插入深度、电流密度、电解质循环速度等参数进行充分考虑，使电解金属容易聚积，并使电解气体又快又容易地从阳极逸出。稀土金属在高温熔化时几乎能与所有元素作用，因此电解槽、电极、金属或稀土合金盛器材料的选择很困难。此外，稀土熔盐电解还存在电解质成分容易挥发、氧化、燃烧及耗电量大等缺点。就电解产品性质而言，稀土金属和铝、镁等金属有差异，它的活性很强，在含稀土的熔盐中其溶解度和溶解速度大，某些稀土离子呈现多价态等特性，均不利于熔盐电解生产。

2.1.2 稀土金属的电极电位和分解电压

金属插入熔盐中，在金属和熔盐的界面产生一定的电位差，称为电极电位。

在水溶液中经常用标准氢电极作为参比电极，测量待测电极与氢电极之间的电位差。在熔融盐中常用 Cl_2/Cl^- 电极、Ag/Ag^+ 电极和 Pt/Pt^{2+} 电极作为参比电极，这类参比电极的电位值可以互换。由于实验上的困难，稀土及其他金属的电极电位主要是根据热力学函数计算的理论分解电压来编制的。

理论分解电压是使一定电解质分解所需的最小理论电压。由物理化学原理可知，在没有极化和去极化作用且电流效率等于 100%时，可以对熔融盐的分解电压理论值进行计算。这个数值将等于电极上析出的两种物质所组成的可逆电池的电动势。因此，化合物的理论分解电压可由该化合物的标准生成自由能变化 ΔG 计算出来，即：

$$\Delta G = -nEF \quad \text{或} \quad E = -\frac{\Delta G}{nF}$$

某些金属氧化物和氟化物的理论分解电压值分别见表 2-2、表 2-3。

表 2-2　部分固体或熔融氧化物的理论分解电压　（V）

金属离子	500 ℃	1000 ℃	1500 ℃	2000 ℃	金属离子	500 ℃	1000 ℃	1500 ℃	2000 ℃
Mn^{2+}	1.705	1.515	1.305	1.103①	Mg^{2+}	2.686	2.366	1.905	1.370
Ca^{2+}	2.881	2.626	2.354	1.882	Li^{+}	2.147	1.489	1.689	0.932
La^{3+}	2.840	2.550	2.317	2.901①	Sr^{2+}	2.659	2.409	2.105	1.642
Ac^{3+}	2.882	2.687	2.503	2.350①	Y^{3+}	2.677	2.459	2.250	2.036
Pr^{3+}	2.838	2.608	2.770	2.139	Sc^{3+}	2.602	2.367	2.127	1.878
Nd^{3+}	2.836	2.642	2.334	2.095	Ce^{4+}	2.171	1.954	1.734	1.519
Ce^{3+}	2.772	2.526	2.280	2.066①	Ba^{2+}	2.508	2.224	2.021	1.673
Cr^{3+}	1.383	1.019	0.651		Al^{3+}	2.468	2.188	1.909	1.637
Sm^{3+}	2.738	2.507	2.260	2.021	Fe^{3+}	1.066	0.855	0.645	

①为熔融氧化物的理论分解电压，其余为固体氧化物的理论分解电压。

表 2-3 固体或熔融氟化物的理论分解电压 (V)

金属离子	500 ℃	800 ℃	1000 ℃	1500 ℃	金属离子	500 ℃	800 ℃	1000 ℃	1500 ℃
Eu^{2+}	5.834	5.602	5.457	5.101	Tm^{3+}	5.010	4.789	4.648	4.320
Ca^{2+}	5.603	5.350	5.182	4.785	K^{+}	5.017	4.674	4.355	3.630
Sm^{2+}	5.617	5.385	5.236	4.884	Yb^{3+}	4.793	4.573	4.431	4.104
Sr^{2+}	5.602	5.364	5.203	4.768	Sc^{3+}	4.701	4.495	4.363	4.076
Li^{+}	5.564	5.256	5.071	4.495	Th^{4+}	4.565	4.355	4.220	3.962
Ba^{2+}	5.547	5.310	5.154	4.083	Zr^{3+}	4.458	4.225	4.133	3.785
La^{3+}	5.408	5.174	5.020	4.648	Be^{2+}	4.407	4.247	4.073	4.058
Ce^{3+}	5.335	5.097	4.938	4.555	Zr^{4+}	4.242	4.045	3.964	—
Pr^{3+}	5.329	5.109	4.965	4.621	U^{4+}	4.217	4.015	3.881	3.626
Nd^{3+}	5.245	5.004	4.843	4.458	Hf^{4+}	4.134	3.939	3.860	—
Sm^{3+}	5.213	4.992	4.850	4.517	Ti^{3+}	4.009	3.828	3.712	3.499
Gd^{3+}	5.198	4.977	4.836	4.504	$(Al^{3+})_2$	3.867	3.629	3.471	3.275
Tb^{3+}	5.140	4.920	4.778	4.447	V^{3+}	3.577	3.398	3.284	3.087
Dy^{3+}	5.111	4.891	4.749	4.419	Cr^{2+}	3.400	3.227	3.115	2.883
Y^{3+}	5.097	4.876	4.735	4.407	Cr^{3+}	3.267	3.076	2.954	2.954
Ho^{3+}	5.068	4.847	4.706	4.376	Zn^{2+}	3.265	3.068	2.912	2.439
Na^{+}	5.119	4.818	4.529	3.781	Ga^{3+}	3.055	2.923	—	—
Mg^{2+}	5.013	4.746	4.567	3.994	Fe^{2+}	3.094	2.905	2.780	2.529
Lu^{3+}	5.025	4.804	4.662	4.336	Ni^{2+}	2.890	2.697	2.573	2.338
Er^{3+}	5.025	4.804	4.662	4.333	Pb^{2+}	2.865	2.654	2.525	2.350
Eu^{3+}	5.010	4.790	4.648	4.316	Fe^{3+}	2.832	2.640	2.513	2.354

熔盐分解电压的大量测定结果说明，熔盐的分解电压与下列因素有关。

（1）温度。随着温度的升高，分解电压降低。这是由于化合物的标准生成自由能 ΔG 一般均随着温度的升高而增加，而 E 与 $-\Delta G$ 成正比。

（2）熔盐阳离子半径。在同一温度下，分解电压随着熔盐阳离子半径的变化而有规律地改变。稀土氧化物、氟化物的分解电压随其阳离子半径的减小而减小；碱金属氟化物的分解电压则由氟化锂到氟化钾，随阳离子半径的增加而减小。

析出电位与分解电压不同，它仅指在熔融盐中某一离子或离子簇在不同电极材料上析出时的电位值。各种金属离子在熔融盐中的析出电位（即电极电位），按照其分解电压与参比电极电位的差值进行排列，以 Cl_2/Cl^- 电极为参比电极计算得到的金属离子析出电位均为负值。根据析出电位的大小，可判断各种离子的放电次序（即电化序）。在水溶液中，各种离子的电化序是根据标准电压值排列而成的，熔盐中的电化序则是以分解电压值为基础建立起来的。熔盐本身阴离子的性质及作为“溶剂”的熔融介质的性质，都会对电化序中各金属的相对位置产生影响，故各金属在不同熔盐中的电化序是不同的。

2.1.3 熔盐电解的电极过程

2.1.3.1 电化学装置的可逆性

电解过程是在外电场的作用下，电解槽中存在电位差，物质在电极上发生电化学反应的过程。它是原电池的逆反应，原电池充电时实际上进行的就是电解反应。电化学装置可逆性的概念，是指电池的工作状态处在平衡状态时才是可逆的。虽然电池在平衡时做最大功，电解时所需电能也最小，但是对于一个实际工作的电池或一个实际生产的电解槽却不能处在平衡状态，有时甚至远离平衡态，这是因为人们更需要的是反应速度。当有一定大小的电流通过电化学装置时，其两极的电位将不同程度地偏离平衡电位，因此，对于一个实际工作的电化学装置，它总是工作在不可逆的工作状态。

在一个实际的电化学装置中，除了总有一定的电流流过电极之外，阴极和阳极还有一定的距离，甚至两极有时还要隔离。因此，当电流通过电解质时，在电解质上将产生一定的电位降。对于电池来说，这种作用将使工作电压变小，即 $V_e = |E| - IR$； 而对电解槽来说，这种作用将使电解时所消耗的能量增加，即 $V_e = |E| + IR$。

由此可见，当有较大电流通过电化学装置时，由于有欧姆电位降存在，整个电化学装置所进行的过程是不可逆的。

2.1.3.2 电极的极化

当有明显的电流通过电极时，阴极电位总是比平衡电位更低，而阳极电位总是比平衡电位更高。这种电极电位偏离平衡电位的现象称为极化，对于阴极，称为阴极极化；对于阳极，则称为阳极极化。电极电位偏离平衡电位的数值称为超电压或过电位。无论是阴极还是阳极，人们总是习惯把超电压表示为正值。因此，

对于阳极 $\eta_a = E - E^{\ominus} = \Delta E > 0$

对于阴极 $\eta_c = E^{\ominus} - E = \Delta E > 0$

式中 η_a，η_c——分别为阳极极化和阴极极化过电位，V；

$E^{\ominus}$——平衡时电极电位，V。

对于电极反应 $RE^{n+} + ne = RE$，其反应速度也像其他化学反应速度一样，以单位时间内发生反应的物质的量来表示：

$$v = dn/d\tau$$

式中 v——反应速度，mol/s；

n——电极上发生反应的物质的量，mol；

τ——反应时间，s。

在电解过程中，电极产物变化的量正比于电荷变化量，而单位时间内通过的电量就是电流 $I = dQ/d\tau$。由法拉第定律可知：

$$\frac{Q}{zF} = n$$

因此

$$v=\frac{I}{zF}$$

式中 Q——通入的电量，C；

z——电子得失数；

F——法拉第常数，96500 C/mol。

由于电极反应只发生在电极-电解质溶液界面上，故反应速度与界面面积有关，即：

$$v=\frac{I}{zFA}=\frac{i}{zF}$$

式中 i——电流密度，A/cm^2；

A——界面面积，cm^2；

v——反应速度，$mol/(s\cdot cm^2)$。

由于 zF 为常数，因此电流密度 i 与反应速度 v 成正比。在电化学中，经常测量的物理量是通过电极的电流，故常以电流密度的大小来表示反应速度的快慢。

通过电极的电流是通过改变电极电位来控制的，因此电流密度与电位关系的曲线十分重要。通常把它们之间关系的曲线称为极化曲线，图 2-2 所示为典型的极化曲线的形式。对于阴极极化曲线来说，随着电流密度的增加，电极电位向负的方向变化，而阳极则与此相反。

在图 2-2 所示极化曲线-3 V 位置处电位相差 0. 25~0. 3 V 的极化区域内，阴极上析出 Ce，显然同时有大量的 Na^+被还原。这是因为在达到较大电流密度时，钼阴极电位有平稳的变化。在含有 $CeCl_3$ 的 NaCl-KCl 共晶熔体里，铈和钠的析出电位仅差 0. 25 V，当达到由熔体中析出 Ce 的电位时，此时低价 Na^+的浓度在热力学上已达到能被在阴极上析出的金属铈还原为金属钠的条件，故在电解过程中有金属钠析出。因而可以认为，电解稀土氯化物时，电解质不宜采用 NaCl。

由电化学理论可知，极化作用的类型分为活化极化、浓差极化和电阻极化等多种类型，各种极化的超电压大小分别与电极过程的最高活化能、电极-熔盐界面上离子的浓度梯度和电极表面的气体吸附层有关，即与电极材料及电极表面状态、熔盐组成、温度等有关。因为超电压都是在有显著电流通过电极时产生的，所以在电解时，在电极上观察到的超电压往往不是单纯的某一种，通常是几种超电压的总和。

2. 1. 3. 3 熔盐电解的槽电压

在电解槽中，当有一定电流通过时，槽电压表示为：

$$V=E^{\ominus}+\eta_a+\eta_c+IR+\eta_b$$

式中 V——槽电压，V；

$E^{\ominus}$——平衡时电极电位或理论分解电压，V；

η_a——阳极超电压，V；

η_c——阴极超电压，V；

IR——电解质上的电位降，V；

η_b——去极化电位，V。

电解槽的槽电压与极化曲线的关系如图 2-3 所示。在电解槽中，与外电源正极相连的是阳极，进行氧化反应；与外电源负极相连的为阴极，进行还原反应。未通电时，如果插入电解质中的是由相同材料制作的电极，则两极之间的电位差近于零；如果插入的两根电极由不同材料组成，则其间将有一定的电位差。例如，在 $LaCl_3$-KCl 熔盐中插入钼和氯电极（见图 2-1）：

$$\mathrm{Mo}\left|\mathrm{LaCl_3}+\mathrm{KCl}\right|\text{石墨}(\mathrm{Cl_2})$$

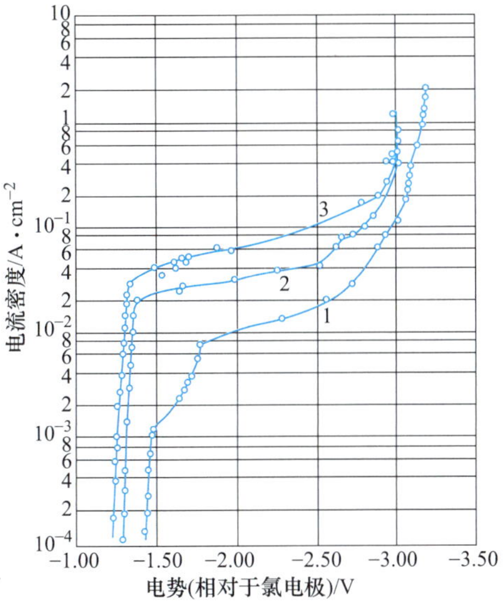

图 2-2　900 ℃时不同熔体里钼阴极的极化曲线

1—$w(CeCl_3)=1.1\%$；2—$w(CeCl_3)=3.93\%$；

3—$w(CeCl_3)=6.14\%$

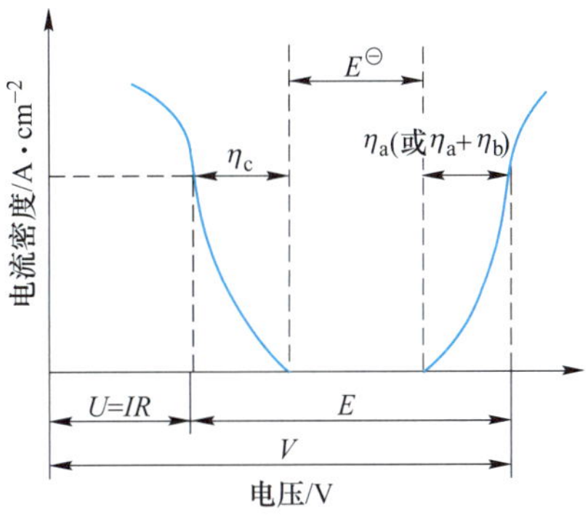

图 2-3　槽电压与极化曲线关系

当 $I=0$ 时，其电位差 $E^{\ominus}$ 为 $LaCl_3$ 的理论分解电压，在 1000 ℃时为 2.876 V。当外加电压大于此电动势时，电解槽中有电流流过，导致阳极电极电位向正方向移动，阴极电极电位向负方向移动，电极平衡状态被破坏而产生电解。外加的槽电压越高，则流过电极的电流越大，反应速度越快。

2.1.4　稀土熔盐电解的电流效率

2.1.4.1　稀土金属的电化学当量

电化学当量是指电解时理论上每安培小时所能析出的金属质量，表示为：

$$C=\frac{M}{zF}$$

式中　C——电化学当量，g/(A·h)；

M——1 mol 元素原子的质量，g/mol，其值等于元素的相对原子质量；

z——元素的原子价数；

F——法拉第常数，96500 C/mol。

因此，稀土元素的电化当量计算公式为：

$$C = \frac{M}{3600N_A e}$$

依据此方程计算的稀土的电化当量见表 2-4。计算大电流电解槽的电流效率时应依据表 2-4 的数据。在近似计算时，对于+3 价离子稀土，$C=M/80.4$。混合稀土金属的电化当量值为 1.757 g/(A·h)。

表 2-4 稀土元素的电化当量

稀土元素	价数	相对原子质量	电化当量/g·(A·h)$^{-1}$	稀土元素	价数	相对原子质量	电化当量/g·(A·h)$^{-1}$
Sc	3	44.955910(9)	0.5591	Gd	3	157.25(3)	1.9557
Y	3	88.90585(2)	1.1057	Tb	3	158.92534(3)	1.9766
La	3	1389055(2)	1.7276	Tb	4	158.92534(3)	1.4824
Ce	3	140.115(4)	1.7426	Dy	3	162.50(3)	2.0210
Ce	4	140.115(4)	1.3070	Ho	3	164.93032(3)	2.0213
Pr	3	140.90765(3)	1.7525	Er	3	167.26(3)	2.0802
Nd	3	144.24(3)	1.7939	Tm	3	168.93421(3)	2.1011
Sm	3	150.36(3)	1.8706	Yb	3	173.04(3)	2.1521
Eu	3	151.965(9)	1.8900	Lu	3	174.967(1)	2.1761

注：括号内数字表示相对原子质量的末位数精确至该值的“±”范围内。

2.1.4.2 电流效率

根据法拉第定律，直流电解时，电极上析出的物质质量与电流、电流通过电解槽的时间及电化学当量成正比：

$$m = CI\tau$$

式中 m——在电极上析出的物质量，g；

C——电化学当量，g/(A·h)；

I——电流，A；

τ——电解时间，h。

电解过程中，伴有二次反应和副反应，因此在电极上析出的金属量比理论量少。通入一定的电量，在电极上实际析出的金属量 Q 与依据法拉第定律计算出的理论析出量 G 之比称为电流效率 η：

$$\eta = \frac{Q}{CI\tau} \times 100\%$$

电流效率是电解生产一项重要的技术经济指标，熔盐电解的电流效率一般在 30%～90%范围内。在生产实际中，电解得到的稀土金属比理论量少得多，即电流效率比较低，主要有以下两方面的原因。

(1) 电解电流没有全部用来产生稀土金属，主要原因是不完全放电（如发生反复的

氧化还原反应 $Sm^{3+}+e^{-}=Sm^{2+}$）、非稀土元素析出、电子导电（如 Ce-$CeCl_3$、La-$LaCl_3$ 等熔盐具有电子导电特点）、电解槽漏电等。

（2）电解过程中沉积的金属发生化学反应或二次物理作用损失，主要有稀土金属溶解，稀土金属和熔盐的置换反应，稀土金属与电解槽炉衬材料、石墨电极、空气等发生相互作用。

稀土金属电解电流效率低的主要是由于它自身的活性和变价特点所致。

2.1.4.3　电能效率

熔盐电解过程中除要求有较高的电流效率外，还有许多其他指标，如要求生产率高、电能消耗低、金属回收率高和质量高等。这些指标是互相关联的，某些因素既影响电流效率，又影响其他指标。因此，在控制电解条件提高电流效率时，还应充分考虑对其他指标的影响。

熔盐电解电能消耗的高低常用电能效率来评价，有时称为电耗率。通常用生产 1 kg 产物所需的功率来表示电能效率，其单位是 kW・h/kg。氯化物体系电解生产稀土金属的电能效率在 12～40 kW・h/kg 范围波动，氟化物体系电解生产稀土金属的电能效率为 12 kW・h/kg 左右，但同时消耗阳极碳。铝精炼作业的电能效率为 20 kW・h/kg，铜精炼作业的电能效率近似为 0.2 kW・h/kg。

有时电能效率可表示为：

$$\eta_{电} = \frac{\eta E}{V} \times 100\%$$

据此可研究电能效率与电流效率的关系。如果所加电压保持不变，则电流效率提高，电能效率随之增大，即用于电解的有用功率占所需功率的份额增加。若电流效率保持恒定，改变所加电压，情况就比较复杂。提高电压，功率输入增加了，但所加电压必须有一部分用于克服电解槽中极化效应和电阻效应的增加，而这个份额显著增大；降低电压，可以减少输入功率，但是有一最低电压值，低于此值时电解无法以有意义的速度进行。因此，实际上靠电流效率与电能效率间的平衡来达到最佳条件。

稀土电解生产的电能效率较低，因为不仅电解要消耗能量，而且为保持电解质熔融而加大了电解质电阻以提供热量，这也消耗了大部分能量。此时提高电能效率的办法是尽可能采用大容量设备。另外，应研究其他低能量流程。总之，电解时最重要的变数是输入电流，它决定了电解槽的产量。

任务 2.2　稀土电解槽【案例】

2.2.1　稀土电解槽的结构类型

迄今为止，国内外报道的稀土电解槽结构类型有近 20 种，如果按照电解槽的电极配置形式和电极形状大致分类，可分为四种基本类型。

2.2.1.1 平面平行电极水平布置

这类电极配置类似于铝电解槽，早期的稀土电解槽多属于这种类型。例如，Treibacher 化学工厂的 1 kA 氯化物系电解槽（见图 2-4），用耐火砖砌筑内衬，圆形槽膛底部以聚沉的混合稀土金属作为阴极，金属上方用圆柱形石墨棒的端面作为阳极；日本 20 kA 氟化物-氧化物系电解槽则采用金属钼、钨或铁质内衬，生产稀土铁合金。这类电解槽随着容量的增大而增加阳极数目，如 Promothus 氯化物系电解槽（见图 2-5）在圆形槽膛内配置 3 根石墨阳极；苏联建立的 24 kA 氟化物-氧化物系电解槽，在长方形槽中布置了 8 根石墨阳极。德国建立的 45 kA 电解槽也属于这种类型。这类电解槽仅能生产稀土铁合金或冶金级混合稀土金属，如苏联槽电解的金属纯度为 95%~98%，电流效率最高达到 75%，电耗为 16 kW · h/kg。

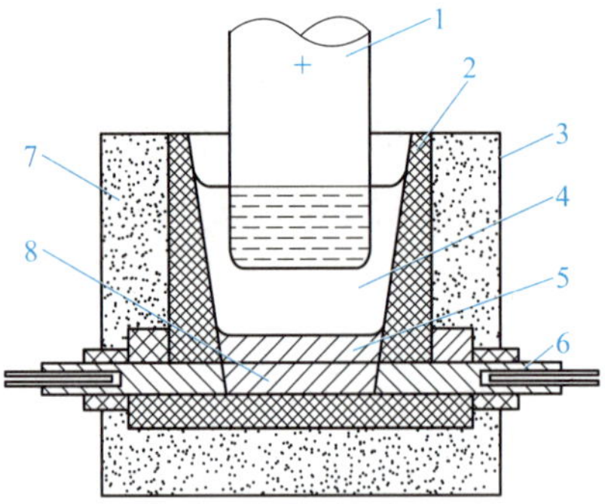

图 2-4 1 kA 氯化物系电解槽

1—石墨阳极；2—砖砌内衬；3—铁外壳；4—电解质；5—混合稀土金属；6—冷却水管；7—砂填充物；8—铁阴极

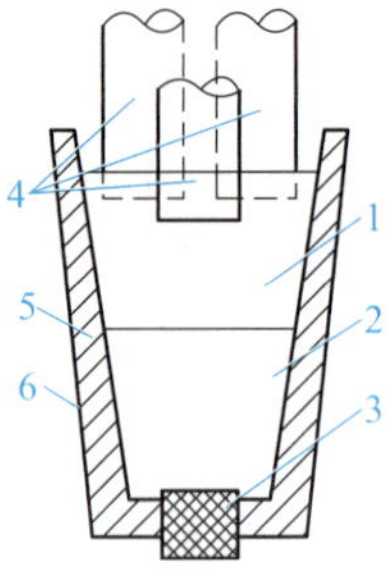

图 2-5 Promothus 氯化物系电解槽

1—电解质；2—稀土金属；3—铁阴极；4—石墨阳极；5—耐火内衬；6—钢壳

2.2.1.2 平面平行电极垂直布置

这类电极配置类似于镁电解槽，如在 3 kA 圆形槽（见图 2-6）中悬挂平面平行的铁阴极和石墨阳极，电解制备钕铁合金。电流效率分别为：氯化物系 35%，氟化物系 85%，氟化物-氧化物系 75%。实验表明，平面电极平行布置与棒状电极平行布置相比，可提高产量 1.3 倍，电流效率由 65%提高至 85%；电极配置采用阳极|阴极|阳极与采用阳极|阴极相比，可提高产量 2 倍以上。

2.2.1.3 柱面平行电极垂直布置

过去国内普遍应用 800A 氯化物系石墨坩埚电解槽（见图 2-7），以圆桶形石墨坩埚作为阳极，坩埚轴线上配置钼或钨棒作为阴极，底部用瓷坩埚汇集金属；采用 3 kA 整流器后，槽容量扩大到 2.3 kA，用于生产混合稀土金属，镧、铈等轻稀土金属和稀土铁合金等，电流效率约 60%，电耗 20 kW · h/kg。由于环境污染，现在已有不少企业改用氟化物-氧化物系电解槽生产混合稀土金属。

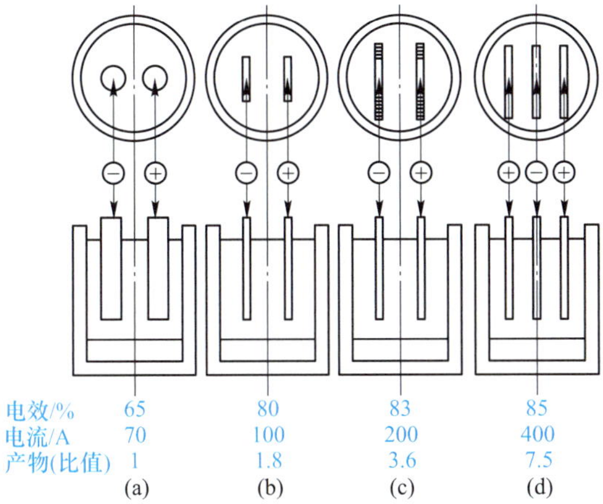

图 2-6　3 kA 圆形槽平面平行电极垂直布置

（a）棒状电极平行布置；（b）平面电极平行布置；（c）平面电极平行布置，电极面积为（b）的 2 倍；（d）平面电极平行布置，为三电极平行布置

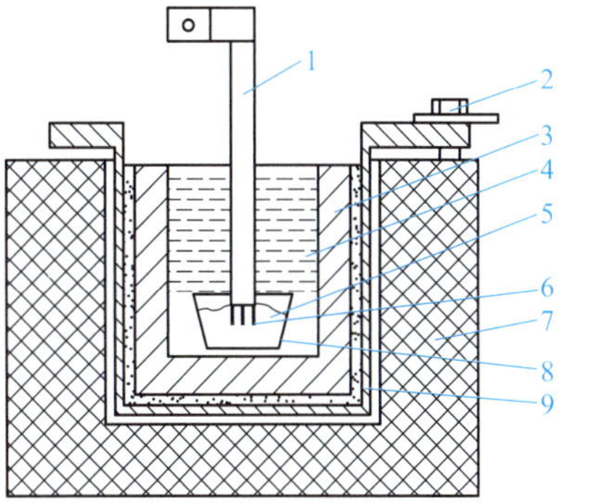

图 2-7　800 A 石墨坩埚电解槽结构

1—阴极陶瓷套管；2—阳极压紧螺母；3—石墨坩埚；4—电解质；5—金属；6—钼阴极；7—耐火砖；8—瓷皿；9—铁壳

1984 年，包钢稀土研究院成功开发 3 kA 氟化物-氧化物系电解槽，用于制备金属钕和钕铁合金。3 kA 钕电解槽如图 2-8 所示，以钼或钨棒作为阴极，在石墨坩埚中插入一个石墨圆筒充当阳极，底部用钼或钨坩埚汇集金属。近年来这类电解槽的容量增大到 6 kA，并用几个圆弧形石墨块取代石墨圆筒，用于生产金属钕、镨、镧、铈，以及镨钕、钕铁、镝铁、钆铁、钬铁、铒铁、钇铁等合金。包钢稀土研究院近年开发的 10 kA 氟化物-氧化物系电解槽，相当于将 3 个石墨圆筒电极机构并列布置于一个石墨块砌筑的槽膛内，电流效率达 80.13%，电耗为 10.5 kW · h/kg，并于 2006 年通过首届全国杰出专利工程评审，获得内蒙古自治区优秀专利奖。

2.2.1.4　集群式电极垂直布置

最早出现的这类电解槽是美国矿务局雷诺冶金中心研制的氟化物-氧化物系电解槽。铈电解槽由 9 根钼或钨棒构成阴极群，围绕一个中空石墨阳极筒组成电极机构。而镧电解槽则由 8 根石墨棒构成阳极群，围绕一根钼制中心阴极棒组成电极机构。两者均从槽壁侧面接出一根钼管，可间断放出金属。国内早期出现的 10 kA 氯化物系陶瓷型电解槽（见图 2-9）也属于这种类型。江西省赣州科力稀土新材料有限公司开发的 10 kA 氟化物-氧化物系电解槽，阳极为双层，其内层为圆柱状，外层为圆环形，多根阴极呈环状均布于双层阳极的环状中间，电流效率 75.62%，电耗 9.07 kW · h/kg，获江西省 2002 年度科技进步奖一等奖和江西省赣州市 2002 年度科技进步奖一等奖。

毋庸置疑，我国的稀土电解技术已取得了长足的进步，在生产金属和合金的种类、金属纯度和回收率及电流效率、电耗等技术经济指标方面均居于世界领先地位，在熔盐电解生产设备实现大型化以及生产技术和工艺水平方面达到了国际先进水平。

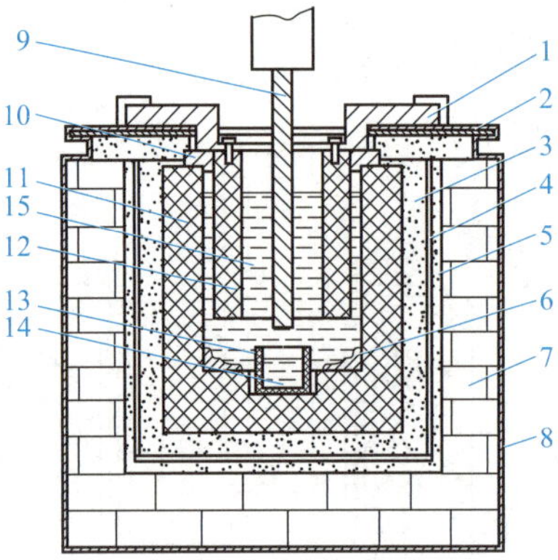

图 2-8 3 kA 钕电解槽结构

1—阳极导线板；2—炉盖；3—保温层；
4—铁套筒；5—石棉纤维板；6—电解质结壳；
7—保温砖；8—炉壳；9—钨阴极；10—刚玉垫圈；
11—石墨坩埚；12—石墨阳极；13—钼坩埚；
14—液态金属钕；15—液态电解质

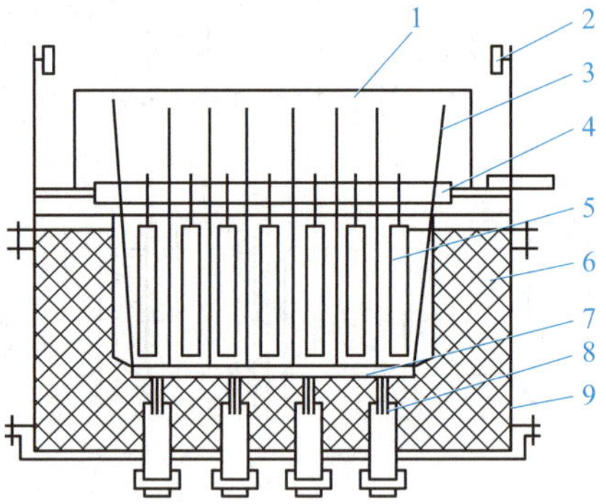

图 2-9 10 kA 氯化物系陶瓷型电解槽结构

1—风罩；2—阳极升降架；3—阴极棒；
4—阳极框；5—石墨阳极；6—高铝砖；
7—金属室；8—阴极导电棒；9—电解质

2.2.2 稀土电解槽的数值模拟和热平衡计算

通过有限差分方法对 3 kA 钕电解槽的电场进行计算机模拟，得到的各点电位分布情况为：阴极区附近等电势线最为密集，电位梯度最大；阳极区附近等电位线也较为密集，但比阴极区附近的电位梯度小；电解槽下部金属接收器附近的区域可近似视为等电位区。

对 3 kA 钕电解槽磁场进行数值模拟，结果表明，电解槽磁场只存在圆周方向分量，轴向和径向分量均为零；磁场主要由电极电流产生，熔体电流的作用不大。电解槽电极之间的磁感应强度最大；电极以外的区域由于阳极筒的屏蔽作用，磁感应强度接近于零，这说明在周围小磁场强度下，不考虑铁磁物质（槽壳）对磁场的影响是可行的。电解槽中的电磁力主要分布在电极之间的区域。

对 3 kA 钕电解槽内部流场进行数值模拟，结果如图 2-10 所示，在电磁力和气泡的共同作用下，在阳极和阴极之间的区域上部有一个较大的旋涡，下部有一小的旋涡。这主要是因为在阳极表面上部区含气泡区域大，气泡的作用明显，加上电磁力的作用，形成上部较大的旋涡；在阳极下部，气泡搅动和电磁力推动电解质向阴极流动，从而形成了下部的旋涡。阳极与电解槽坩埚之间的电解质基本不参与流动，金属接收器的电解质或金属参与了流动。

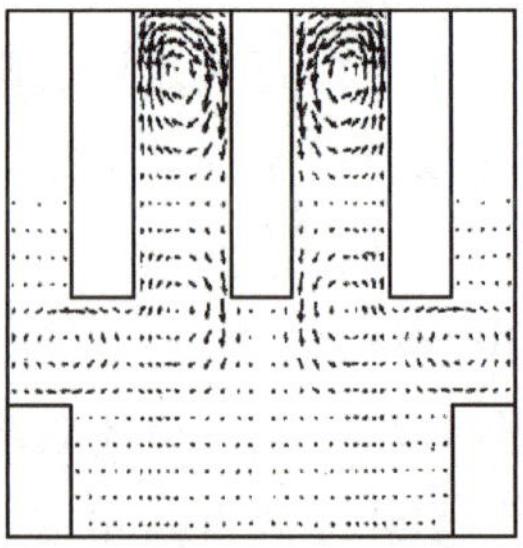

图 2-10 电磁力和气泡共同作用下电解槽纵剖面的流场

对 3 kA 钕电解槽进行温度场和热平衡计算，结果表明：活性石墨阳极电解槽的热收入项中，电能占 92.13%，化学热占 12.87%；热支出项中，电解反应和物料吸热仅占 28%左右，电解槽体系散热占 71%，其中电解质辐射热损失 40%，槽壁热损失 15.6%，槽上盖热损失 10%，槽底热损失 4.2%，气体带走热为 1.4%。对 10 kA 圆形钕电解槽热平衡进行测试的结果与温度场的数值模拟结果相符，槽口电解质辐射热占 44.5%。

2.2.3 稀土熔盐电解工艺条件的研究

近年来，人们系统研究了 NdF_3-LiF-Nd_2O_3 系熔盐的密度、表面张力、相关物质的理论分解电压、钕电解的阳极临界电流密度和钕电解的阳极过电位。稀土熔盐电解中阴极过电位非常小，仅有 0.01~0.1 V，在工业生产条件下可忽略不计；而活性阳极上的过电位却较高，一般达到 0.2~1.0 V。钕电解的阳极过电位随着阳极电流密度的增加而增大，满足塔菲尔方程。适当控制阳极电流密度、升高温度、增加电解质中 LiF 和 Nd_2O_3 的含量并尽可能减小极间距，均有利于降低阳极过电位。

稀土电解的阳极反应过程与铝、镁电解相似，在稀土氯化物系中，阳极电流密度超过临界值（如 1.5 A/cm^2）就发生阳极效应；在稀土氟化物-氧化物系中，当稀土氧化物浓度不足时也发生阳极效应。此外，由石墨阳极的导电性质所决定，当电流密度过大时石墨阳极易过热发红而加快烧损。因此，稀土电解槽的阳极电流密度通常控制在小于 1.5A/cm^2。

稀土电解槽的阴极电流密度对电极配置和槽型结构影响甚大。早期的研究表明，氟化物-氧化物系电解槽的阴极电流密度为 7~10 A/cm^2时电流效率较高。因此，我国早期稀土电解槽的设计基本参照这一参数，而当时的电解电压为 11~ 12 V，电耗高达 12~13 kW・h/kg。原来的电解槽电解电流小，高的阴极电流密度有利于为电解槽提供足够的热量以维持热平衡；另外，稀土金属在熔盐中有一定的溶解度，采用较高的阴极电流密度可使金属溶解损失的相对量减小，从而提高电流效率。随着生产技术水平的不断提高以及节能的需要，近年来大型稀土电解槽得到开发和推广，由于单位散热面积变小，为了解决电解槽散热问题，普遍采用降低阴极电流密度的设计，目前生产中的 10 kA 电解槽的阴极电流密度已降至 5~6 A/cm^2，而电流效率比早期提高了 10%左右，达到 75%~80%，电耗也降低至 9~10 kW・h/kg。

阳极电流密度、阴极电流密度及体积电流密度，对钕电解槽的运行效果有较大的影响。电流密度过低时，无法提供足够的热量来维持电解槽热平衡；电流密度足够大时，可维持电解槽正常运转，但随电流密度的增大，阴极表面发热量增加，电解质温度升高，电解质循环加剧，促进了一次反应的进行，致使电能效率、电耗及金属碳含量指标逐渐变差。实验证明，2~3 kA 工业电解槽电流密度适宜取值范围为：阳极电流密度 J_a = 1.0~1.25 A/cm^2，阴极电流密度 J_c = 5~6.5 A/cm^2，体电流密度 J_b = 0.1~0.8 A/cm^3。

在目前的稀土电解槽设计中，仍要求阴极电流密度为阳极电流密度的数倍，则电极配置必然是阳极面积是阴极面积的数倍，因此在生产中柱面平行电极得到了发展。这类电极机构极距均匀，电力线分布均匀，电解质循环合理，利于电解气体排出。但是这类电解槽的槽电压依然较高，大型电解槽为 8~10 V，电能利用率仍然很低。

有人研究了在低阴极、阳极电流密度条件下电解制备金属钕的情况。在电解温度1070~1080 ℃条件下，电流效率与阴极电流密度的关系如图2-11所示。试验结果表明，低电流密度条件可减少金属钕在熔盐中的溶解和抑制金属雾的产生，并可获得极高的电流效率。在阴极电流密度为1.39 A/cm²、阳极电流密度为0.28 A/cm²时，平均电流效率达到87%，且电解电压仅为4.8 V，据此提出类似于铝电解槽的下埋阴极的设想。该试验数据是在柱面平行电极和外部加热条件下得到，在该类稀土电解槽设计中具有重要参考价值。

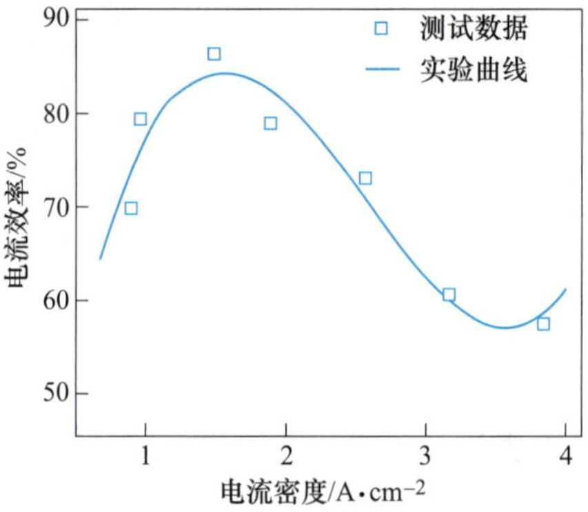

图2-11 电流效率与阴极电流密度的关系

含稀土熔盐的电导率高，在相应的电解温度下，$RECl_3$-KCl系电导率为1.2~1.6 S/cm，REF_3-LiF系电导率为5~6 S/cm。对Nd_2O_3-NdF_3-LiF熔盐体系中电导率及钕溶解度的研究表明，升高温度、提高LiF浓度及降低Nd_2O_3浓度可以提高熔盐体系的电导率，而降低温度、降低LiF浓度及提高Nd_2O_3浓度可以减少钕在熔盐中的溶解度。与铝、镁电解质的电导率相比，冰晶石电导率为2.8 S/cm，$MgCl_2$-KCl系电导率为1~2 S/cm。

用Orsat气体分析器和色谱-质谱联用仪研究正常电解和发生阳极效应时钕电解的阳极气体成分，结果表明，正常电解时钕电解的阳极气体主要成分为CO，有少量CO_2，气体组成与铝电解有所不同；电解温度升高，CO的相对含量增多；电流密度增加，CO的相对含量减少。发生阳极效应时，检测出阳极气体中所含氟碳化合物为CF_4。

2.2.4 电解槽材料及电解操作方面的研究

针对熔盐电解金属钕过程中存在的一系列问题，人们研制了一种新型的稀土熔盐电解用惰性阳极材料。该材料是以Nd_2O_3为基，分别添加不同的氧化物，通过粉末烧结法制备的陶瓷材料。电解实验表明，该材料有较好的耐蚀性，但其未经过工业生产检验。

对钕电解生产过程中炉底的结瘤物进行分析后发现，结瘤物由氟氧化钕、氟化钕及少量金属钕组成，氟氧化钕含量占90%以上，氟化钕含量小于10%，金属钕含量约为1%。结瘤物的熔点为1580~1620 ℃，密度为6~7 g/cm³。研究认为，保持合适的加料速度、避免温度的过大波动是控制结瘤物形成的先决条件，及时清理炉底和台阶上的积料可以控制结瘤物的增长速度。

新近研制的一种抗氟盐侵蚀、高温抗氧化性好且对稀土金属产品无污染的内衬材料，是以氧化钕、氟化钕及钕电解槽炉底的结瘤物为主要原料。将氧化钕、氟化钕及炉底结瘤物按一定比例混合，通过压制成块和烧成来制备熟料，再将熟料粉碎、配料成型，最后烧成，制备出以氟氧化钕为主要组成的新型耐火材料。实际应用表明，该材料具有一定的抗氟盐侵蚀能力和高温抗氧化能力，将其应用于大型稀土电解槽可以保证槽体运行的稳定性和良好的经济技术指标。

研究电解制取金属钕过程中发现，电解槽结构、电解质组成、电解温度、加料速度等工艺条件对金属钕中碳含量有影响，调整工艺参数后，可使金属中碳含量得到控制。研究熔盐配比及加料速度对氧化钕利用率的影响可知，控制适宜的熔盐配比和加料速度，可将氧化钕的利用率提高到约 100%，产品一次合格率达到 97. 2%以上。

块状多阳极连续电解技术已在国内稀土金属生产行业中得到推广应用。3 kA 电解槽采用 4 块弧形块状阳极代替阳极筒，通电电解 20 h 左右开始换第一块阳极，以后每隔 20 h 左右换一块阳极。换阳极时不舀出熔盐，不起弧升温，电解连续进行，可减少电解过程槽电压波动幅度 70%以上，每吨金属节电 1000 kW · h 以上，大幅提高了产品合格率。

2.2.5 槽电压与结构参数的关系

熔盐电解的槽电压由化合物的分解电压、电极过电压、熔盐压降、母线压降和阳极效应分摊压降等组成。对 3 kA 钕电解槽的电场计算表明，在 2200A 工作电流、1030 ℃电解温度条件下，熔盐压降为 3~4. 5 V，占总槽电压的 40%~50%；Nd_2O_3 的实际分解电压与阳极电流密度的关系为：$E=1.71+0.32\ln J_a$；母线和电极导电部分压降基本是固定的，实际测量为 2. 9 V。

熔盐压降为：

$$U = IR = \frac{IK}{k}$$

式中　K——电解槽的电阻常数；

　　k——熔盐电导率。

电解槽的电阻常数与其结构参数之间的依存关系非常重要，这是设计电解槽和进行电解操作控制的主要依据。笔者采用 KCl 水溶液模拟法测定稀土电解槽的电阻常数，确定了电阻常数与结构参数之间的关系。当 $L \geqslant D$ 时，电阻常数的理论计算值为：

$$K = \frac{1}{2\pi L}\ln\frac{D}{d} = \frac{1}{2\pi L}\ln\frac{J_c}{J_a}$$

式中　K——电解槽的电阻常数，1/cm；

　　D——电解槽阳极直径，cm；

　　d——电解槽阴极直径，cm；

　　L——阴极在电解质中的插入深度，cm；

　　J_a——阳极电流密度，A/cm^2；

J_c——阴极电流密度，A/cm^2。

生产实践证明，稀土电解槽增大容量后不仅提高了产量，而且在提高金属的一致性、保证产品质量和降低电能消耗方面也取得了明显效果。但对于大容量电解槽的设计，应重新配置电极的结构参数，进一步降低槽电压以节约电能消耗。在给定槽容量条件下，当电解工艺条件一定时，熔盐压降正比于 K 值，因此结构参数的选择应以 K 值最小为最优化设计的目标函数，约束条件有：

$$L \geqslant D$$

$$D \geqslant (J_c/J_a)d$$

$$D - d \geqslant c$$

$$\pi DLJ_a \leqslant I$$

式中 c——阳极与阴极表面之间的间距，cm。

可从中选择限制条件，用拉格朗日乘数法求解方程组，得到电解槽结构参数的优化配置。

目前多根据电解槽的电压和输入电流确定输入功率。电解槽能耗由电解能耗和散热两项构成，其能量平衡的基本关系式为：

$$IV = A + Q$$

式中 I——输入电流，kA；

V——槽电压，V；

A——电解能耗，kW·h/h；

Q——电解槽散热量，kW·h/h。

对于氟化物-氧化物系电解金属钕，取电解温度 1323 K，熔盐的电导率 $k=5.5$ S/cm，阳极电流密度 $J_a \leqslant 1$ A/cm^2。如果取 $I=10$ kA，$L=80$ cm，$c=14$ cm，则得：$D=40$ cm，$d=26$ cm，$K=8.57\times10^{-4}$/cm，$U=1.558$ V，$J_c=1.53$ A/cm^2。如果取分解电压为 1.7 V，电极压降为 2.9 V，则槽电压为 V=6.16 V，故有：

$$Q = IV - A = 6.16I - 2.976I = 3.18 \times 10 = 31.84 \text{ kW·h/h}$$

即电解槽输入功率 $IV=61.6$ kW·h/h。在电解槽能量分配中，电解耗能 $A=29.76$ kW·h/h，占 48.3%；熔盐电阻耗能 $IU=15.58$ kW·h/h，占 25.3%；电极电阻耗能 $Q-IU=16.26$ kW·h/h，占 26.4%。如果取电流效率为 80%，则电解槽产率 $G=CI\eta=1.7939\times10\times0.8=14.35$ kg/h，金属电耗率为 $IV/G=61.6/14.35=4.29$ kW·h/kg，比目前最好指标 9.07 kW·h/kg 节电约 53%。

综合上述研究成果的数据，稀土电解槽的设计应着重考虑以下几个问题：

（1）在以上电解槽结构参数配置中，取 $L=80$ cm 仅参考了镁电解槽电极深度数据 $L=0.8\sim1.0$ m，有条件的企业应经过稀土电解工业实验检验。L 增大后，阳极和阴极表面间距取 $c=14$ cm，应对电解质循环、气体排出和电流效率等的影响重新进行数值模拟研究。

（2）目前的敞口式电解槽结构，电解质辐射散热量占到总散热量的 40%~45%，是稀土电解节能降耗应解决的首要问题，应尽快研制槽口封闭式槽形结构。

（3）目前的电极导电连接方式不便于电解槽槽口封闭，而且结构压降过大，如 3 kA

工业槽的电极压降为 2.9 V，占槽电压的 1/3，造成电能的无功消耗。应尽快研制新型电极导电连接方式，并与槽口封闭技术结合在一起考虑。

（4）如果柱面平行电极机构在阳极电流密度 $J_a \leq 1\ A/cm^2$、阴极电流密度 $J_c \leq 1.5\ A/cm^2$ 的工艺条件下电解稀土金属具有较高的电流效率得到工业验证，开发下埋阴极式平面平行稀土电解槽就具备了可能性。

任务 2.3　稀土氧化物在氟化物熔盐体系中的电解【案例】

2.3.1　电解质的组成和性质

2.3.1.1　稀土氟化物熔盐相图

微课2-1
稀土氟化物熔盐体系的组成与性质

选择电解质时应考虑前述对电解质性质的要求，对氧化物电解来说，首先要考虑氧化物在氟化物熔盐中的溶解度。由于稀土氧化物在氯化物体系中溶解度很小，而在稀土氟化物中溶解度大，因此选择稀土氟化物为电解质的重要组分。但稀土氟化物熔点高，因此需加入低熔点氟化物作为助熔剂。要求助熔剂的分解电压比稀土氟化物高，导电性好，高温下稳定，蒸气压低。据有关资料，只有锶、钙、锂氟化物的分解电压比稀土氟化物高。钾、钠氟化物的分解电压与稀土氟化物接近，不宜选作电解质组分。目前常用的电解质体系为 REF_3-LiF，加入 LiF 能使体系的熔点降低（见图 2-12）、导电性增加。因为 LiF 的蒸气压较高而且价格昂贵，所以有时还加入 BaF_2 以减少 LiF 的用量。

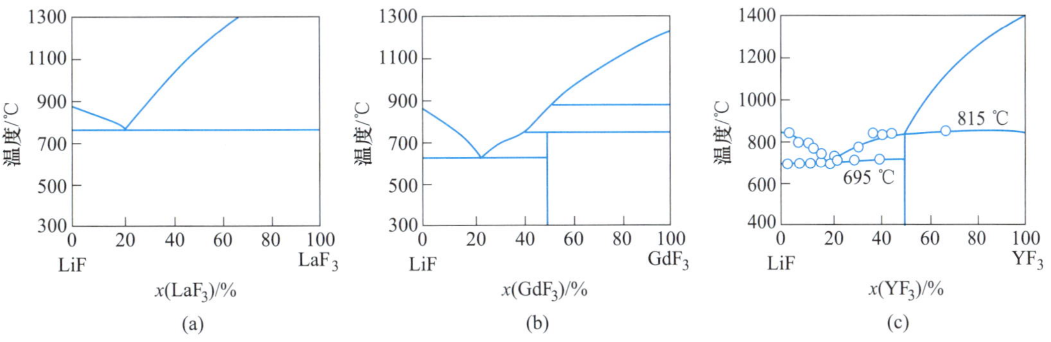

图 2-12　LiF-REF_3 体系相图

（a）LiF-LaF_3 体系；（b）LiF-GdF_3 体系；（c）LiF-YF_3 体系

某些含 REF_3 的二元和三元熔盐的组成及初晶温度见表 2-5。由表可以看出，它们的初晶温度都在 700 ℃以上，比氯化物体系的相应温度高约 200 ℃。显然，这些熔盐适用于电解制备熔点较高的稀土金属及合金。

表 2-5 电解质的组成及初晶温度

熔盐组成/%	初晶温度/℃	熔盐组成/%	初晶温度/℃
$35LiF-65CeF_3$	745	$27LiF-73SmF_3$	690
$32LiF-68PrF_3$	733	$15LiF-85YF_3$	825
$35LiF-65LaF_3$	768	$27LiF-73DdF_3$	625
$37LiF-63NdF_3$	721	$11LiF-89DyF_3$	701
$20LiF-35BaF_2-45(Pr,Nd)F_3$	715	$60LaF_3-27LiF-13BaF_2$	750
$34.5LiF-65.5RE(Ce)F_3$	735	$25LiF-75RE(Y)F_3$	678

稀土氧化物在 $NaAlF_6-Al_2O_3$ 系中的溶解度，如 La_2O_3 在 1100 ℃冰晶石中的溶解度，随 $n(NaF)/n(AlF_3)$ 的降低而增大。当 $n(NaF)/n(AlF_3)$ 的值由 5 减为 2 时，La_2O_3 的溶解度由 16.99%增大至 25.54%。混合稀土氧化物和 CeO_2 在冰晶石中的溶解度分别为 2.4%~2.8%（980~1150 ℃）和 2.4%~2.6%（980~1150 ℃）。所有+3 价铈族稀土氧化物在该体系中的溶解度都在 12%~14.9%范围内，而 CeO_2 的溶解度只有 Ce_2O_3 的 1/10，REO（包括有+4 价稀土氧化物）的溶解度只有 RE_2O_3 的 1/5。

2.3.1.2 密度

LaF_3-LiF 熔盐的密度见表 2-6，$NdF_3-LiF-BaF_2$ 系熔盐密度的测定结果如图 2-13 所示。

表 2-6 LaF_3-LiF 系熔盐的密度 （g/cm^3）

温度/K	$x(LiF)=100\%$	$x(LiF)=95\%$	$x(LiF)=90\%$	$x(LiF)=85\%$	$x(LiF)=80\%$	$x(LiF)=75\%$
1140	1.695	2.075		2.741	2.998	3.171
1180	1.682	2.061	2.431	2.714	2.972	3.149
1220	1.669	2.046	2.419	2.688	2.946	3.127
1260	1.656	2.031	2.406	2.661	2.920	3.105

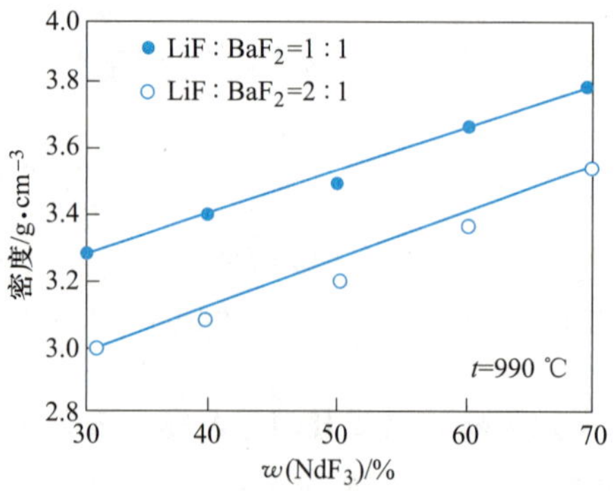

图 2-13 $NdF_3-LiF-BaF_2$ 系熔盐密度与组成的关系（990 ℃）

2.3.1.3 电导率

LaF_3-LiF-BaF_2-LaOF 熔体电导率与 La_2O_3 含量及温度的关系如图 2-14、图 2-15 所示，随 La_2O_3 含量的增加，其电导率减小；随温度的增加，其电导率增大。

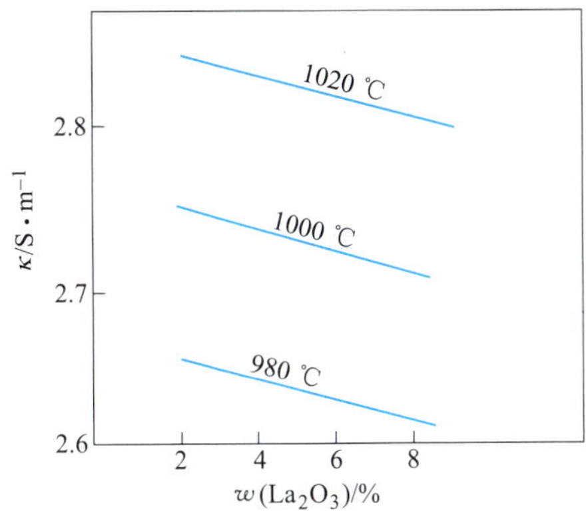

图 2-14 LaF_3-LiF-BaF_2-LaOF 熔体电导率与 La_2O_3 含量的关系（$w(Al_2O_3)=4\%$）

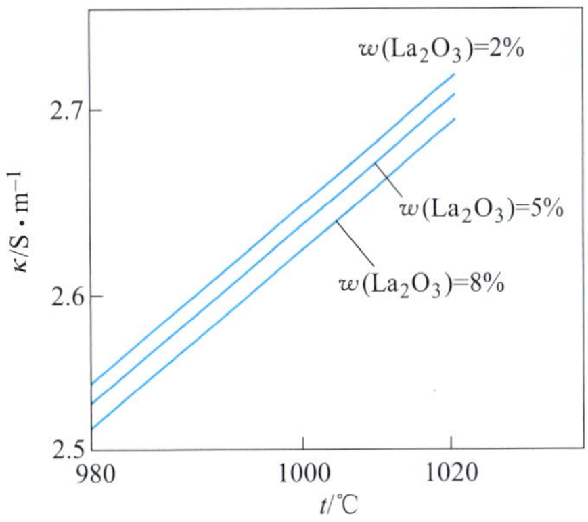

图 2-15 LaF_3-LiF-BaF_2-LaOF 熔体电导率与温度的关系（$w(Al_2O_3)=4\%$）

NdF_3-LiF 熔体的电导率与 LiF 含量和温度的关系如图 2-16、图 2-17 所示。随 LiF 含量的增加，电导率增大，这可能是由于 LiF 本身电导率大。另外，温度提高使化合物离解加剧，所以电导率增大。添加 BaF_2 进入上述熔体，电导率下降，如图 2-18 所示。其中，LiF 含量的改变对电导率影响较大。

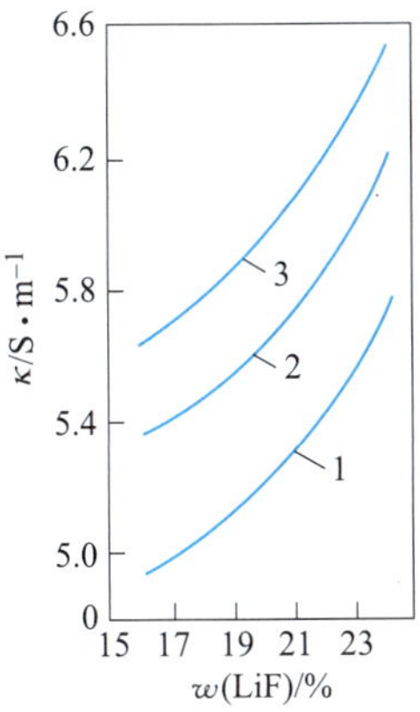

图 2-16 NdF_3-LiF 熔体中 LiF 浓度对电导率的影响

1—1000 ℃；2—1040 ℃；3—1080 ℃

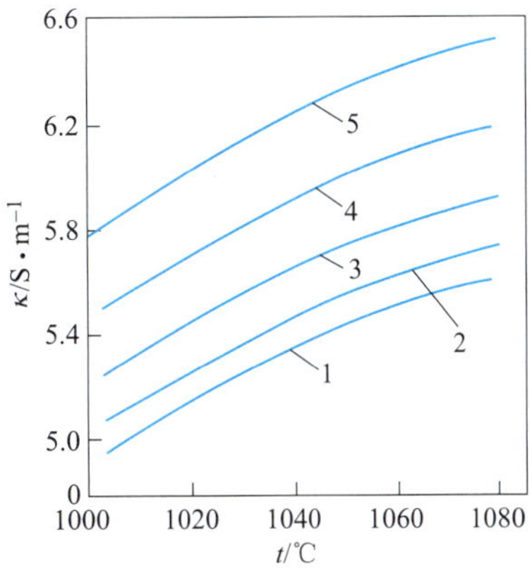

图 2-17 NdF_3-LiF 熔体中温度对电导率的影响

1—$w(LiF)=16\%$；2—$w(LiF)=18\%$；3—$w(LiF)=20\%$；4—$w(LiF)=22\%$；5—$w(LiF)=24\%$

近年来，人们还测定了 Na_3AlF_6-Al_2O_3-La_2O_3、Na_3AlF_6-Al_2O_3-RE_2O_3（富铈）和 $NaAlF_6$-Al_2O_3-RE_2O_3（富钇）等体系的电导率。实验结果表明，Al_2O_3 和 RE_2O_3 均使体系电导率降低，但 Al_2O_3 的影响是 RE_2O_3 的 6~8 倍；以一小部分 RE_2O_3（无论是富铈还是富

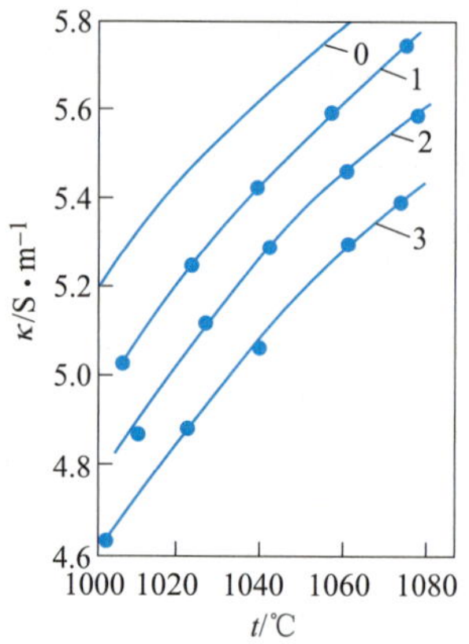

图 2-18 添加 BaF_2 的 NdF_3-LiF 熔体电导率与温度的关系

0—$w(BaF_2)=0$；1—$w(BaF_2)=5\%$；2—$w(BaF_2)=10\%$；3—$w(BaF_2)=15\%$

钇）代替 Al_2O_3 加入熔盐中，显然有提高电导率的效果。

2.3.1.4 黏度

NdF_3-LiF-BaF_2 熔盐体系的黏度见表 2-7，将熔盐中 LiF 与 BaF_2 的摩尔分数比固定为 1∶1 或 2∶1，测得混合熔盐黏度（990 ℃）与 NdF_3 含量的关系如图 2-19 所示。由图 2-19 可见，随 NdF_3 含量增加，熔盐黏度升高；随 LiF 含量增加，熔盐黏度与组成的关系曲线下降。

表 2-7 NdF_3-LiF-BaF_2 熔盐体系的黏度（990 ℃）

熔盐成分（质量分数）/%			黏度/MPa·s	熔盐成分（质量分数）/%			黏度/MPa·s
NdF_3	LiF	BaF_2		NdF_3	LiF	BaF_2	
50	45	5	2.676	50	27.5	22.5	3.217
50	10	40	4.308	67.5	27.5	5	3.223
85	10	5	3.824	67.5	10	22.5	4.601

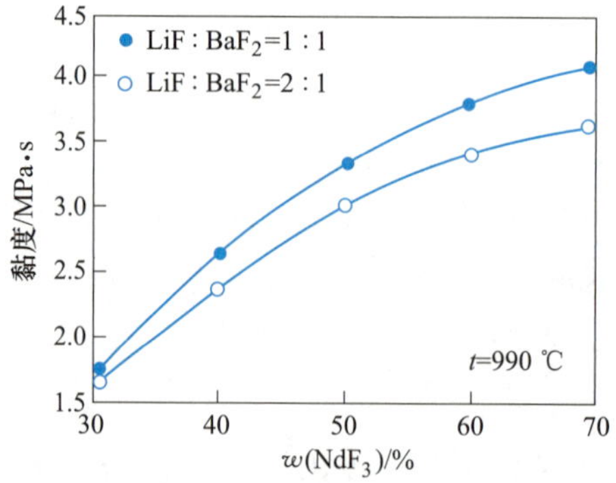

图 2-19 NdF_3-LiF-BaF_2 熔盐体系黏度与组成的关系（990 ℃）

2.3.2 电极过程及影响因素

稀土氧化物在氟化物熔盐中电解制备稀土金属的电极过程，与电解铝的电极过程基本相似。一般情况下，整个电解过程可作如下描述。

微课2-2 稀土氟化物熔盐体系电解基本原理

2.3.2.1 溶解反应

在氟化物熔盐中稀土氧化物呈离子状态存在，除具有变价稀土元素外，其他的稀土离子均呈+3 价。以具有 Ce^{3+} 和 Ce^{4+} 两种形态的铈离子为代表，它们在氟化物中的溶解反应可能存在如下三种形式。

（1）简单的离解：

$$Ce_2O_3 = 2Ce^{3+} + 3O^{2-}$$

$$CeO_2 = Ce^{4+} + 2O^{2-}$$

（2）在有碳存在的条件下，与碳发生化学反应：

$$2CeO_2 + C = 2Ce^{3+} + 3O^{2-} + CO(g)$$

（3）CeO_2 与氟化物熔盐中的同名离子盐发生化学反应：

$$CeO_2 + 3CeF_4 = 4CeF_3 + O_2(g)$$

这个反应能促进 CeO_2 进入电解质内，有利于弥补氧化铈在氟化物熔盐中溶解度低和溶解速度慢的缺点。

稀土氧化物在氟化物熔盐中离解后生成的稀土阳离子和氧阴离子，在电场的作用下分别向阴极和阳极迁移，在两极表面放电，发生阴极过程和阳极过程。

2.3.2.2 阴极过程

稀土氧化物在熔融电解质中离解出的+3 价正离子，在电场作用下向阴极移动，按反应

$$RE^{3+} + 3e = RE$$

在阴极上析出金属。在轻稀土金属中，钐是变价离子，在一般电解情况下，它在阴极上可能不是以金属形态析出，而是被还原成低价离子：

$$Sm^{3+} + e = Sm^{2+}$$

2.3.2.3 阳极过程

稀土氧化物电解都使用石墨做阳极，可能发生的反应有一次电化学反应和二次化学反应。

A 一次电化学反应

次电化学反应有：

$$O^{2-} - 2e = \frac{1}{2}O_2(g)$$

$$\frac{1}{2}O_2 + C = CO(g)$$

$$2O^{2-} + C - 4e \longrightarrow CO_2(g)$$

$$2O^{2-} - 4e \longrightarrow O_2(g)$$

这四个反应可能同时发生。在电解温度低于857 ℃或高电流密度下，阳极主要产物是CO_2；但在较高（900 ℃以上）温度下，生成CO的反应在热力学上占优势。鉴于实际生产中电解槽操作条件多变，石墨阳极上析出的一次气体可能是以CO和CO_2为主要组成的混合物。

B 二次化学反应

阳极生成的一次气体通过熔融电解质从界面逸出，熔盐界面上方灼热气体与石墨阳极作用，发生下列反应：

$$CO_2 + C \longrightarrow 2CO(g)$$

$$O_2 + C \longrightarrow CO_2(g)$$

$$O_2 + 2C \longrightarrow 2CO(g)$$

高于1010 ℃时，最后一个反应得到充分发展，其平衡成分相当于含CO 99.5%。阳极气体除与石墨阳极发生上述三个反应外，还与溶解在电解质中金属发生下列反应：

$$RE + \frac{3}{2}CO_2 \longrightarrow \frac{1}{2}RE_2O_3 + \frac{3}{2}CO(g)$$

$$RE + \frac{3}{2}CO \longrightarrow \frac{1}{2}RE_2O_3 + \frac{3}{2}C$$

上述这两个反应都会使阴极产生的金属重新发生氧化。

C 阳极气体组成

从电解槽排出的气体中，有少量的氟化物和氟碳化合物。它们的产生估计有两种情况。一是由于电解时，加入电解槽中的氧化物或电解质等物料是潮湿的，带入熔盐中的水分与氟离子作用：

$$2F^- + H_2O \longrightarrow O^{2-} + 2HF(g)$$

$$3F^- + H_2O \longrightarrow OF^{3-} + 2HF(g)$$

二是当阳极表面氧离子不足时，出现氟离子在碳阳极上放电，发生反应：

$$nF^- + mC - ne \longrightarrow C_mF_n$$

通常认为在阳极效应时发生如下反应：

$$4F^- + C - 4e \longrightarrow CF_4(g)$$

主要气体之间谁占优势，取决于电解操作温度。例如，在870~900 ℃下电解CeO_2时，气体组成为CO_2 95.2%、CO 4.4%和O_2 0.4%；在1000 ℃以上的高温电解槽中，阳极气体的主要成分为CO。

2.3.2.4 阳极效应

稀土氧化物电解操作中产生的阳极效应和电解铝相似，同样与电解质中氧化物浓度的降低或不足有关。有关实验表明，当氧化物在电解过程中消耗殆尽时，槽电压出现不稳、阳极上显现火花放电，熔盐液面不活跃并呈血红色。虽然电解仍在进行，但阳极不产生气体，阴极不析出金属，电解质熔盐中产出大量的 Ce^{4+}。随着电解过程的延续，Ce^{4+}浓度增加。推测此时在阳极上可能发生了氧化反应 $Ce^{3+}-e = Ce^{4+}$，在阴极上发生了还原反应 $Ce^{4+}+e = Ce^{3+}$，两个反应呈稳定状态。另一个现象就是在阳极上有 CF_4 气体产生。据此认为，阳极效应是由于阳极上生成氟碳化合物（即 CF_n型或 COF_n型中间化合物）造成的阳极钝化所致。

综合上述，稀土氧化物在氟化物熔盐中电解制备稀土金属，其总反应式可以为：

$$RE_2O_3(s) + \frac{3}{2}C(s) \longrightarrow 2RE(l) + \frac{3}{2}CO_2(g)$$

整个反应消耗的物质是稀土氧化物和阳极碳，反应产物之一是气体。从动力学角度来看，阳极过程控制着稀土电解槽中的反应速度和反应途径。

2.3.3 电解工艺和产品

稀土氧化物在氟化物熔盐中的电解工艺是以粉末状稀土氧化物为溶质，以同种稀土元素的氟化物为主要溶剂，氟化锂、氟化钡为混合熔盐的添加成分。氟化锂的作用在于提高电解质的导电性，降低熔盐的初晶温度和电解质的密度；但在电解条件下它对稀土金属有溶解作用，特别是对金属钇表现明显。氟化钡能降低混合熔盐的熔点，抑制氟化锂的挥发，它在电解时不会与金属作用，能起稳定电解质的作用。通常，电解轻稀土金属（如镧、铈）时采用三元系电解质，而电解重稀土金属时多采用二元系电解质。目前使用的混合氟化物熔盐的缺点是氧化物在电解质中的溶解度很小，只有 2%~5%。

氟化物熔盐在高温下具有很强的腐蚀性，传统的工业耐火材料都难以用来做稀土氧化物电解槽槽体材料。在生产规模不大的情况下，均用石墨坩埚作为电解槽。阴极通常选用金属钼或钨。阳极材质是石墨，但形式多样。由于金属呈液态聚集，电解质温度比金属熔点高，这就使得电解槽槽体材料和电极材料在选择上受到限制。对于上万安培规模的大型工业槽，需要采用某些难熔金属作为槽体材料，或者采用电解质凝壳技术收集金属。到目前为止，稀土氧化物-氟化物熔盐电解工艺只应用于生产熔点在 1100 ℃以下的混合稀土金属及镧、铈和钕等轻稀土金属。至于重稀土金属和金属钇生产还停留在实验室阶段。不过，可利用氧化物电解工艺来大规模生产重稀土金属或钇与铁和有色金属的中间合金，例如钛铁、镝铁、钇镁和钇铝等。

2.3.3.1 氧化物电解制备轻稀土金属

美国矿务局雷诺冶金研究中心对氧化物电解制备镧、铈、镨、镨钕和混合稀土金属的电解槽进行过多种形式的设计，其中有代表性和规模较大的电解槽是生产金属铈和镧的电解槽，电解槽和浇铸室都放在一个真空室内，电解操作在惰性气体中进行。

生产金属铈的最佳电解质组成（质量分数）为 63%CeF_3-21%LiF-16%BaF_2，其熔化温度为 715 ℃，CeO_2 在其中的最大溶解度为 5%。电解温度为 850 ℃，电解电流为 785A，槽电压为 8.5 V。析出的金属铈中 $w(Mo)=0.067\%$或 $w(W)=0.002\%$。

制备金属镧的电解质组成（质量分数）为 48%LaF_3-25%LiF-27%BaF_2，该体系在操作温度（950~1000 ℃）范围内能溶解2%~3%La_2O_3。金属产品中碳含量小于0.12%。

在实验室小型电解槽中还研究了用氧化物电解法制备镨、钕和镨钕合金。由于规模小、电解电流只有50~60 A，电解时需要通入交流电额外补充能量，以维持电解所需的温度。电解时间为1~2 h的实验操作参数见表2-8。

表2-8 电解制备Pr、Nd和Pr-Nd合金的实验操作参数

金属或合金	REF_3-LiF/%	电解温度/℃	阴极电流密度/A·cm^{-2}	电流效率/%
Pr	50~50	1030	6.0	88
Nd	89~11	1098	6.9	77
Pr-Nd	50~50	1115	9.6	55

2.3.3.2 电解制备金属钕

1983年钕铁硼永磁合金问世，需要大量而又价廉的金属钕为原料，这就大大促进了氧化物电解法生产金属钕的发展。包头稀土研究院首先开发了3 kA的钕电解槽，如图2-8所示。在石墨坩埚的上部插入一个石墨圆筒充当阳极，在阳极中心放置一根钼或钨棒作为阴极，钼阴极下面放置一个钼质金属接收器收集金属钕。氧化钕粉料是沿阳极和阴极空隙处加入。电解质为NdF_3-LiF体系，其中LiF含量（质量分数）为11%~17%。电解温度完全靠直流电提供的能量维持，无须额外补充热量，电解在无保护气氛下连续操作。为了便于更换石墨阳极，电解槽是敞口的，因而辐射热损失较大。近年来包头稀土研究院又开发成功10 kA钕电解槽，电解槽形式相当于将三个3 kA槽放置于一个槽容器中，不同的是用石墨块组合阳极取代了石墨圆筒。

利用同类电解槽还可进行镧、铈和镨的工业生产。表2-9和表2-10分别列出了镧、铈、镨、钕电解操作参数及金属中杂质的分析结果。金属产品纯度在99%~99.9%范围内。杂质来源较复杂，稀土氧化物原料可能带入铝、钙、碳、铈、镁和硅，电解槽结构材料、操作工具和铸造模等还有可能增加铁的污染，碳主要来自石墨阳极，钼和钨主要来自阴极材料，氟和氧大多来自电解质夹杂。与钙热还原法制备的稀土金属相比，氧化物电解法制得的稀土金属中的氧含量要低得多。

表2-9 La、Ce、Pr、Nd电解操作参数

金属	La	Ce	Pr	Nd
电流/A	955	1280	1028	2200
电压/V	10	10	10	10
起始阴极电流密度/A·cm^{-2}	7.5	8.5	7.0	7.0
起始阳极电流密度/A·cm^{-2}	0.7	1.3	0.9	1.0
电解质温度/℃	950±20	900±20	970±20	1050±20
电能消耗/kW·h·kg^{-1}	11	11.2	12	8.6
稀土氧化物利用率/%	98.7	97.18	98.28	97
平均电流效率/%	80	78	70.87	60

表 2-10 La、Ce、Pr、Nd 金属中杂质的分析结果（质量分数） （%）

杂质元素	保护气氛下的电解产品				无保护气氛下的电解产品			
	La	Ce	Pr	Nd	La	Ce	Pr	Nd
Al	0.03	0.04	0.01	0.002	0.1	0.1	0.14	0.02
Ca			0.005	0.005	0.005	0.05	0.005	0.03
C	0.033	0.01	0.01	0.014				0.05
F			0.03	0.04		0.002	0.002	
Fe	0.027	0.007	0.012	0.012	0.15	0.05	0.22	0.2
Li				0.013	0.01			
Mg			0.003	0.005	0.005	0.05	0.05	
Mo	0.028	0.076						0.05
N			0.002	0.001				
O	0.016	0.016	0.018	0.015	0.04			0.05
Si	0.055	0.008	0.003	0.005	0.002	0.005	0.03	0.02
W		0.002	0.02	0.02				

2.3.3.3 氟碳铈矿精矿直接电解制备混合稀土金属

美国矿务局开发了将高品位氟碳铈矿精矿直接溶解在 REF_3-LiF-BaF_2 系熔盐中，电解制备铈族混合稀土金属的工艺。加入电解槽的氟碳铈矿精矿需经过预处理。先用稀盐酸浸出品位（REO 含量）为 63%的浮选产品，除去 $CaCO_3$ 和 $SrCO_3$ 等矿物；再在 700 ℃下进行碳酸钠焙烧，把 $BaSO_4$ 矿物转化成 $BaCO_3$；接着在 800 ℃热分解去除 CO_2；随后用水洗去 Na_2SO_4。最终产物在 400 ℃下烘干，得到品位为 85%~90%的精矿。其化学成分分析结果见表 2-11。

表 2-11 处理过的氟碳铈矿精矿的化学成分分析结果 （%）

元素	含量（质量分数）	元素	含量（质量分数）	元素	含量（质量分数）
Ce	42.3	Eu	—	Si	1.0
La	23.9	Gd	0.01	S	0.07
Pr	3.2	Y	0.2	F	2.0
Nd	9.8	Ca	4.7		
Sm	0.6	Fe	0.7		

扩大试验用的电解槽类似镧电解槽，不同的是收集金属用的容器用钼坩埚取代了钨坩埚。电解槽的额定电流 1000A，石墨槽内可容纳 45 kg 电解质，电解质最佳组成为 50% REF_3-20%BaF_2-30%LiF。在 850~950 ℃条件下，精矿在电解质中的溶解度为 2%~2.3%。氟化锂和氟化钡的纯度分别为 99.6%和 98.6%，使用前将其在 300 ℃干燥 24 h。电解槽电压为 8.5 V，电流为 980A，电解温度为 950 ℃，连续电解 10 h。稀土氧化物的利用率达 100%，但电流效率较低，按+3 价稀土离子的电化当量计算只有 37%。产出的混合稀土金

属的化学成分分析结果见表2-12。

表2-12 混合稀土金属的化学成分分析结果 (%)

元 素	含量（质量分数）	元 素	含量（质量分数）	元 素	含量（质量分数）
Ce	60.0	Gd	—	Mo	0.38
La	18.4	Y	—	O	0.02
Nd	15.2	Al	0.17	Si	0.20
Pr	6.0	C	0.15	S	0.005
Sm	—	Fe	0.56	Th	—

2.3.4 影响氧化物电解过程的因素

影响氧化物电解过程的主要操作因素是电解温度、电流密度和加料速度。

2.3.4.1 电解温度

电解操作温度取决于稀土金属的熔点、电解质的性质、金属和熔盐分离的程度及电流效率。控制操作温度的原则是尽量在较低温度下操作，这是因为温度越高，金属的二次作用越剧烈，一方面引起金属在电解质中的溶解度增大，导致电流效率降低（见图2-20），另一方面加剧了熔盐对槽体和电极的侵蚀，增加了材料带入杂质的污染。但温度过低将使稀土氧化物在电解质中的溶解度和溶解速度下降，影响电解正常进行，还可能出现造渣现象。

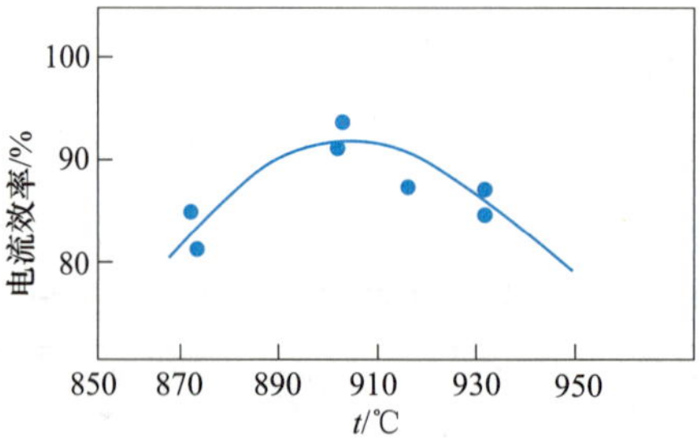

图2-20 电流效率与电解温度的关系

($w(LiF):w(BaF_2):w(NdF_3)=15:12:73$，$J=10\ A/cm^2$)

2.3.4.2 电流密度

电解电流的大小取决于电极表面积，特别是阳极表面积和阳极几何形状。阳极形状的设计，要求在某一电流密度下产生的氧化碳气体能迅速排出。由于电解电压与电流密度成正比，因此采用高电流密度则导致高电压操作，这就意味着电解能量消耗的增加。在稀土氧化物电解操作中要维持电解槽正常运转和争取最佳操作参数，起始阳极电流密度应不大于1 A/cm^2。

电解时，随着阴极电流密度增大，电流效率相应提高。在实际操作中，因为通过电解槽的总电流通常是恒定的，固态阴极的插入深度基本固定，所以阴极电流密度也大体保持不变。但在长周期的持续电解中，阴极电流密度总是趋于升高。这是由于阴极表面被电解质侵蚀而趋于减小，电解质液面因蒸发而不断下降，因此阴极插入深度变浅。阴极电流密度在电解过程中的逐渐升高会造成电解质过热，电解质蒸发损失加剧。氧化物电解生产镧、铈、镨、钕和铈族混合稀土金属时，选定的阴极电流密度都在 7 A/cm^2 以上。电解熔点高的重稀土金属时，选择的阴极电流密度就更高，例如电解制备金属钆，阴极电流密度达到 31.4 A/cm^2。

2.3.4.3　加料速度

加料速度的大小除取决于电流强度外，还取决于稀土氧化物在氟化物熔盐中的溶解度。有人曾对氧化镧和氧化钕在某些常用氟化物熔盐中的溶解度做过研究，结果见表 2-13。由表可以看出，稀土氧化物在氟化物熔盐中的溶解度是很低的。而 Al_2O_3 在冰晶石中的溶解度可达 10%~15%。因此，稀土电解槽的加料方式不能像铝电解那样，而是要求严格控制加料速度。理论上，氧化物加入速度应与阳极反应相适应，但实际操作中只能根据电解电流的大小来掌握。若氧化物加入量过多或过快，未及时溶解的氧化物随即沉降，在槽底部形成泥渣，增大了熔盐黏度，这不仅妨碍下降的金属滴凝聚，造成金属夹杂，而且降低氧化物利用率；若氧化物加入不足或过缓，电解质中氧化物浓度下降，氧离子供不上阳极反应的消耗，就容易引起阳极效应。

表 2-13　La_2O_3 和 Nd_2O_3 在熔融氟化物中的溶解度

温度/℃	溶剂/%					
	LiF		NaF		KF	
	La_2O_3	Nd_2O_3	La_2O_3	Nd_2O_3	La_2O_3	Nd_2O_3
1000	0.64	0.32			1.97	1.77
1050	0.89	0.46				
1100	1.21	0.69	0.90	0.70	2.54	2.20
1150	1.29	0.94	1.23	0.86	2.66	2.38
1200			1.71	1.11	3.70	2.72

2.3.4.4　电解操作控制

在电解槽的电流密度、电解温度、电解质的组成等工艺条件不变时，可调节阴极插深 L 使电解槽的电阻常数 K 保持不变，实现恒电阻（$R=K/k$）控制。设电解过程中阳极的消耗速度为 x cm/h，在时间 τ 阳极直径为 $D+x\tau$，若忽略阴极消耗，则需增加阴极插入深度 y cm/h 以保持电阻常数 K 不变，即：

$$\frac{1}{2\pi(L+y\tau)}\ln\frac{D+x\tau}{d}=\frac{1}{2\pi L}\ln\frac{D}{d}$$

从而有

$$\frac{y\tau}{L}=\frac{\ln\left(1+\frac{x\tau}{D}\right)}{\ln\frac{D}{d}}$$

例如，某电解槽 $D=L=20$ cm，$d=4$ cm，电解 12 h 阳极消耗 4 cm，即 $x=0.33$ cm/h，计算得到 $y=0.1888$ cm/h，则电解 12 h 时阴极的插入深度 $L=22.26$ cm。因此，稀土熔盐电解槽的恒电阻操作可通过调节阴极插入深度而方便地实现。

任务 2.4 熔盐电解法制备稀土合金【拓展】

熔盐电解法是制备稀土合金普遍采用的方法，根据阴极上电化学行为的不同，其可分为液态阴极法、自耗固态阴极法和共析出法等。与金属热还原法和熔配法相比，该法具有合金不偏析、产品质量好、易实现连续化、可大规模生产等优点。

2.4.1 液态阴极电解制备稀土合金

2.4.1.1 基本原理

液态阴极电解制备稀土合金以合金组元之一为阴极，使稀土在其上析出，并与作为阴极的组元合金化，生成低熔点合金。因此，该法可在低于稀土金属熔点的温度下进行电解，采用低熔点电解质与低熔点合金匹配。

微课2-3
液态阴极电解法制取稀土合金

以合金组元为阴极进行电解，在直流电场作用下，电解质中的稀土离子 RE^{3+} 向阴极迁移、扩散，并在阴极上进行电化学还原，速度都很快。在阴极上析出的稀土金属与阴极组元进行合金化，生成低熔点合金或金属间化合物，整个过程的控制步骤是稀土向阴极本体扩散这个较慢的环节。当稀土沉积速度超过它向体内扩散的速度时，阴极表面便形成富稀土的高熔点合金硬壳，妨碍电解正常进行；来不及向阴极体内扩散的稀土有时从阴极上游离出来，合金的电流效率随之降低。

利用非稀土液态金属作阴极制备稀土合金，具有明显去极化作用。由碱金属氯化物熔盐中 Nd^{3+} 和 Y^{3+} 在各种液态阴极上的析出电位与在固态钼阴极上的析出电位之差，可求出在各种液态阴极上 Nd^{3+} 和 Y^{3+} 还原的去极化值，结果见表 2-14。

表 2-14 在某些液态阴极上 Nd^{3+} 和 Y^{3+} 还原的去极化值

阴极金属		Sb	Bi	Ga	Sn	Al	Zn	Pb	In
去极化值/V	Nd^{3+}	1.23	1.07	1.05	1.03		0.98	0.88	0.86
	Y^{3+}	1.13	1.02		0.91	0.88	0.66	0.72	0.72

镧和混合稀土金属在液态铝阴极上的去极化值为 1.0 V 左右。

在液态阴极上形成稀土合金的去极化作用，与稀土在液态阴极中活度低有关。通过对电沉积的合金样品进行 X 射线衍射分析可知，稀土与液态阴极形成多种金属间化合物，说明稀土与液态阴极的合金化作用是稀土在液态阴极上析出电位向正方向偏移（即产生去极化作用）的重要原因。

由于稀土在非同名液态阴极上的析出电位向正方向偏移，因此用液态阴极电解熔融稀土氯化物时，稀土离子易于在阴极上析出，有利于提高电流效率，降低槽和电能消耗，并可在较低温度下电解，提高电解的技术经济指标。稀土在非同名液态阴极上形成合金时，由于沉积的稀土原子向阴极金属本体内扩散往往成为过程的控制步骤，因此搅拌液态阴极是提高合金中稀土含量，加快电化学沉积速度的有效措施。

2.4.1.2　氯化物熔盐体系

在氯化物熔盐中，用液态阴极电解可制备稀土铝、稀土镁、稀土锌铝、稀土锡等一系列合金。由于液态阴极和熔盐电解质密度存在差别，液态阴极有上部液态阴极和底部液态阴极两种形式。电解槽与电解制备稀土金属所用的圆形石墨槽基本相同。

以 $RECl_3$-KCl-NaCl(x(KCl)：x(NaCl)＝1：1）作为电解质，用液态铝阴极制备稀土合金，可作为底部液态阴极电解的例子。$RECl_3$ 含量（质量分数）为30%左右，也可加入0~20%的 $CaCl_2$，在690~750 ℃的较低温度下电解。根据电解槽的容量加入一定数量的金属铝，放入底部的合金接收器中作为阴极，阴极电流密度小于2.5 A/cm^2。采用机械搅拌可加快稀土向合金内部扩散，提高合金化速度，搅拌速度为20~30 次/min。不用机械搅拌时，向熔盐中添加1%~2%的氟化物，可防止或减少电解渣和阴极枝状物的生成。根据阴极金属铝的质量确定通过的电解电量，控制合金的稀土含量在10%左右（合金低共熔点附近)。该工艺电流效率达80%以上（有时高于95%），稀土回收率近于100%，总回收率在90%以上。与以往在高温下电解制备稀土铝合金相比，该工艺显著降低了材料消耗和能耗。

用液态金属镁作为阴极电解钕镁合金时，由于金属镁的密度小，浮在电解质表面，因此称为上部液体阴极。以 $NdCl_3$-KCl-NaCl 为电解质，$NdCl_3$ 含量（质量分数）为20%，电解温度为（820±20）℃，阴极电流密度为1.5 A/cm^2。电解初期，液态镁阴极浮在电解质上部，电解过程中金属钕析出，并与液态镁阴极形成合金。阴极合金的密度随着钕含量的增加而增大，当其大于电解质的密度时，合金阴极开始下沉，落入底部接收器中。此时阴极导电钼棒也随之下落，以保持与合金的接触。在电解过程中不断搅拌合金，钕原子向合金内部扩散，强化合金化过程，消除了合金浓度梯度，电流效率和钕回收率均能显著提高，钕镁合金的钕含量（质量分数）可达30%左右。该工艺电流效率为65%~70%，钕回收率达80%~90%。

同样，可用上部液态镁阴极电解制备钇镁合金。为减少合金与空气、阳极气体的作用，采用10%富钇稀土镁合金作底部阴极，在750 ℃下电解富 YCl_3-KCl-NaCl 熔盐，制备的富钇镁中间合金，电流效率大于70%，合金中约含25%稀土。

2.4.1.3　氟化物熔盐体系

稀土氧化物在氟化物熔盐中首先溶解、离解，然后在两极上发生电化学反应。阴极过程有两步：第一步是稀土离子被还原，析出稀土金属，即：

$$RE^{3+} + 3e \xlongequal{} RE$$

第二步是稀土金属与阴极金属合金化，形成稀土合金。

采用液态铝、镁阴极电解稀土合金与氯化物熔盐体系相同，稀土在阴极上的电化学沉积速度受析出的稀土金属和液态阴极内部扩散速度的限制。搅拌液态阴极和提高温度是加速合金化速度、提高合金中稀土含量的有效措施。

电解槽结构与氯化物熔盐体系制备稀土合金相似。以石墨为阳极，以合金组元之一为阴极。利用上部液态镁、铝作为阴极，在 YF_3-LiF 熔盐中电解被溶解的 Y_2O_3，在 760 ℃下电解制得含钇为 48.8%的 Y-Mg 合金和含钇 22.6%的 Y-Al 合金。在 Y_AF_3-LiF-BaF_2 熔盐中用铝作为阴极，于 850~900 ℃电解被溶解的 $Y_{A2}O_3$ 制备 Y_A-Al 合金的试验结果见表 2-15。

表 2-15 上部液态铝阴极电解制备 Y_A-Al 合金的试验结果

熔盐的组成(质量分数)/%	熔盐中富 $Y_{A2}O_3$ 含量(质量分数)/%	电解加入 $Y_{A2}O_3$ 量(质量分数)/g	合金中稀土含量(质量分数)/%	电流效率/%
$65Y_AF_3$-15LiF-$20BaF_2$	7.6	254	30.9	88.2
$65Y_AF_3$-10LiF-$25BaF_2$	7.2	253	32.9	90.3
	7.6	253	30.4	80.1

注：Y_A代表富钇稀土。

2.4.2 自耗固态阴极电解制备稀土合金

2.4.2.1 基本原理

以合金组元作为阴极，当阴极金属的熔点过高时就不能用液态阴极进行电解。在此情况下，若稀土与阴极形成合金的熔点较低，则可采用可溶性固态自耗阴极电解，如铁、钴、镍、铜、铬、锰等都可作为阴极，电解温度控制在阴极金属的熔点以下、形成的稀土合金的熔点以上。通过采取缩小阴极面积、增大阴极电流密度的办法使其局部过热，达到如下要求：

微课2-4
自耗阴极电解法制取稀土合金

(1) 使析出的金属立即与阴极合金化；

(2) 阴极表面温度高于合金熔点，使合金呈液态从阴极表面滴落下来，收集在接收器中或聚积在凝固熔盐层上。

这样，固态阴极不断消耗。

2.4.2.2 氯化物熔盐体系

在氯化物熔盐中用铁自耗阴极电解制备钕铁合金时，第一个还原峰在-2.84 V，反应为：

$$Nd^{3+} + 3e + 2Fe = Fe_2Nd$$

在 700 ℃下 $NdCl_3$ 浓度（摩尔分数）为 2.51%的熔盐中，$E_{Nd^{3+}/Nd}$的计算值为-2.94 V，可知第二个还原峰的反应为：

$$Nd^{3+} + 3e = Nd$$

以制备钕铁合金为例，采用 $NdCl_3$-KCl 或 $NdCl_3$-KCl-NaCl 混合熔盐作电解质，以铁作为自耗阴极，电解槽与电解稀土金属所用的圆形石墨槽基本相同。阴极析出的稀土与固态铁阴极合金化，当达到合金的熔点时，合金便呈液态滴落下降，以保持电流密度的稳定，保证电解正常进行。

从 Nd-Fe 合金相图可知，钕和铁在 650 ℃左右可形成钕含量（质量分数）约为 85%的 Nd-Fe 合金，因此控制电解温度为 720~870 ℃是适宜的。一般控制电流密度为 7~10 A/cm^2，氯化钕浓度为 20%~30%。采用以上条件在 800 A 电解槽中电解 Nd-Fe 合金，电流效率约为 35%，钕回收率达 80%以上。电解所得合金再经真空炉熔炼，可获得组成均匀一致的 Nd-Fe 合金，钕含量在 85%以上。所得合金用于制备钕铁硼永磁材料，磁体的最大磁能积为 278~295 kJ/m^3（35~37 MGOe），与采用金属钕制备的钕铁硼磁体性能相同。

在氯化物熔盐中以合金中某一组元为阴极进行电解，可制备多种稀土合金。稀土合金的电解结果见表 2-16。

表 2-16 稀土合金的电解结果

合金种类	电解温度/℃	耗电量/A·h	产量/g	电流效率/%	合金中稀土含量（质量分数）/%	稀土回收率/%
Al-Ce	750		4780	82	11.15	93
Al-富 Ce	750	315	4600	约 100	12.17	约 100
Al-La	750	315	4970	约 100	11.85	约 100
Al-Y	800	363	4590	86	9.25	93
Al-富 Y	800	375	4970	84	7.05	76
Mg-Y	850~900					
Zn-Al-RE	680			80	10.0	约 100

2.4.2.3 氟化物熔盐体系

在 83%NdF_3-17%LiF 氟化物混合熔盐或 NdF_3-LiF-BaF_2 三元系混合熔盐中加入 Nd_2O_3，用纯铁棒作为阴极、石墨作为阳极，Nd^{3+}在阴极上获得电子而析出金属，并与铁阴极合金化，形成钕合金液滴，落在槽底部的钼制合金接收器中。电解温度影响 Nd_2O_3 在熔盐中的溶解度和溶解速度，也直接影响 Nd^{3+}在阴极上的析出状态及阴极析出的钕与铁阴极的合金化进程。如图 2-21 所示，在 980 ℃左右电流效率较高。

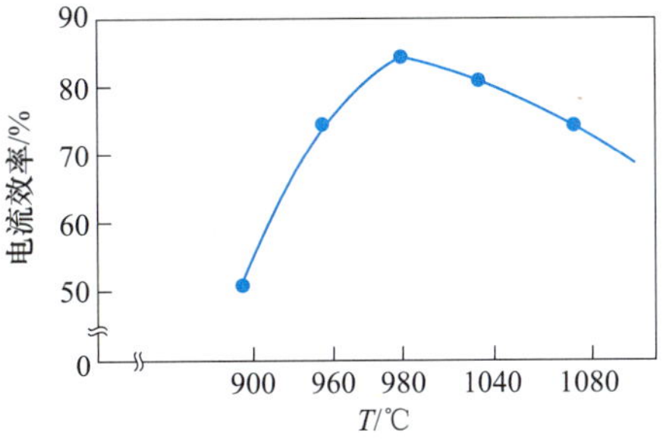

图 2-21 电解温度对 Nd-Fe 合金电流效率的影响（$w(NdF_3):w(LiF)=83:17$）

电解时应根据铁阴极的消耗速度来下降阴极深度，阴极电流密度控制在 7~15 A/cm^2

范围内，可获得较高的电流效率。阳极电流密度在0.6 A/cm^{2}左右为宜，以防止阳极效应的发生。氧化钕在熔盐中的溶解度有限（一般为2%~4%），必须严格控制它的加入速度。采用连续加料，熔盐中的Nd_2O_3含量（质量分数）以维持在2%~3%为宜。电流效率随原料品位而变化，Nd_2O_3品位越高（钐和中、重稀土含量低），则钕铁合金的电解电流效率越高。采用含钐和中、重稀土元素的氧化钕为原料进行电解，由于钐的不完全放电和高熔点稀土合金的生成，电流效率降低。钕铁合金的含铁量与电解温度和电流密度有关。根据Nd-Fe合金相图可知，温度升高，则合金中铁含量增加，铁含量也随阴极电流密度的增大而增加。

综上所述，采用上述条件进行电解，可以得到铁含量（质量分数）11%~15%的钕铁合金，电流效率可达60%以上。日本采用Nd_2O_3-NdF_3-LiF熔盐电解生产钕铁合金已达到工业化规模。我国采用Nd_2O_3-NdF_3-LiF-BaF_2体系制备钕铁合金也达3 kA的生产规模。

近年来出现了电解NdF_3-LiF或NdF_3-LiF-BaF_2熔盐的报道。由于消耗的原料是NdF_3(不加Nd_2O_3)，因此有利于降低钕铁合金和金属钕产品中氧和碳的含量。

用自耗固态镍阴极沉积钇制备Y-Ni合金的电解工艺条件及结果见表2-17。

表2-17 用自耗固态镍阴极沉积钇制备Y-Ni合金的电解工艺条件及结果

项 目	电解工艺条件及结果	项 目	电解工艺条件及结果
电解熔剂组成/%	65Y_AF_3-10LiF-25BaF_2	电解温度/℃	900~1000
电解电流/A	150~180	电解时间/h	5
槽电压/V	8~10	电流效率/%	>50
阴极电流密度/A·cm^{-2}	10~30	稀土回收率/%	>80
阳极电流密度/A·cm^{-2}	<0.6		

2.4.3 共析出电解制备稀土合金

2.4.3.1 基本原理

共析出电解制备稀土合金是指两种或两种以上的金属离子在阴极上共同析出和合金化的制备合金的方法。熔盐电解混合稀土金属就是多种稀土元素共析出的典型实例。钇镁、富钇镁等合金可用电解共析出的方法制备。

微课2-5 电解共析法制取稀土合金

欲使合金中的几种成分在阴极上电解共析出，最基本的条件是合金组分的几种离子析出电位相等。若要两种离子在阴极上同时析出，即必须满足以下条件：

$$Me_1^{n1+} + n1e = Me_1$$

$$Me_2^{n2+} + n2e = Me_2$$

实际上合金沉积是非平衡过程，考虑极化与去极化作用，析出电位等于平衡电位、极化电位与去极化电位的代数和，则析出电位有如下关系式：

$$E_1^{\ominus} + \frac{RT}{n_1F}\ln\frac{a_{Me_1^{n1+}}}{a_{Me_1}} + \Delta E_1 = E_2^{\ominus} + \frac{RT}{n_2F}\ln\frac{a_{Me_2^{n2+}}}{a_{Me_2}} + \Delta E_2 \qquad (2\text{-}1)$$

当 $E_1^{\ominus}$ 和 $E_2^{\ominus}$ 差别较大时，若两种金属 Me_1 和 Me_2 在阴极上不发生相互作用，为使两种金属共析出，需 $E_{Me_1^{n1+}/Me_1} = E_{Me_2^{n2+}/Me_2}$，改变离子活度 $a_{Me_1^{n1+}}$ 和 $a_{Me_2^{n2+}}$，即减小电位较正离子的活度，使其析出电位向负方向移动；相应地，使电位较负离子的活度增大，使其析出电位向正方向移动，抑制电位较正的金属析出。加入适当添加剂（络合剂），使电位较正的金属离子形成较稳定的络合物，降低该金属的活度，可使其析出电位变负。

分析电极过程中的速度，可估计共析出合金中各组分的含量。当金属共析出受扩散过程控制，在有大量支持电解质存在时，分析结果表明，合金中较易析出金属与较难析出金属的物质的量之比大于它们在电解质中的物质的量之比。提高电流密度，增加导电性盐的含量，均可使易沉积金属在合金中的含量降低；而提高温度，加强搅拌，增大金属离子浓度，均可使其含量增加。

2.4.3.2 电解制备钇镁合金

对于钇镁共析出的电解过程，依据式（2-1），设 $a_Y = 1$，$a_{Mg} = 1$，得出钇、镁同时在阴极上析出两种离子的活度关系，可求出不同温度下平衡活度的关系式，结果见表 2-18。

表 2-18 钇、镁共析出时的平衡活度关系

电位/V	温度/℃		
	800	900	1000
$E_Y^{\ominus}$	−2.643	−2.596	−2.548
$E_{Mg}^{\ominus}$	−2.460	−2.403	−2.346
关系式	$a_{Y^{3+}} = 379a_{Mg^{2+}}^{3/2}$	$a_{Y^{3+}} = 307a_{Mg^{2+}}^{3/2}$	$a_{Y^{3+}} = 251a_{Mg^{2+}}^{3/2}$

由表 2-18 可见，$E_{Mg}^{\ominus}$ 比 $E_Y^{\ominus}$ 正，若近似认为浓度等于活度，则钇、镁共析出时 Y^{3+} 的浓度要比 Mg^{2+} 大数百倍。提高温度虽能缩小两者的电位差，但效果不大。而提高电流密度，增加阴极极化，造成阴极区 Mg^{2+} 贫乏，使 Y^{3+} 浓度相对提高，在浓差极化作用下可导致 Y^{3+}、Mg^{2+} 共同放电析出。同时，由于钇和镁的合金化，镁的析出对 Y^{3+} 的析出产生去极化作用，缩小了钇、镁之间析出电位之差，有利于两者共析出。在浓差极化条件下，生成的固体沉积物呈海绵或树枝状；而为获得良好的电解结果，必须使合金呈液态析出。根据钇镁合金相图认为，钇镁合金共析出的电解温度以 850 ℃左右为宜。

采用小型石墨电解槽，在含有氯化钇和富钇氯化物的熔盐中共析出电解制备钇镁和富钇镁合金，其主要工艺条件、合金产品及技术指标见表 2-19。

表 2-19 共沉积制备 Y-Mg 及富 Y-Mg 合金的主要工艺条件、合金产品及技术指标

熔盐	Y-Mg	富 Y-Mg
阳极	石墨坩埚	石墨坩埚
阴极	钼棒	钼棒

续表 2-19

电解电流/A	30	30
阴极电流密度/A·cm^{-2}	20~30	约 25
温度/℃	850~860	850
熔盐组成/%	KCl-YCl_3(25~35)-$MgCl_2$(4~6)	KCl-富钇氯化物(30~45)-$MgCl_2$(4~10)
合金中稀土含量/%	55~62	55~56
阴极电效率/%	65~80	>70
稀土回收率/%	70~80	70~80

在 YF_3-F 熔盐中添加 Y_2O_3-Al_2O_3，在 1005 ℃左右使钇和铝在阴极上共析出，电流效率约为 60%，金属回收率在 80% 左右。为使电解正常进行，应选择合适的 $w(Y_2O_3)/w(Al_2O_3)$。

在 YF_3-LiF-BaF_2-MgF_2 熔盐中加入 Y_2O_3-MgO($w(Y_2O_3)/w(MgO)=1.5$)，在 950 ℃下用 110A 电流电解 2 h，可得到含钇 73%的 Y-Mg 合金。

2.4.3.3 电解制备稀土铝合金

在冰晶石熔盐中添加稀土化合物和氧化铝，采用共析出法直接制备稀土铝合金，已在我国工业铝电解槽中广泛应用。

为确定在铝电解槽中添加稀土化合物直接制备稀土铝合金的可行性，人们对熔盐的物理化学性质、RE^{3+}和 Al^{3+}在液态铝阴极上的析出电位开展了一系列研究。通过对含 RE_2O_3 冰晶石初晶温度的研究确认，在冰晶石熔盐中添加 RE_2O_3 可使其初晶温度降低，添加 8% 的 La_2O_3 可使冰晶石的熔点降低 25 ℃。Na_3AlF_6-Al_2O_3-La_2O_3 熔盐电导率的研究表明，增加 Al_2O_3 含量可使熔盐电导率明显降低，而添加 La_2O_3 对电导率影响很小，Al_2O_3 对熔盐电导率的影响为 La_2O_3 的 7 倍。

在冰晶石-氧化铝熔盐中添加稀土化合物和氧化铝，则离解出 RE^{3+}和 Al^{3+}，欲使这两种离子在阴极上共析出，必须使它们的析出电位相等。而稀土氧化物的理论分解电压比氧化铝大 0.3 V，通常稀土和铝这两种离子在惰性电极上是不能共同析出的，即使改变两者的浓度比例也难以实现。但在液态铝阴极上，电沉积的稀土与液态铝阴极合金化，使稀土的活度大大降低，同时伴有热效应，发生去极化作用，导致稀土的析出电位向正方向偏移，使得 RE^{3+}和 Al^{3+}在阴极上共析出。

在冰晶石熔盐中，当 La_2O_3 与 Al_2O_3 的浓度相同时，La^{3+}在液态铝阴极上的析出电位与 Al^{3+}相近。La^{3+}、Al^{3+}的析出电位均随 La_2O_3 与 Al_2O_3 浓度的增加向正方向偏移。析出电位与氧化物的浓度具有线性关系，当 La_2O_3 和 Al_2O_3 的摩尔分数各为 100%时，1000 ℃下 La^{3+}的析出电位比 Al^{3+}的偏正 0.13 V。

在现行工业铝电解槽中添加稀土化合物（如稀土氧化物、稀土碳酸盐、氧氯化稀土等），既可制备中间合金（含稀土 6%~10%），也可制备应用合金（一般含稀土 0.2%~0.4%）。

向工业铝电解槽中添加稀土化合物的过程是：先把电解质壳面打破，推入一层热料，其上撒上稀土化合物，上面再覆盖一层 Al_2O_3，下一次加料时稀土化合物即进入电解质中。为制备 Al-RE 应用合金，电解质中稀土含量（质量分数）控制在 0.06%～0.08%，可使 RE^{3+} 与 Al^{3+} 共析出，电解制得的稀土合金中稀土含量（质量分数）达到 0.2%～0.4%。按电解槽容量，严格按计算量分期分批向电解槽中加入稀土化合物，三天之内即可达到平衡稳定操作。正常操作时，每天加入一次稀土化合物。该工艺与正常铝电解相比，电解工艺条件基本相同，而电流效率可提高 1%～2%，稀土回收率达 92%以上，产品质量稳定。以往电工铝规定硅含量不得高于 0.09%，而在电解铝中加入稀土以后，可允许硅含量为 0.14%，这为解决我国铝资源的硅含量偏高、电解铝大多达不到电工铝要求的困难开辟出一个新途径，具有很大的社会和经济效益。

制备稀土铝中间合金的操作方法与上述应用合金基本相同。当然，向铝电解槽中添加稀土化合物的数量要相应增加，若制备含稀土 8.5%左右的中间合金，则电解质中稀土含量（质量分数）应保持在 2.4%左右；添加稀土化合物的次数也要增加，通常每 3 h 加一次料，旨在维持电解质和电解铝液中的稀土含量均匀而稳定。

在向铝电解槽中添加稀土化合物的同时加入某些其他化合物，可以制备铝稀土三元或多元合金。例如，加入氧化硅、氧化锰或氧化钛，则可分别电解共析出 Al-Si-RE、Al-Mn-RE 或 Al-Ti-RE 合金；在炉外配镁，可制得 Al-Mg-Si-RE 等四元合金。

综上所述，采用熔盐电解法已制备了多种稀土合金，分别用于导电材料、磁性材料、耐蚀材料或改善某些材料的性能。探索具有特殊性能的稀土合金材料（含稀土合金镀层），是熔盐电解制备稀土合金的一个重要研究领域。

思政案例

国之所需，我之所向——李东英

100 年可以改变什么？对于中国工程院院士李东英来说，他的 100 年，见证了新中国的诞生，伴随着新中国稀有金属工业的创建。

“谁应用稀土谁占便宜，而不是卖稀土的占便宜。稀土有优良的性能，能带来很高的效益。”李东英把个人选择与国家需要相结合，而这一结合就是一辈子。李东英主张我国稀土资源的大量开发，必须立足于开拓量大面广的应用领域。于是，李东英产生了一个大胆的想法——他决心突破当时稀土元素仅被用于钢铁、石油化工和玻璃陶瓷等领域的局限。“量最大的是什么，是粮食。所以，我们有目的地探索如何让稀土在粮食方面发挥作用。”1972 年，李东英倡导开展稀土农用的科学研究，经过对比试验发现，施用稀土的作物增产显著，而且抗逆效果十分明显。李东英对作物的果实进行了高纯分析，验证了果实中没有稀土元素，由此，配套技术诞生了，还取得了基础理论研究成果。“把稀土用在农业上是我国的首创。”李东英说。稀土农用涉及多种学科，任务比想象中的困难，这需要统筹谋划，一个全国性的管理组织机构应运而生。20 世纪 70 年代，全国稀土推广应用领导小组成立，紧接着稀土农用中心、国务院稀土领导小组成立。李东英对稀土农用的倡导，推动了我国稀土应用走上国家战略道路。20世纪90年代初，我国稀土在种植业上的应用遍及30个省区市，平均年推广面积约5000万亩，年增加经济效益6亿元以上。

多年以来，李东英主持开发了我国稀有金属的技术路线，组织攻克了我国当时尚属空白的30多种稀有金属的生产工艺技术，开发出用于“两弹一星”“909工程”等军工和大规模集成电路等尖端技术所急需的新材料。他还是攀枝花、包头、金川三县市资源综合利用方案制定的参与者和组织实施者之一。2020年9月22日，李东英与世长辞，享年100岁。对于其一生为国炼“金”的重大贡献，他曾经用一句简单的“都是过去的事了”一带而过，在他心中，他的命运是和国家命运紧紧联系在一起的。

复习思考题

2-1 稀土熔盐电解有几种体系，各有何特点？可制备哪些稀土金属，为什么？

2-2 什么是熔盐电解的电极电位？其与熔盐的分解电压有何关系？影响稀土熔盐电位序的因素有哪些？

2-3 稀土电解槽的槽电压由哪几部分构成，各有何意义？

2-4 稀土金属的电化学当量如何计算，电解的电流效率如何计算？影响稀土熔盐电解电流效率的因素有哪些？

2-5 什么是熔盐电解的电能效率，如何计算？电能效率与电流效率有何关系？

2-6 简述稀土电解槽的结构类型。它们各有何特点，适用于制备何种产品？

2-7 试设计10 kA氟化物-氧化物系钕电解槽的结构参数。设计一低电阻电极导电机构，并估算电解槽的槽电压和能耗分配。

2-8 简述氟化物-氧化物熔盐体系的性质和电极过程，按照电解金属钕的工业条件和结果，试估算10 kA氟化物电解槽的槽电压组成和电能分配。

2-9 简述氟化物-氧化物系电解钕的工艺条件和操作方法，分析影响电流效率的主要因素。

2-10 简述熔盐电解稀土合金的几种主要方法、生产效果和主要产品。

项目 3 金属热还原法制备稀土金属和合金

项目3
课件

教学目标

知识目标：

掌握金属热还原法制备稀土金属和合金的方法、氟化物或氯化物的钙热还原法、氧化物的镧或铈还原-蒸馏法和氟化物的钙热还原-中间合金法；了解各种制备工艺原理及稀土金属的各种提纯方法及其适用的金属和杂质。

能力目标：

学会选择金属热还原法制备稀土金属和合金的原料、还原剂、坩埚材料等；能够使用各种工艺应用的真空炉设备、制定工艺条件和进行还原操作。

素质目标：

培养学生的职业素养和职业道德，树立正确的职业观念和价值观念；提高学生的团队协作和沟通能力，培养良好的工作习惯和态度。

微课3-1
金属热还原法的理论基础

利用活性较强的金属作为还原剂，在高温下还原另一种金属化合物以制备其金属或合金的过程，一般为放热反应，称为金属热还原。由于稀土金属和氧、氮、氢的亲和力强及稀土卤化物易水解，稀土金属的热还原过程多在保护气氛或在真空中进行。当对稀土金属的纯度要求较高时，还需对金属热还原法制备的稀土金属进行多种方法的提纯处理。

任务 3.1 钙热还原法制备稀土金属【案例】

3.1.1 基本原理

钙热还原法一般采用稀土氟化物或氯化物为原料，以金属钙为还原剂进行热还原。还原反应式是：

$$REX_3 + \frac{3}{2}Ca = RE + \frac{3}{2}CaX_2$$

反应的标准自由能变化为：

$$\Delta G^{\ominus} = \frac{3}{2}\Delta G^{\ominus}_{CaX_2} - \Delta G^{\ominus}_{REX_3}$$

由热力学原理可知，反应的 $\Delta G^{\ominus}$ 值越负，反应越容易进行，因此钙热还原的热力学条件是 $\Delta G^{\ominus}_{CaX_2} < \Delta G^{\ominus}_{REX_3}$。

稀土及常用还原剂的氯化物、氟化物的生成焓和标准生成自由能值见表 3-1，还原剂与钇化合物反应的难易程度如图 3-1 所示。可见，与氧化物相比，卤化物，特别是氟化物更易还原。同时可看出，作为还原剂，钙比镁、锂更适宜。

表 3-1 稀土及常用还原剂的氯化物、氟化物的生成焓和标准生成自由能 (kJ/mol)

元素		氯化物			氟化物		
		$-\Delta H^{\ominus}_{298\,K}$	$-\Delta G^{\ominus}_{298\,K}$	$-\Delta G^{\ominus}_{1000\,K}$	$-\Delta H^{\ominus}_{298\,K}$	$-\Delta G^{\ominus}_{298\,K}$	$-\Delta G^{\ominus}_{1000\,K}$
稀土	La	368.4	344.5	291.8	586.7	560.3	501.7
	Ce	363.0	339.1	287.6	580.0	553.2	494.5
	Pr	360.1	336.2	285.9	561.6	549.0	492.0
	Nd	354.6	330.7	280.5	571.7	544.9	486.2
	Pm	351.3	327.5	278.9	568.8	542.4	483.8
	Sm	346.2	323.6	275.1	564.5	638.1	479.5
	Eu	325.2	302.6	255.4	544.9	523.7	461.1
	Gd	342.0	319.4	272.1	563.3	538.1	479.5
	Tb	294.3	272.1	226.0	557.4	532.3	473.6
	Dy	329.4	306.8	259.6	554.9	529.8	471.1
	Ho	325.2	302.6	252.5	550.7	525.6	458.2
	Er	323.6	301.4	251.2	546.5	521.4	464.0
	Tm	319.4	297.2	245.7	544.9	519.7	464.0
	Yb	298.4	276.3	224.8	523.9	498.7	443.1
	Lu	317.1	294.3	271.1	546.5	521.4	465.2
	Y	314.4	310.9	278.9	572.8	561.9	536.2
还原剂	Al	232.8	213.5	198.8	450.2	426.4	475.5
	Ca	399.0	376.8	327.3	606.7	581.7	521.8
	Mg	320.7	295.1	241.1	549.9	526.8	471.5
	Li	408.8	—	—	609.2	—	—
	Na	411.3	385.2	321.1	568.8	539.4	470.7

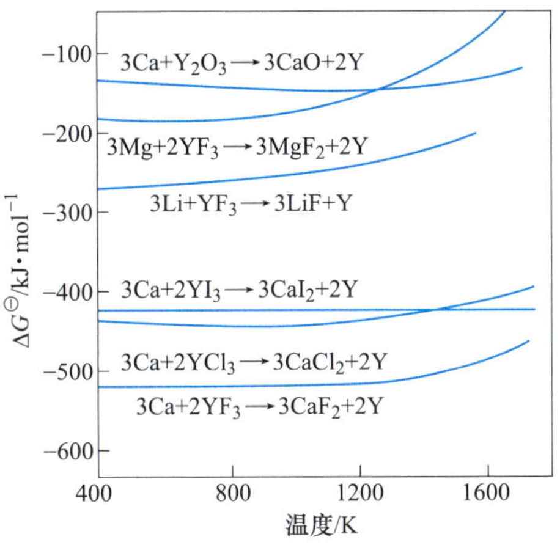

图 3-1 还原剂与钇化合物反应的自由能变化与温度的关系

钙热还原法生产稀土金属的基本要求是，还原作业必须在高于稀土金属和还原渣熔点的温度条件下进行，以保持金属与渣都处于熔融状态，利于还原反应充分进行，以及金属与渣良好分离。并在此前提条件下尽量采用较低的还原温度，以提高金属回收率，减少杂质对金属的污染，延长坩埚使用寿命，降低能量消耗。

表 3-2 列出了各种稀土、还原剂金属及其氟化物和氯化物的熔点。对于制备熔点较低的铈组稀土金属而言，用钙还原其氯化物的工艺是有效的，因为生成的 $CaCl_2$ 渣熔点低，还原过程可在略高于金属熔点的较低温度下进行。该法与电解法相比，具有回收率高、杂质少等优点，但设备较复杂且过程不宜连续，成本较高，因此未被应用到工业生产中。一般制备较纯的金属镨、钕此法是可行的。对于制备熔点高的钇组稀土金属（钆、铽、镝、钬、铒、铥、镥、钇）而言，钙还原氯化物的效果并不令人满意，因为稀土氯化物和还原产物 $CaCl_2$ 在上述金属的熔点以上的温度时蒸气压高，挥发损失大，导致还原效果差；如在金属熔点以下的温度进行还原，则获得稀土金属粉末，混杂于熔渣中不易分开。因此，以上重稀土金属的生产一般是用其氟化物进行钙热还原，优点是还原产物 CaF_2 与金属的熔点相近，在还原温度下 CaF_2 蒸气压低，还原过程平稳，热量不易散失；CaF_2 渣流动性好，易与金属分离，金属容易聚集且易于观察操作。稀土氟化物与氯化物相比，不易水解，便于操作。

表 3-2 稀土、还原剂金属及其氟化物和氯化物的熔点 （℃）

元素		金属熔点	氟化物熔点	氯化物熔点
稀土	La	918	1054	852
	Ce	798	1432	802
	Pr	931	1399	786
	Nd	1021	1373	835
	Sm	1074	1304	678
	Eu	822	1276	774

续表 3-2

元素		金属熔点	氟化物熔点	氯化物熔点
稀土	Gd	1313	1229	209
	Tb	1356	1172	588
	Dy	1412	1153	654
	Ho	1474	1142	720
	Er	1529	1141	776
	Tm	1545	1158	821
	Yb	819	1158	854
	Lu	1633	1182	892
	Y	1522	1152	
还原剂	Al	660	1270	181（升华）
	Ca	850	1418	782
	Mg	650		714
	Li	98	995	614
	Na		992	800

由于稀土金属与氧、氮、氢气体的亲和力强及稀土卤化物容易水解，钙热还原过程多在惰性气氛或真空中进行。冶炼设备的真空度应能达到 1.33×10^{-3} Pa，只进行热还原要求在 0.133 Pa 左右，炉温应能达到 1700 ℃以上并能调节控温。满足以上工艺要求的冶炼设备有真空感应炉、真空电阻炉及真空电弧炉，其中以真空高频或中频感应炉为最佳。

真空感应炉充入的惰性气体一般为氩气。工业氩气均含少量至微量氧、氮、二氧化碳及水分，为减少对金属的污染，在使用时宜进行一次净化。净化剂一般可用钛屑，若使氩气通过加热至 250~300 ℃的混合稀土金属屑，能达到更好的净化效果。

用作还原剂的金属钙，要求其含氧量及其他杂质含量低，但对具体杂质的含量要求，应视被还原金属的纯度要求而定。一般制备工业纯稀土金属，使用蒸馏钙应可满足要求。金属钙在加工、存放及操作过程中，均需防止其氧化。稀土氯化物或氟化物的含氧量以不超过 0.1%为宜，否则会影响金属与渣的分离，从而降低回收率和缩短坩埚的使用寿命。

用稀土氯化物及氟化物进行还原要求使用价格昂贵的坩埚材料，根据其对稀土金属及卤化物的化学稳定性，可采用钽、铌、钼、钨等金属材料。在高温下，氧化物坩埚材料都会与稀土金属发生显著的化学作用，故一般不宜采用。金属钽坩埚是用氩弧或电子束焊接而成的。片材厚度应视制备金属的量而定，50~100 g 规模的钽片厚度为 0.15~0.20 mm，300~500 g 规模的钽片厚度为 0.3~0.4 mm；10 kg 左右规模的钽片厚度为 0.76~0.8 mm。常用坩埚材料对稀土金属的化学稳定性见表 3-3。

表 3-3 常用坩埚材料对稀土金属的化学稳定性

材　料	化学稳定性
氧化镁	在 1200 ℃前不发生作用
氧化钙	在 1000 ℃前是稳定的
氧化铍	在 1250 ℃前不发生作用
Al_2O_3、ZrO_2、ThO_2、SiO_2	与熔融镧系金属发生反应
钽	在 1700 ℃前于真空和惰性气体中不与金属及其卤化物发生作用，但与钪、镥发生较显著的作用
铌	在 1500 ℃稀土金属中溶解 1%~2%
钼	在 1400 ℃前对金属及其卤化物是稳定的
钨	于高温下缓慢地被腐蚀，但对卤化物是稳定的
铜、镍、铁	与金属发生作用的速度随温度而变
石墨	与熔融金属缓慢作用，对卤化物稳定
陶瓷	迅速被腐蚀

3.1.2 稀土氟化物的钙热还原

金属钙还原稀土氟化物的最终化学反应为：

$$REF_3 + \frac{3}{2}Ca = RE + \frac{3}{2}CaF_2$$

微课3-2
钙热还原稀土氟化物

制备单一金属钆、铽、镝、钬、铒、铥、镥、钇、钪和钕均可用此种方法。将过量 15%~20%、经破碎了的金属钙与稀土氟化物混匀，在油压机上压成锭后装入钽坩埚中，然后将其装入真空感应炉。全部装料的操作应迅速、准确，避免与空气长时间接触，或者在保护气氛中操作。

真空中频感应电炉如图 3-2 所示，常用 ZG-0.025 和 ZG-0.01 两种。设备由控制柜、变频机组、炉体和真空系统组成。当使用可控硅中频电源时，没有中频机组，中频电源与控制柜合成一体。中频电炉是本工艺的关键设备，其使用应严格遵守操作规程。其中，维持一定压力的冷却水是安全运行的关键。为此，最好建立起高位储水槽和循环水池。使用中切记先通冷却水，并保持一定的压力，防止烧坏密封橡皮圈。开启中频电源要严格按操作规程进行，发现异常情况要立即停车检查。炉体上的大密封圈每次装炉前要用绸布擦抹干净，切勿用尖利物件或高热物件碰撞。

还原的工艺条件主要是升温制度、还原温度、还原时间和还原剂用量，这些条件对金属回收率及质量有显著影响。

3.1.2.1 升温制度

升温制度是依据还原过程的特点而制订的。装料之后，将炉子抽真空至 1.33 Pa 左右，缓慢加热至 400~500 ℃，以使其很好地脱气。向炉内充入氩气至 66.6 Pa 左右的压力。继续升温至开始还原反应温度，此温度视被还原金属和装料制度的不同而不同。对于钙与氟化物混合装料的开始还原反应温度，视金属的不同在 800~1000 ℃范围内波动；对于熔清炉料后再加入钙的操作，此温度控制在氟化物的熔点附近，例如钙还原氟化钕时需

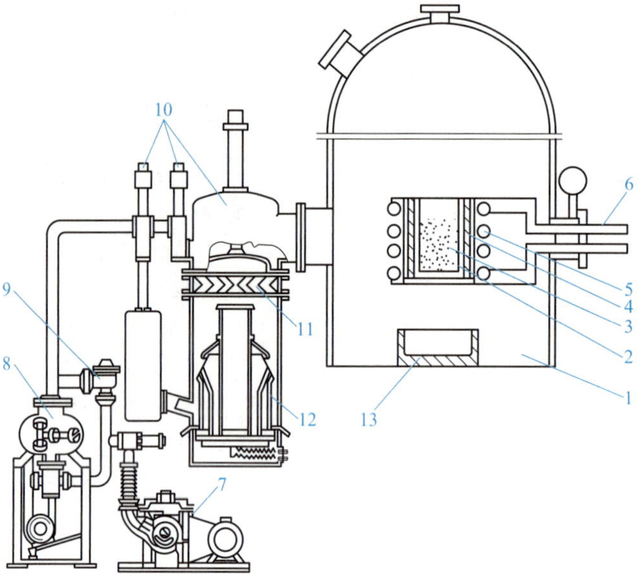

图 3-2 真空中频感应电炉

1—真空室；2—坩埚；3—炉料；4—填充料；5—感应圈；6—冷却水管；7—机械泵；8—罗茨泵；9—真空闸阀；10—真空闸阀；11—挡油板；12—油扩散泵；13—水冷铸模

加热至 1373 ℃使其熔化。还原反应进行时产生的热量使熔融介质的温度逐渐升高，但这一热量不足以自动升温至还原产物的熔点。因此，保温数分钟后，将炉温升至需要的反应温度并保温数分钟。这一最终温度一般高于还原产物的熔点 50~80 ℃，使金属和渣熔化，彼此充分分离并依靠密度的不同很好地分层。整个升温还原的时间一般控制在 10~15 min 以内，还原产物经过浇注、冷却、出炉、敲渣，得到金属锭。

3. 1. 2. 2 还原温度

如上所述，还原过程的最终温度应高于还原产物的熔点 50~80 ℃。若这一温度过低，则熔融介质的流动性差，还原反应不充分，金属与渣不能很好地分离，降低了金属的回收率；若这一温度过高，则会增加坩埚材料对金属的污染，同时由于金属的溶解损失和挥发，金属的回收率降低。

若还原中使用铌坩埚，随着温度的提高，稀土金属中铌含量迅速增加，在还原温度为 1500 ℃时铌含量已超过 1%。在同样条件下，若在钽坩埚中还原，钽在稀土金属中的含量只有 0. 1%~0. 5%。但钽在钪中的溶解度较大，在还原温度下，其含量可达 3%。由于钽不与稀土金属形成金属间化合物及固溶体，钽的存在并不改变稀土金属的基本性质。还原温度的提高，有利于去除金属中的钙。

3. 1. 2. 3 还原时间

在一定的还原反应温度下，应保持合适的还原时间，使还原反应达到平衡，并使被还原的金属与渣得到很好的分离，从而获得最高的金属回收率，并使杂质污染减到最少。若保温时间不够，则还原反应不完全，金属与渣分离不好，造成金属回收率低；若保温时间过长，则会增加坩埚材料对金属的污染，并且由于金属的溶解损失而使金属的回收率降低。这一最佳还原时间视不同金属、不同还原条件、不同生产规模而异。

3.1.2.4　还原剂用量

为使还原反应进行得完全，以提高稀土金属的回收率，还原剂金属钙的用量应比按化学反应式计算的用量有一定的过量，其过量值与金属钙的质量、粒度和还原条件有关。一般过量 10%~20%，即可达到 97%~99%的金属回收率。如果继续增加过量钙，不但不能再提高稀土金属的回收率，反而还会降低还原剂金属的利用率和增加稀土金属中的杂质含量。一般金属钙在被还原的稀土金属中含量达 1%左右。

氟化物钙热还原法制备稀土金属的工艺参数见表 3-4。

表 3-4　氟化物钙热还原法制备稀土金属的工艺参数

金属名称	镧	铈	镨	钕	钆	铽	镝	钬	铒	镥	钪	钇
金属熔点/℃	920	798	931	1024	1311	1360	1409	1470	1522	1656	1539	1523
氟化物熔点/℃	1493	1430	1395	1374	1231	1172	1154	1143	1140	1182	1515	1152
还原温度/℃	1500	1450	1450	1450	1450	1500	1500	1550	1550	1700	1600	1600
还原时间/min	15	15	15	15	10	10	10	10	10	5~10	5~10	5~10
还原剂过量/%	15	15	15	15	20	20	20	20	20	30	20	20
真空除钙温度/℃	1200	1200	1200	1200	1250	1300	1300	1350	1400	1500	1450	1450
真空除钙时间/h	0.5	0.5	0.5	0.5	1.5	1.5	1.0	1.0	1.0	1.0	1.0	1.0
真空熔炼温度/℃	1800	1800	1800	1800	1800	1800	1600	1600	1600	1800	1600	1800
铸锭温度/℃	1200	1200	1200	1200	1400	1420	1460	1520	1570	1750	1600	1650

注：1. 钐、铕、镱不能用钙热还原法制备，铥一般也不用钙热还原法制备。

2. 真空熔炼主要用来除去 CaF_2 和真空除钙后残留的钙，属于基本的提纯手段，在对金属要求较高时采用。

3.1.3　氟化钇的钙热还原实例

3.1.3.1　产品及原材料要求

金属钇主要用作合金添加剂，以提高镁基、铁基、镍基、铜基等材料的综合性能。在原子能工业中，金属钇用作功能材料。金属钇产品为锭状，表面清洁，无肉眼可见夹杂物和氧化物粉末，断面呈银灰色，化学成分见表 3-5。

表 3-5　金属钇的质量标准　（%）

产品牌号	RE	Y/RE	稀土杂质	非稀土杂质（≤）							
	（≥）	（≥）	（≤）	Si	Fe	Ca	O	Ta	C	Ni	Mg
Y-04	99	99.99	0.01	0.01	0.01	0.01	0.3	0.2	0.02	0.05	0.01
Y-2	98.5	99.9	0.1	0.05	0.05	0.05	0.4	0.4	0.03	0.1	0.05
Y-4	98	99	1.0	0.05	0.1	0.15	0.5	0.5	0.05	0.3	0.1
Y-04	99	99.99	0.01	Ti	Cu	Al	N	S	F		
				0.05	0.01	0.01	0.05	0.01	0.05		

原材料采用无水氟化钇，理论含氟量为 39.0%，呈纯白色，要求 w(F)38.4%、w(O)<0.05%~0.1%、w(C)<0.01%、w(Si)<0.01%、w(Fe)<0.01%、w(Ni)<0.01%~0.15%。

若以氧化钇为原料，则要求灼烧完全，颜色纯白，其化学成分见表 3-6。

表 3-6 氧化钇的质量要求（GB/T 3503—2015） （%）

产品牌号	字符牌号		Y_2O_3-5N5	Y_2O_3-5N	Y_2O_3-4N5	Y_2O_3-4N	Y_2O_3-3NA	Y_2O_3-3NB	Y_2O_3-3NC
	对应原数字牌号		171055	171050	171045	171040	171030A	171030B	171030C
化学成分（质量分数）	REO(≥)		99.0	99.0	99.0	99.0	99.0	99.0	99.0
	Y_2O_3/REO (≥)		99.9995	99.999	99.995	99.99	99.9	99.9	99.9
	Y_2O_3		余量	余量	余量	余量	余量	余量	余量
	稀土杂质（≤）	La_2O_3	0.00005	0.0001	0.0003	0.0010	—	0.02	含量 0.1
		CeO_2	0.00003	0.00005	0.0003	0.0005	0.0005	—	
		Pr_6O_{11}	0.00003	0.00005	0.0003	0.0010	0.0005	0.001	
		Nd_2O_3	0.00003	0.00005	0.0003	0.0005	0.0005	0.001	
		Sm_2O_3	0.00003	0.00005	0.0003	0.0005	0.003	0.001	
		Eu_2O_3	0.00003	0.00005	0.0003	0.0005			
		Gd_2O_3	0.00003	0.00005	0.0003	0.0005	—	0.01	
		Tb_4O_7	0.00003	0.00005	0.0005	0.0010		0.001	
		Dy_2O_3	0.00005	0.0001	0.0005	0.0010	—	—	
		Ho_2O_3	0.00005	0.00015	0.0005	0.0010	—	—	
		Er_2O_3	0.00005	0.00015	0.0005	0.0010	—	—	
		Tm_2O_3	0.00002	0.00005	0.0003	0.0005	—	—	
		Yb_2O_3	0.00002	0.00005	0.0003	0.0005	—	—	
		Lu_2O_3	0.00002	0.00005	0.0003	0.0005	—	—	
	非稀土杂质（≤）	Fe_2O_3	0.0001	0.0002	0.0003	0.0005	0.0005	0.001	0.002
		CaO	0.0005	0.0005	0.0010	0.0010	—	—	0.002
		CuO	0.0001	0.0002	0.0002	0.0005	0.0002	0.0005	0.001
		NiO	0.0001	0.0002	0.0002	0.0005	0.0002	0.0005	0.001
		PbO	0.0002	0.0002	0.0002	0.0005	0.0005	0.0005	0.001
		SiO_2	0.0010	0.0020	0.003	0.0050	—	—	0.005
灼减和水分（质量分数，≤）			1.0	1.0	1.0	1.0	1.0	1.0	1.0

注：1. 表内所有化学成分均为去除水分后灼减前测定。

2. 171030A—光学玻璃用；171030B—人造宝石用；171030C—普通型。

若以分离氯化钇溶液为原料，则要求彻底除去溶液中的有机相（一般用四氯化碳萃取）。按 Y_2O_3 换算，溶液中杂质含量不得超过表 3-6 所示的数值。

还原剂金属钙的纯度大于 99%，要求表面清洁，有银白金属光泽，无白色氧化物覆盖。金属钙属易燃物质，在空中受热或遇水时可能导致燃烧或爆炸，使用中要特别注意。

坩埚钽片厚 0.3~1 mm，要求表面光洁，无气孔斑点，厚度均匀。

3.1.3.2　生产工艺

用金属钙还原无水氟化钇制备金属钇的反应为：

$$2YF_3 + 3Ca \xlongequal{} 2Y + 3CaF_2$$

此反应的吉布斯自由能负值很大，反应能自发进行。当物料呈液态（1300 ℃）时，反应可迅速完成，并放出大量的热。还原过程在真空中频感应炉中进行，采用钽坩埚作为还原及除钙容器。为防止金属钙的挥发，炉内充入纯净氩气（4N）。为了提高金属直收率，金属钙往往过量 10%~20%。尽管钙与钇在液态和固态基本不混溶，还原出来的金属中仍含有相当多的钙（约 0.5%）。利用钙与钇蒸气压的差别，在钇的熔点下进行真空除钙，可将钙除至 0.01%以下。

采用钙热还原氟化钇制备金属钇的优点是：

（1）渣相氟化钙在还原温度下蒸气压低、流动性好、密度较轻，反应可平稳进行，金属聚集良好，分离容易；

（2）金属钙价格便宜，来源广泛，易于提纯和保管；

（3）氟化钇相当稳定，不易吸水，便于保管；

（4）工艺流程短，金属直收率高。

其缺点是使用的钽坩埚价格昂贵，生产成本较高，且产品中钽含量高（0.2%~0.5%）。

氟化钇的钙热还原工艺流程如图 3-3 所示，工艺条件如下：

（1）原料压块。压力为 1.5~2.5 MPa；直径略小于钽坩埚内径，高径比为 1∶2。

（2）钙热还原。料比为氟化钇∶钙=2∶1（钙过量 20%），真空度为 1~5 Pa，充氩压力为-0.03 MPa（粗真空表指示），还原温度为 1200~1300 ℃，浇注温度为 1600 ℃，保温时间为 15 min。

（3）真空除钙。进料粒度为 2~4 mm，真空度不大于 0.1 Pa；温度为 1450 ℃，保温时间为 0.5~1 h。

（4）熔铸。充氩压力为-0.03 MPa；浇注温度约为 1650 ℃。

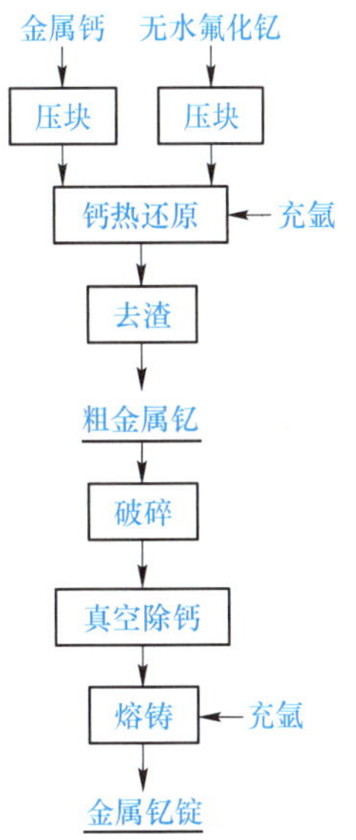

图 3-3　氟化钇的钙热还原工艺流程

3.1.3.3　操作步骤

A　原料压块

（1）将称量过的无水氟化钇和金属钙分别放在凹模中，放好垫片和凸模，开动油压机下压，压力达到额定值后保持 20~30 s。

（2）撤销压力，将凹、凸模一起置于一圆筒上，开动油压机下压，将物料退出。

（3）压好的饼若不马上装炉，应放在真空干燥箱中抽真空保存。

B 钙热还原

（1）筑炉。在感应圈底部放置耐火水泥石棉板，底部和周围用玻璃布围上，先倒入适量镁砂捣实，然后将石墨坩埚放于感应圈正中心，周围继续充填镁砂，边充填、边捣实，直至全满。最上层镁砂中调入少量水玻璃，并装好浇口。将外露的玻璃布剪去，筑炉即告完成。

（2）烘炉。开通冷却水，启动中频电源，缓慢升温至石墨坩埚红热（约 800 ℃），保持此温度至镁砂层水汽出尽。此时盖上炉盖，开动机械泵抽真空表到满刻度。加大输入功率，使温度缓慢上升到 1600 ℃，保温 30 min，停炉冷却。

（3）装炉。先放好浇注模，将钽坩埚放入石墨坩埚中，再将氟化钇压饼装入钽坩埚中，上面放钙饼。清洗观察孔玻璃、上炉盖、感应圈外围及炉体橡皮封圈，盖上炉盖。

（4）还原。开通冷却水，启动机械泵，待真空度达到 20 Pa 时，启动扩散泵。当真空度达到 1~5 Pa 时，启动中频电源，送电升温除气。此时真空度下降。在 800~900 ℃恒温，待真空度达到 1 Pa 时，关闭高、低真空阀，充入氩气（粗真空表指示为-0.03 MPa）。升温至 1200~1300 ℃，炉料熔化，反应开始，炉温升高。在约 1600 ℃恒温 5 min。整个还原过程约需 15 min。

（5）浇注。切断中频电源，操纵倾动手柄将熔体注入模中，浇注速度先慢后快。继续通水冷却感应圈、扩散泵、炉体等 0.5~1 h，即可出炉。

（6）出炉。打开放气阀，掀开炉盖，将铸模翻转，取出铸锭。清扫炉盖、炉体和感应圈。

（7）去渣。用铁锤敲击铸锭，除掉上部及周围的熔渣和金属钙。渣堆放待回收。金属钙返回压块工序。

C 真空除钙和熔铸

（1）将除渣后的粗钇用油压机压碎至规定粒度，粉状粗钇返回还原工序。用油压机压碎粗钇时要设置专门挡板，以防碎金属飞溅伤人，同时也防止金属散失。

（2）放好铸模，换上用于真空除钙的钽坩埚，再在其中装入破碎了的粗钇。装料时应注意将粒度大的装在下面并稍为压实，上部装粒度小的料。装料时不能挤压，以防熔铸时发生“架桥”现象。

（3）仔细清理观察孔、上盖、感应圈及密封部，然后盖上炉盖。

（4）接通冷却水，开启机械泵，真空度达到 20 Pa 时，开启扩散泵。当真空度达到 0.1 Pa 时，启动中频电源，开始送电升温。在 1450 ℃恒温 0.5~1 h。整个过程中，要保持真空度在 0.1 Pa 以下。

（5）关闭高、低真空阀，停扩散泵和机械泵，充入氩气至粗真空表指示达-0.03 MPa。加大输入功率，使金属钇熔化并达到 1650 ℃。

（6）切断中频电源，操纵倾动手柄将液态金属钇注入模内。

（7）继续通水冷却感应圈、炉体及扩散泵 0.5~1 h。

（8）打开放气阀，掀起炉盖，将铸模翻转，取出金属钇锭。清扫炉盖、炉体及感应圈。

(9) 将金属锭去毛刺、取样、称重并真空封存。

钙热还原操作过程中会接触有毒的氟化物粉尘、易燃烧的冷凝钙粉和钇粉，因此，操作者必须穿戴好劳保用品，特别是要戴好护目眼镜和口罩（或防毒面具）。观察高温炉况时，应使用滤光镜片。

3.1.3.4 异常情况的预防和处理

A 钽坩埚穿漏

钽坩埚穿漏的预防和处理方法如下。

(1) 每次出炉时提起钽坩埚，检查其外部及周围是否有微孔或渗出斑。如有，应立即更换。

(2) 达到炉龄的钽坩埚暂停使用，放在空气中或微酸性水溶液里使内部残留物去掉，确定可用时再继续使用。

(3) 高温时应经常观察，发现液面下降时应迅速浇注。钽坩埚换新时，若石墨坩埚受到损坏，应重新筑炉。

B 金属钇熔化时“架桥”

(1) 预防方法。粗钇破碎粒度不宜太大，应碎细一点。严格按“真空除钙操作步骤（2）”装炉。

(2) 处理方法。在通电情况下可照常浇注，少量“架桥”物有可能在浇注时被冲下熔化。假若“架桥”物多，在浇注时没有被冲下来，可在出炉后用机械方法拆除。

C 金属钇熔化时喷溅

(1) 预防方法。蒸钙时温度低或保温时间短会引起喷溅，可适当延长保温时间或提高温度。氩气未充够也会导致喷溅，充氩压力应达到-0.03 MPa。

(2) 处理方法。降低输入功率，降低温度，恒温一定时间后再升温熔化；适当加充氩气。

3.1.3.5 技术经济指标

(1) 原材料单耗（以生产 1 kg 金属钇计）：氟化钇 2 kg，金属钙 1 kg，钽片 0.04~0.05 kg，石墨 0.05 kg，氩气 0.05 瓶，电能 1000 kW。

(2) 金属直收率：还原 90%，破碎 97%，除钙 95%，金属直收率 93%；连同氟化钇制备岗位一起计算，金属钇的直收率为 77%。

3.1.4 稀土氯化物的钙热还原

稀土氯化物的钙热还原具有还原温度低（900~1100 ℃）、反应易控制、可以不使用价格昂贵的钽坩埚等优点。用此工艺方法制备熔点较低的镧、铈、镨、钕等轻稀土金属是有效的。

微课3-3 钙热还原稀土氯化物

还原是在抽真空后充入惰性气体的电阻炉中进行的，也可以在钢制反应弹中进行。还原反应为：

$$RECl_3 + \frac{3}{2}Ca = RE + \frac{3}{2}CaCl_2$$

3.1.4.1 还原-浇注炉钙热还原制备金属钕、镨

图3-4所示为钕、镨氯化物钙热还原-浇注设备。由于钼坩埚在1100 ℃对稀土金属及其氯化物是稳定的，同时还原过程在惰性气体中进行，因此采用此法可提高稀土金属的纯度。还原时，首先将无水氯化钕或氯化镨与过量15%~20%的金属钙屑分层装入钼烧舟中，然后将其装入还原-浇注炉内。此时它与水平面呈25°~30°的倾斜角，并在还原过程中保持不变。炉子装完料，密封好后抽真空至5.3~6.6 Pa，并缓慢升温脱气。升温至350 ℃时充氩气至79.8~93.1 kPa，继续升温至800~850 ℃进行还原并保温30 min后，迅速将温度升至1100 ℃，旋转倾倒炉体进行浇注。待还原-浇注炉冷却至200 ℃以下时出炉，自浇注坩埚中取出金属。

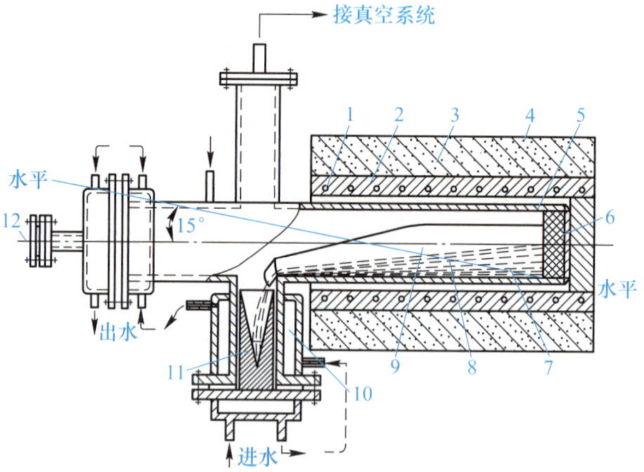

图3-4 钕、镨氯化物钙热还原-浇注设备

1—电热元件；2—耐火砖；3—炉体填料；4—炉壳；5—反应罐；6—石棉底垫；7—金属；8—熔渣；9—钼烧舟；10—冷却水套；11—不锈钢铸模；12—观察孔

还原温度对氯化钕钙热还原过程的影响见表3-7。经测试，还原反应起始温度为720~750 ℃，此时料层下降，冒出大量烟状物，开始剧烈反应。在800~850 ℃下进行还原可减少坩埚杂质的污染，并能获得97%~98%的实收率。

表3-7 还原温度对氯化钕钙热还原过程的影响

还原温度/℃	实得金属量/g	实收率/%	杂质含量（质量分数）/%	
			Mo	Ca
800	56.6	98.2	0.270	0.15
820	56.1	97.0	0.399	0.30
850	56.0	97.0		0.27
900	55.5	96.0	0.202	0.80
950	52.7	91.2		0.60
1000	53.4	92.0	0.206	0.50

还原剂用量对氯化钕钙热还原过程的影响见表 3-8。试验条件为：还原温度 850 ℃，保温 30 min，于 1100 ℃浇注。结果表明，随着还原剂用量的增加，金属实收率有所提高。当还原剂过量 15%～20%时，金属实收率达 97%，金属中钙含量（质量分数）为 0.22%～0.27%。

表 3-8　还原剂用量对氯化钕钙热还原过程的影响

还原剂过量/%	实得金属量/g	实收率/%	金属中钙含量（质量分数）/%
5	47.3	81.8	0.18
5	44.1	77	0.09
10	54.4	94.6	0.27
15	56.0	97	0.22
20	56.0	97	0.27

采用以上还原-浇注条件，无水氯化钕或氯化镨的投料量为 300 g，则还原结果及金属中部分非稀土杂质含量列于表 3-9。

表 3-9　还原结果及金属的杂质含量

无水料		实得金属量/g	实收率/%	杂质含量（质量分数）/%				
名称	投料量/g			镁	钙	硅	铁	钼
$PrCl_3$	300	169.5	99.2	0.0834	0.28	0.067	0.00614	0.0638
$PrCl_3$	300	169.3	97.0					
$NdCl_3$	300	161.0	93.2	0.0419	0.27	0.0085	0.00390	0.0735
$NdCl_3$	300	162.5	94.0					

所得金属经真空熔炼可降低杂质钙的含量。用非自耗电弧炉熔炼镨、钕时，抽真空至 0.133 Pa 后充氩气至 0.1 MPa，电流 150 A，电压为 10 V，熔炼 2 min 的除钙效果为：金属镨中钙含量小于 0.05%，氧含量小于 0.0289%；金属钕中含钙 0.002%，氧含量小于 0.121%。

3.1.4.2　钢制反应弹中的钙热还原

用于还原轻稀土氯化物的钢制反应弹如图 3-5 所示，弹内置入氧化镁打结内衬，外侧用氧化钙填充。将无水稀土氯化物（$CeCl_3$、$LaCl_3$、$PrCl_3$、$NdCl_3$）与过量 15%～20%的钙屑混匀，与碘一起装入钢制应反弹中，盖上弹盖并密封好。将反应弹放入电阻炉炉膛中加热，升温至 700 ℃以上激发热还原反应。添加碘可增加反应的热效应，使

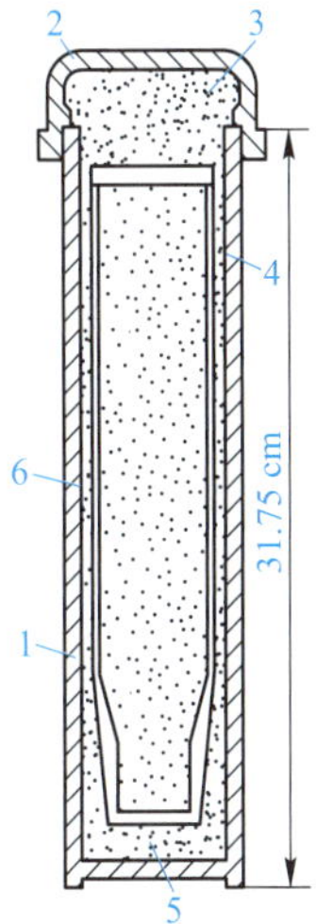

图 3-5　稀土氯化物钙热还原反应弹

1—ϕ63.5 mm 钢制反应弹；2—反应弹盖；3，5—CaO 填料；4—MgO 打结内衬；6—炉料

反应弹内部的温度达到1100 ℃以熔化炉料。反应结束后，经过冷却、出炉，打开反应弹盖，取出氯化钙渣和金属。

碘的添加量为1 mol $RECl_3$ 加入0. 3~0. 7 mol I_2，同时加入生成 CaI_2 的相应钙量。CaI_2 的生成焓为268. 8 kJ/mol，故生成 CaI_2 时放出的热量可使还原反应温度提高到1100 ℃左右。生成的 CaI_2 还可降低渣的熔点，使金属与渣更好地分层。

在还原温度为1100 ℃时，稀土金属不与氧化镁内衬作用。在更高的温度下，部分氧化镁将被稀土金属还原，稀土金属中的杂质含量也都相应地增加。

用此法还原轻稀土氯化物获得了很好的致密金属锭，平均回收率为95%。金属中含有2%的钙，可通过真空重熔除去，但其他非稀土杂质较多，稀土金属的纯度不超过98%。

任务3. 2 镧、铈热还原-蒸馏法制备稀土金属【案例】

用钙热还原法还原钐、铕、镱的卤化物一般只能得到低价化合物，但用镧、铈还原它们的氧化物，通过还原、蒸馏可以制得相应的单一稀土金属。由于钐-钴永磁的应用发展，此法已成为制备金属钐的工业方法。此外，以镧、铈热还原-蒸馏法制备镝、钬、铒、钇等重稀土金属也获得了不同程度的成功，但产率和金属纯度都较低，故这几种金属的制备一般不采用氧化物还原-蒸馏的方法。

微课3-4
镧或铈热还原法制取稀土金属

3. 2. 1 基本原理

用镧、铈热还原-蒸馏法制备某些稀土金属是基于镧、铈与氧的亲和力比这些金属大，同时这些金属具有高的蒸气压，在还原温度下与镧、铈具有较大的蒸气压差值，而且蒸发速度快，如表3-10和图3-6所示。因此，镧、铈热还原-蒸馏法的实质是在高温和真空条件下，以很难蒸发的金属镧、铈（或铝）还原钐、铕、镱等的氧化物，同时将还原出来的钐、铕、镱等金属蒸发排出，经过冷凝得到金属粗结晶，然后将其在惰性气体中重熔铸锭得到金属。

表3-10 稀土金属的沸点及蒸气压

金属	沸点/℃	蒸气压为1. 33 Pa时的温度/℃	蒸气压为133 Pa时的温度/℃	蒸气压为133 Pa时的蒸发速度/$g\cdot(cm^2\cdot h)^{-1}$
Sc	2832±15	1397	1773	33
Y	3337±5	1637	2082	43
La	3454±5	1754	2217	53
Ce	3257±30	1744	2174	53
Pr	3212±30	1523	1968	56
Nd	3127±5	1341	1759	60
Sm	1778±15	722	964	83

续表 3-10

金属	沸点/℃	蒸气压为 1.33 Pa 时的温度/℃	蒸气压为 133 Pa 时的温度/℃	蒸气压为 133 Pa 时的蒸发速度/g·(cm²·h)⁻¹
Eu	1597±5	613	897	90
Gd	3233±5	1583	2022	59
Tb	3041±3	1524	1939	60
Dy	2335±20	1121	1439	71
Ho	2720±20	1197	1526	69
Er	2510±20	1271	1609	68
Tm	1727±20	850	1095	83
Yb	1193±5	471	651	108
Lu	3315±5	1657	2098	61

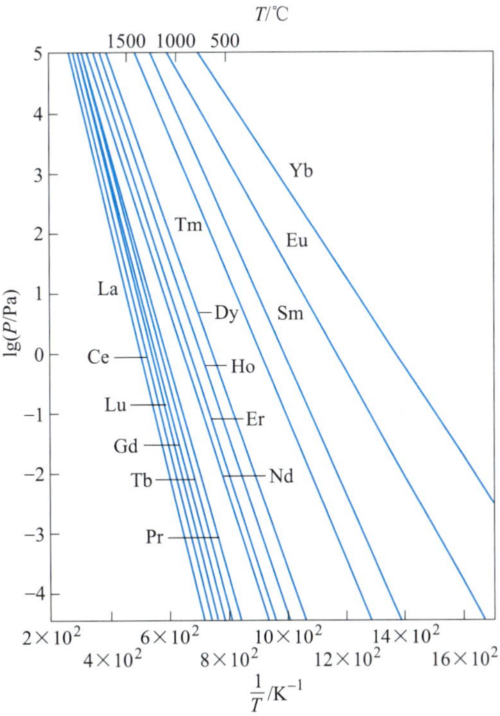

图 3-6 稀土金属的蒸气压（1 mmHg = 133 Pa）

用金属镧、铈还原稀土氧化物的反应为：

$$RE_2O_3(s) + 2La(l) \longrightarrow 2RE(g) + La_2O_3(s)$$

或
$$2RE_2O_3(s) + 3Ce(l) \longrightarrow 4RE(g) + 3CeO_2(s)$$

式中，RE 可为 Sm、Eu、Yb、Tm。

在此多相反应中，气相物质的蒸气压值决定该反应的平衡，其他组元的蒸气压值在反应温度（1200~1350 ℃）下很小，实际上可视为零，而活度值近似等于 1。利用标准吉布斯自由能变化与反应平衡常数的关系，可以得到被蒸馏金属在平衡状态下的蒸气压及反应的标准自由能变化与温度的函数关系，见表3-11。

表3-11 平衡状态下 Sm_2O_3、Yb_2O_3、Tm_2O_3 还原-蒸馏反应的 P_m 及 ΔG 值

化学反应	$Sm_2O_3+2La = 2Sm+La_2O_3$	$Yb_2O_3+2Al = 2Yb+Al_2O_3$	$Tm_2O_3+2La = 2Tm+La_2O_3$
平衡蒸气压 P_m/mmHg	$\lg P_m = 8.21-1125/T$	$\lg P_m = 8.95-12667/T$	$\lg P_m = 12.70-20200/T$
适用温度范围/K	1225~1473	1254~1473	1490~1673
$\Delta G_T^{\ominus}$ /kJ · mol^{-1}	$\Delta G_T^{\ominus} = 430.733-0.314T$	$\Delta G_T^{\ominus} = 484.975-0.343T$	$\Delta G_T^{\ominus} = 773.405-0.486T$

注：1 mmHg=133.322 Pa。

镧、铈热还原-蒸馏过程是一个有固相、液相和气相参加的复杂的多相反应。一般认为这一过程经过的中间反应是：在还原温度下，还原剂熔化并与固态的氧化物作用；被还原出来的金属与还原剂形成中间合金；反应产物由于浓度梯度，经过“固态渣”扩散；被还原金属由液态中间合金中蒸馏出来。由于反应主要是在液态还原剂与固态氧化物之间进行，因此反应物质接触表面及其活性对于反应速度不能起决定作用。在反应开始阶段，决定反应速度的是被还原金属从中间合金中蒸馏出来的速度；而当反应产物 La_2O_3 大量生成且形成较厚的固态渣后，对反应速度起决定作用的则是扩散速度。

从表3-11的 $\Delta G_T^{\ominus}=f(T)$ 函数式中可以看出，提高温度有利于还原反应的进行。当反应温度为1200~1400 ℃时，平衡状态下被蒸馏金属蒸气压已大于133.322 Pa。在实践中，为了提高反应的速度都采用影响反应动力学的适宜条件，即反应在真空体系中进行，使气相生成物（金属钐、铕、镱、铥）迅速排出反应区，使反应向右进行，形成不可逆过程。采取适当粒度及表面清洁的还原剂（镧、铈、铝）并适宜地过量，以便使还原反应进行得充分完全，以提高被还原金属的实收率。对松散的炉料进行适宜的压制，以破坏还原剂金属表面的氧化膜，改善被还原氧化物与还原剂金属的接触性质，也可有效地提高反应速度与金属回收率。这些工艺及设备条件都是在最短时间内达到最好还原效果所必需的。

还原用的稀土氧化物（如 Sm_2O_3、Yb_2O_3、Eu_2O_3、Tm_2O_3），其品位要求视金属纯度要求而定，但由于金属蒸气压与还原剂金属蒸气压相近的氧化物（如 Pr_6O_{11}、Nd_2O_3、La_2O_3、CeO_2、Tb_4O_7、Y_2O_3、Gd_2O_3）基本不能被还原-蒸馏，因此在制备工业纯的金属钐、铕、镱、铥时，可使用品位大于80%的相应氧化物，甚至可使用品位大于60%的富集物为还原原料。氧化物原料应不含水分，还原前应在800~850 ℃进行煅烧。

还原剂使用工业纯的金属镧、铈，在其刨成屑及保存时均应避免氧化。还原剂屑粒的尺寸对于还原过程没有实质性的影响。此外，用混合轻稀土金属作为还原剂也可获得满意的还原效果，只是由于混合稀土金属中常含有镁、铝、硅、钙等杂质，在制备较高纯度的金属钐、铕、镱、铥时需要进行提纯。在用金属铝作还原剂时，被还原金属易被污染，特别是还原温度高于1250 ℃时，被还原金属中的铝含量显著增加。例如用铝还原 Yb_2O_3 时，当还原温度从1100 ℃提高到1250 ℃时，镱中铝含量从0.08%增加到0.17%。

还原使用的坩埚可用钽、铌或钼片材焊接而成。上部冷凝材料可用铌、钼片材，由于温度不高（300~500 ℃），因此对其要求不是很严格，也有用风冷不锈钢或钢质及铜质冷凝器的，现在多采用非金属的瓷坩埚。

3.2.2 还原-蒸馏过程的工艺条件

还原-蒸馏工艺条件的选择，尤其是还原-蒸馏温度及还原-蒸馏时间的选择，应根据稀土氧化物的特性、还原批量及设备的能力等来考虑。工艺条件的选择依据是该化学反应能够到达终点，能够获得高的金属回收率和纯度。

3.2.2.1 还原-蒸馏温度

每种炉料都存在最佳的还原-蒸馏温度及合理的还原-蒸馏时间，在此温度和时间条件下，可获得最高的金属回收率和较少的杂质污染。镧还原-蒸馏氧化钐的过程中，温度对金属钐回收率的影响如图 3-7 所示。镧、铈还原 Eu_2O_3、Yb_2O_3、Sm_2O_3 及 Tm_2O_3 的最佳还原温度，在其他条件相同的情况下依次增高，分别为 900 ℃、1200 ℃、1350 ℃和 1400 ℃。

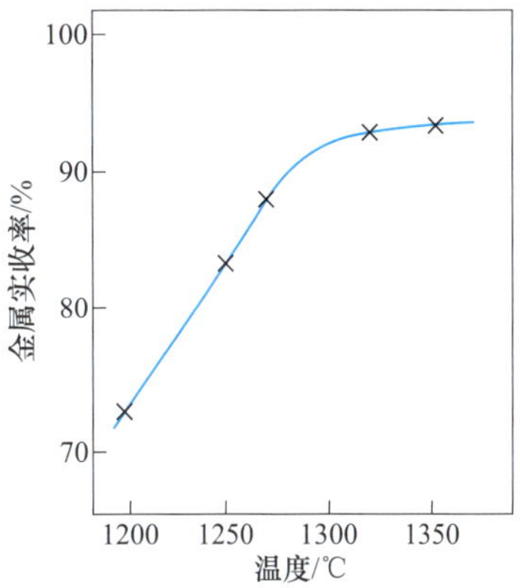

图 3-7 金属钐回收率与还原-蒸馏温度的关系

（Sm_2O_3 30 g，La 过量 65%，还原时间 10 min，真空度 0.133 Pa）

还原-蒸馏温度一般不宜太高，温度过高会导致蒸发出来的金属得不到及时冷凝而泄漏或向坩埚中倒流，从而使金属回收率及质量降低。尤其钐属于高熔点（1545 ℃）、低沸点（1732 ℃）金属，其还原-蒸馏温度不应高出熔点，以避免金属沸腾而影响冷凝收集。实际操作中金属的蒸出率往往很高，而冷凝器中金属的直收率很低，这是由于冷凝收集不合理（如冷凝器温度偏高）或者还原-蒸馏温度偏高引起金属泄漏等原因造成的。一般认为，当金属的蒸出率接近或等于金属的直收率时，还原-蒸馏温度才是合适的。

在还原-蒸馏过程中，严格制定升温制度和控制好升温速度是获得高质量、高直收率金属的关键。在相同的温度下，金属镱的蒸气压比金属铕大 10 倍，比金属钐大 100 倍，金属镱在还原-蒸馏温度下已经沸腾，反应速度相当大，很难将热还原的起点温度定下来。因此，对不同的氧化物严格控制升温速度就特别重要。若升温速度过快，则原料和还原剂中的气体来不及排出，炉内的真空度迅速下降，这样制备的金属光泽很差。有时金属蒸气夹带着氧化物进入冷凝器，还会使金属产生夹层。

3.2.2.2 还原-蒸馏时间

还原-蒸馏时间是使按一定速度进行的化学反应达到终点的必需条件，它与反应速度及炉料量都有关。若金属蒸馏速度小或炉料量大，则要求较长的保温时间。在一定的批量和工艺条件下，如果保温时间过短，则反应达不到终点，会降低金属的直收率；反之，若保温时间过长，则炉内气氛会影响金属的质量，同时也影响效率的提高。因此，对于不同的工艺条件、设备装置效能及炉料量，还原-蒸馏时间不同。一般需通过实验确定某个具体还原-蒸馏过程的最佳时间，以达到应有的金属回收率。

镧还原-蒸馏氧化钐的过程中，时间对金属钐回收率的影响如图 3-8 所示。

3.2.2.3 炉料配比

还原剂适当的过量是使还原反应充分进行的重要工艺条件之一。由于还原-蒸馏过程的还原作用是在固态氧化物和液态金属还原剂之间进行的，因此还原剂金属过量的作用不仅是增加两者的接触面积，更主要的是与被还原出的金属构成中间合金，从而降低反应界面上被还原金属的活度，促进还原反应充分地进行。

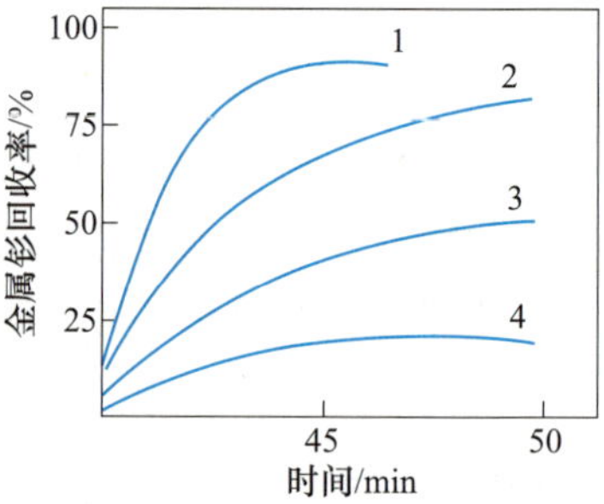

图 3-8 金属钐回收率与还原-蒸馏时间的关系

1—1200 ℃；2—1150 ℃；3—1100 ℃；4—1050 ℃

镧、铈还原-蒸馏氧化钐的炉料配比对钐回收率及还原剂利用率的影响如图 3-9 和图 3-10 所示，制备铕、镱、铥也有类似的曲线。这些曲线均显示出，还原剂过量对回收率的影响仅在一定数量值内起作用，超过此值后回收率不但不再提高，反而还会降低还原剂金属的利用率。由图 3-9 可知，对于镧还原-蒸馏氧化钐过程，以 $x(La)/x(Sm_2O_3) = 2.75$（即镧的质量比氧化钐质量过量 10%）为宜。实际上，由于还原剂质量、设备及操作上的原因，还原剂过量的最佳值在一定范围内波动。例如，镧还原-蒸馏氧化钐的镧过量值在 10%～45%范围内波动；以铈或混合稀土金属作还原剂时，其过量值比镧作为还原剂时高 10%～15%。

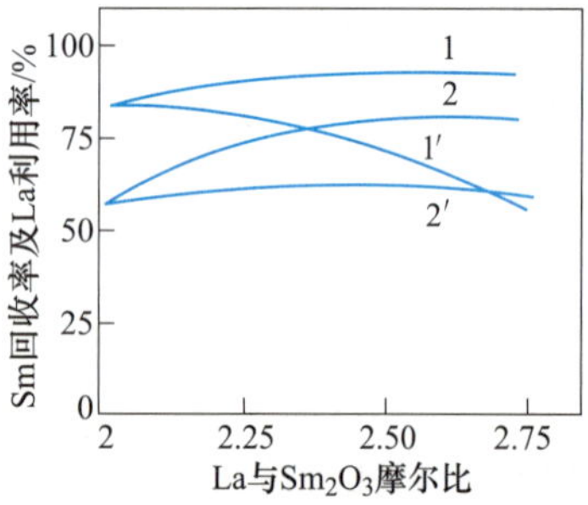

图 3-9 镧还原-蒸馏氧化钐过程炉料配比对钐回收率及镧利用率的影响

（压锭压力 250 MPa，还原时间 60 min，真空度 0.133 Pa）

1—1200 ℃时钐的回收率；2—1100 ℃时钐的回收率；1′—1200 ℃时镧的利用率；2′—1100 ℃时镧的利用率

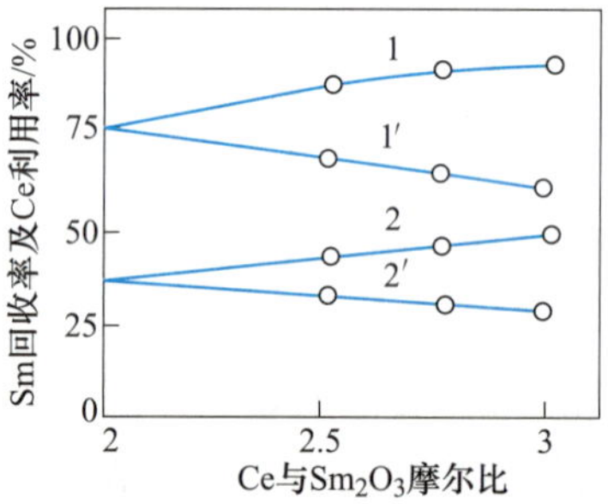

图 3-10 铈还原-蒸馏氧化钐的炉料配比对钐回收率及铈利用率的影响

（压锭压力 250 MPa，真空度 0.133 Pa，在 1200 ℃时还原 60 min，在 1150 ℃时还原 120 min）

1—1200 ℃时钐的回收率；2—1150 ℃时钐的回收率；1′—1200 ℃时铈的利用率；2′—1150 ℃时铈的利用率

3.2.2.4 压锭压力及原料粒度

一般情况下，压锭压力及原料粒度不是影响反应速度的主要因素，对还原-蒸馏过程的影响不是很明显。压锭压力只在一定数值内对还原过程有利。据报道，压锭压力主要是用来破坏还原剂金属表面氧化物界面的氧化膜，从而改善还原剂金属与氧化物界面的性质，使液-固界面更好地润湿，促进液态还原剂与固态氧化物的反应。但实践证明，在其他工艺条件都合理的情况下，只要炉料基本成块（质松、密度低）就可以还原得到较高的金属回收率。

在实际生产金属钐的过程中，对压锭压力和原料粒度（即氧化物及还原剂屑尺寸）要求不严。但原料氧化镱和氧化铕的粒度比氧化钐要小，为防止还原-蒸馏时将氧化镱和氧化铕带入冷凝区而污染金属，需要提高压锭压力。氧化铥还原时的压锭压力应比氧化镱、氧化铕还要高，这主要是由于氧化铥的热还原温度高，提高压锭压力可以防止还原剂流失和促进反应。但若压锭压力过高，随着固态还原产物层 La_2O_3 或 Ce_2O_3 厚度的积累，被还原金属的向外扩散将受到抑制，从而影响金属回收率和还原-蒸馏过程的效率。一般，用铈或混合稀土金属作为还原剂时的压锭压力比用镧作为还原剂时要大一些。

此外，金属铕的吸湿性很强，在潮湿的空气中会很快氧化成黄色粉末，因此在还原-蒸馏以后的冷却过程中，最好能在惰性气氛保护下操作。其他金属的冷却过程也应防止金属氧化变质。

3.2.2.5　钐、铕、镱、铥的镧、铈热还原

还原-蒸馏设备应选择能满足工艺温度及真空度要求的真空加热炉，如真空感应炉和真空电阻炉。图 3-11 是用石墨管作发热体的高温高真空电阻炉工作室部分的结构。炉子的额定输出功率为 25 kW 和 50 kW，最高工作温度可达 2000 ℃，工作真空度 6.66×10^{-2} Pa，工作室尺寸为 ϕ115 mm×150 mm 和 ϕ180 mm×250 mm。炉壳内层和外层之间用水冷却，炉壳上设有测温及通入保护气体等的通道。炉盖上设一个观察窗，可以观察加热的情况。

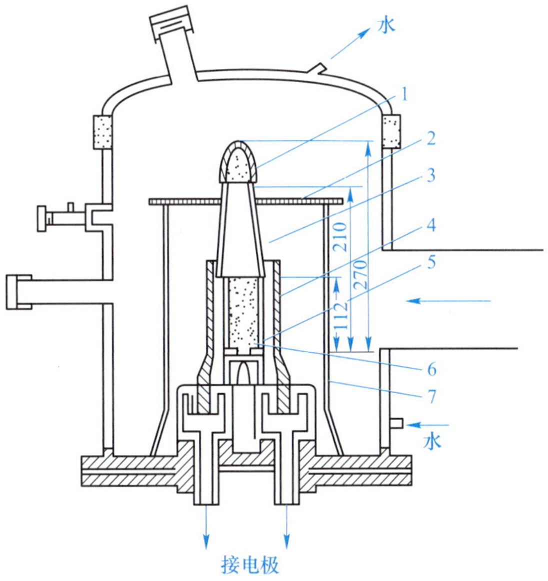

图 3-11　还原-蒸馏用高温高真空电阻炉工作室部分的结构（单位：mm）

1—陶瓷坩埚冷凝器；2—钼片隔热屏；3—钼筒；4—石墨加热体；5—钼制坩埚；6—炉料；7—钽片隔热屏

将被还原氧化物和过量 20%~30%的还原剂金属钙屑配料、混匀，压成锭后装入坩埚中，在其上部装接冷凝器，然后将装置放入真空炉内。密封好真空炉，预抽真空至 0.133 Pa 时开始加热，到达反应温度后保持一定时间，使炉料充分反应。被还原金属从反应区蒸出，在冷

凝器上冷凝。当冷凝器的温度为300~500 ℃时，冷凝的金属具有较大的结晶颗粒，在空气中稳定；但在冷凝温度较低时，冷凝的金属颗粒较细，在空气中易燃。

由于钐、铕、镱、铥的熔点、蒸气压、蒸馏速度和冷凝温度等各不相同，其还原的工艺条件也有所不同。表3-12列举了还原批量为300~500 g钐、铕、镱、铥的工艺条件。

表3-12 钐、铕、镱、铥的还原工艺条件

还原反应	还原剂过量/%	压锭压力/MPa	还原温度/℃	还原时间/min	金属直收率/%
$Sm_2O_3+2La = 2Sm+La_2O_3$	20	250~300	1350~1400	60	90~94
$Eu_2O_3+2La = 2Eu+La_2O_3$	20~30	300~500	1200~1300	30	85~90
$Yb_2O_3+2La = 2Yb+La_2O_3$	20~25	300~500	1200~1300	45	85~90
$Tm_2O_3+2La = 2Tm+La_2O_3$	25~30	500	1450~1500	90	90~94

3.2.3 氧化钐的还原-蒸馏实例

3.2.3.1 产品及原材料要求

目前，金属钐主要用于制备钐钴永磁材料。钐钴永磁体具有优异的综合性能，能使不少磁性器件体积缩小，重量减轻，这对于电子器件的轻型化、微型化具有很重要的意义。钐钴永磁体在微型电机、电子仪表、航空航天等高新技术等方面得到了广泛应用。金属钐的质量标准见表3-13。氧化钐的质量标准见表3-14，要求过0.246 mm（60目）筛后无肉眼可见的杂质。

表3-13 金属钐质量标准（GB/T 2968—2020）

产品牌号		化学成分（质量分数）/%											
字符牌号	数字牌号	RE（≥）	Sm/RE	Sm	稀土杂质②（合量，≤）	非稀土杂质（≤）							
						Fe	Si	Al	Ca	Mg	Cl^-	C	(Nb+Ta+Mo+Ti)
Sm-4N	064040	99.0	99.99	余量①	0.01	0.005	0.005	0.005	0.005	0.005	0.02	0.01	0.01
Sm-3N5	064035	99.0	99.95	余量①	0.05	0.005	0.005	0.005	0.01	0.005	0.02	0.01	0.01
Sm-3N	064030	99.0	99.9	余量①	0.1	0.01	0.01	0.01	0.01	0.01	0.03	0.01	0.01
Sm-2N5	064025	99.0	99.5	余量①	0.5	0.01	0.01	0.02	0.03	0.01	0.05	0.02	0.01
Sm-2N	064020	99.0	99.0	余量①	1.0	0.01	0.01	0.02	0.05	0.01	0.05	0.02	0.01

① 余量表示总量减去杂质含量。

② 稀土杂质为除去主稀土元素Sm以及Pm和Sc以外的稀土元素。

表 3-14 氧化钐的质量标准（GB/T 2969—2020）

产品牌号	字符牌号		Sm_2O_3-4N	Sm_2O_3-3N5	Sm_2O_3-3N	Sm_2O_3-2N5	Sm_2O_3-2N
	对应原数字牌号		061040	061035	061030	061025	061020
化学成分（质量分数）/%	REO（≥）		99.0	99.0	99.0	99.0	99.0
	Sm_2O_3/REO（≥）		99.99	99.95	99.9	99.5	99.0
	Sm_2O_3		余量①	余量①	余量①	余量①	余量①
	稀土杂质（≤）	Pr_6O_{11}	0.0010	合量 0.05，其中 Eu_2O_3 小于 0.0050	合量 0.1	合量 0.5	合量 1.0
		Nd_2O_3	0.0035				
		Eu_2O_3	0.0010				
		Gd_2O_3	0.0010				
		Y_2O_3	0.0010				
		其他稀土杂质含量②	0.0025				
	非稀土杂质（≤）	Fe_2O_3	0.0005	0.0010	0.0010	0.0030	0.0050
		SiO_2	0.003	0.005	0.005	0.010	0.030
		CaO	0.005	0.008	0.010	0.030	0.050
		Al_2O_3	0.010	0.020	0.025	0.030	0.040
		Cl^-	0.01	0.01	0.01	0.02	0.03
灼减和水分（质量分数，≤）/%			1.0	1.0	1.0	1.0	1.0

注：表内所有化学成分检测均为去除水分后灼减前测定。

① 余量表示为总量减去所有杂质量。

② 其他稀土杂质含量是指表中没有列出除 Pm、Sc 以外其他所有稀土元素。

对还原剂富镧（或富铈）的化学成分（质量分数）要求见表 3-15，此还原剂最好是经过重熔铸锭，且致密、无肉眼可见的夹杂，外形尺寸为 200 mm×100 mm×30 mm 或 ϕ200 mm×250 mm。

表 3-15 富镧（或富铈）的质量要求 （%）

稀土总量（TRE）	(La+Ce)/RE	稀土杂质（≤）	非稀土杂质（≤）			
		Eu/RE	Fe	Si	Ca	Cl^-
≥98.5	≥80	0.02	0.5	0.02	0.02	0.02

3.2.3.2 工艺流程

镧热还原法制备金属钐的工艺流程如图 3-12 所示。

首先，按照还原反应式计算还原剂用量。例如，富镧金属的稀土总量为 98.5%，其平均相对原子质量为 141；Sm_2O_3 的纯度为 99%，其相对分子质量为 348；稀土总量为 99%，则每还原 1 kg Sm_2O_3 需加的富镧屑 X 为：

$$X = \frac{2 \times 141 \times 0.985 \times 1.25}{348 \times 0.99 \times 0.99} = 1.02\ \text{kg}$$

将已煅烧的 Sm_2O_3 按所需质量称重，放入较大的塑料盘内，再按计算称取所需的富镧金属屑，并将其较均匀地分布在称好的 Sm_2O_3 上。先人工粗混，再装入塑料球磨筒中，在球磨机上再混 30 min 即可。

为了增加反应物料间的接触，增加装料量及形成一定的反应产物钐蒸气通道，将一定量的还原混合料（视压模尺寸大小而定，通常为 200～400 g/块）装入圆形压模中，放在油压机上，按 50～100 MPa 的压力进行压制。

还原设备为 SL63-7B 型真空电阻炉，加热功率 50 kW，最高工作温度为 2000 ℃，工作真空度为 6.66×10^{-2} Pa。还原批量为氧化钐 7.5 kg，用过量 25%的混合稀土金属屑作还原剂，每炉可制备金属钐 6 kg。

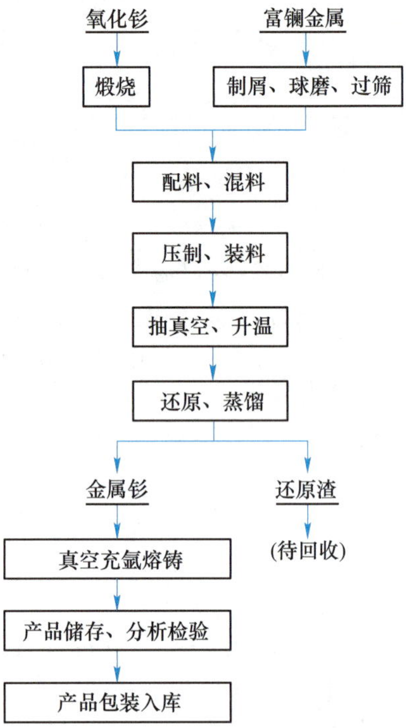

图 3-12 镧热还原法制备金属钐的工艺流程

3.2.3.3 还原操作

将料块装入钼坩埚中，在坩埚中倒套一个氧化铝坩埚作冷凝收集器。将坩埚放入真空电阻炉内，密封好炉子。将炉子抽真空并升温，在 600～800 ℃保温以除去炉料和炉膛内物料吸收的水分和气体。当真空度达到 150 Pa 时，启动扩散泵；待真空度小于 5 Pa 后，缓慢升温至 1300～1350 ℃；当真空度小于 1 Pa 后，在此温度下保温 2～4 h 进行还原-蒸馏反应，然后升温至 1360～1400 ℃保温 1～2 h，以缩短还原时间和提高产品回收率。还原-蒸馏反应完成后停电，随炉冷却 3～4 h，随后停真空泵充氩冷却 2～3 h，即可出炉。

还原-蒸馏得到的金属钐为银白色金属，纯度在 99.5%以上，其中碳、氮、氧、氢等杂质含量不大于 0.01%，金属钐的回收率为 90%左右。混合稀土金属来源广泛，价格便宜，用其制备金属的成本可以降低很多，但还原剂中的钕和氯离子对产品的质量影响较大。

有些金属钐产品若存在氧化比较严重或结晶状态不佳等不符合质量要求的现象，可在真空还原炉内进行重蒸馏处理。其基本工艺条件是：抽真空至真空度不大于 1 Pa，升温至 600～700 ℃并保持真空度不大于 1 Pa；升温至 1000～1100 ℃且真空度不大于 1 Pa 时，保温 2～3 h；升温至 1300～1350 ℃保温 1～2 h 后，停电冷却。其余同还原操作。

若用户要求以金属锭的形式供货，则需将还原-蒸馏出来的金属钐在真空感应炉中再进行真空-充氩熔铸成锭。其基本工艺条件为：将分析合格的还原金属钐放入钽坩埚中，抽真空至真空度不大于 1 Pa，然后充氩至 6.13×10^4 Pa；升温至 1100～1200 ℃，当金属全部熔化后保温 1～2 min；停电将熔融金属在有冷却水保护的铜（或钢）模中浇注，冷却后即可取出产品。

任务 3.3　钙热还原-中间合金法制备稀土金属【案例】

钙热还原-中间合金法主要用来生产高熔点的钇、镝、钆、铒、镥等单一重稀土金属，其与钙热还原工艺相比，具有还原温度低、金属污染少、简化设备、易于扩大生产等优点。

3.3.1　基本原理

氟化物钙热还原法生产单一重稀土金属的工艺，是在钽、铌或钼等难熔金属材料制成的坩埚中于氩气保护下进行的，还原温度在 1500 ℃以上。这种工艺需要使用较为复杂的耐高温设备，生产量受到一定限制；而且还原是在较高的温度下进行，坩埚材料对被还原金属的污染较为严重。因此，降低还原温度以减少坩埚杂质的污染、简化设备以扩大金属的产量，便成为生产单一重稀土金属必须解决的问题。

钙热还原-中间合金法是基于钙热还原稀土氟化物这一反应：

$$REF_3 + \frac{3}{2}Ca = RE + \frac{3}{2}CaF_2$$

这一过程的独特之处是，在有金属镁和无水氯化钙存在下进行反应。还原过程中生成的重稀土金属与金属镁形成低熔点合金，CaF_2 则与 $CaCl_2$ 生成熔点低、密度较小的渣与稀土镁合金分离。反应式为：

$$RE + Mg = RE \cdot Mg$$

$$CaF_2 + CaCl_2 = CaF_2 \cdot CaCl_2$$

制得的稀土镁中间合金先以真空蒸馏法除去镁及剩余的还原剂钙，获得海绵状的重稀土金属，然后再经过电弧炉熔化便制得致密金属。

由钇镁合金相图（见图 3-13）可以看出，钇和镁摩尔分数之比为 1∶1 的合金的熔点

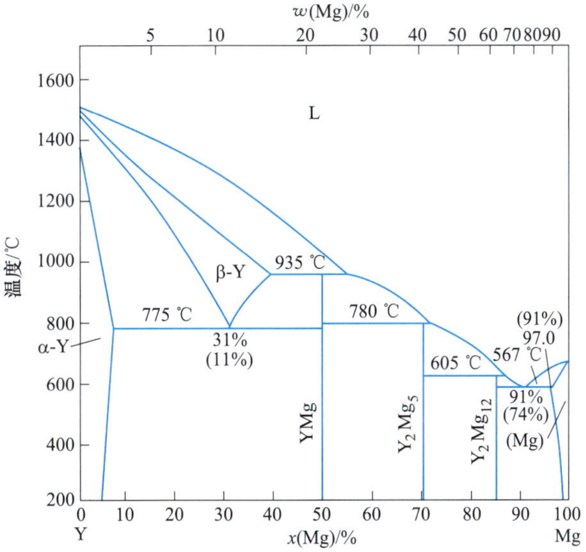

图 3-13　Y-Mg 合金相图

为 935 ℃。而同样成分的 Gd-Mg 合金的熔点为 865 ℃，Tb-Mg 合金的熔点为 857 ℃。

图 3-14 为 $CaCl_2$-CaF_2 体系相图。

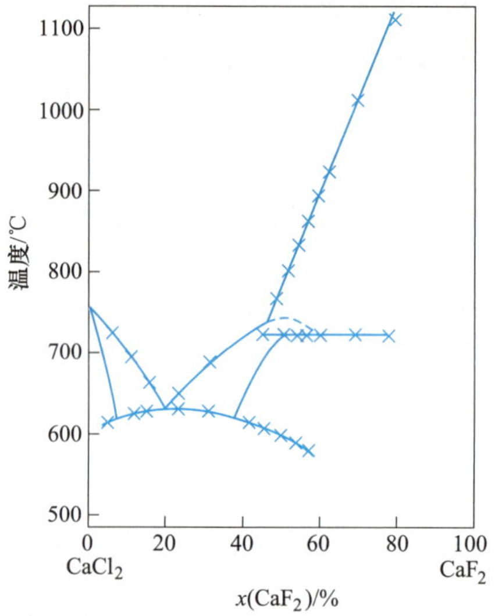

图 3-14　$CaCl_2$-CaF_2 体系相图

因此，制备钇镁中间合金的还原温度采用 950 ℃就可使全部反应产物处于熔融状态，且 $CaCl_2$-CaF_2 渣的密度比稀土镁合金小，所以渣与金属能很好地分离。所用的坩埚材料可根据对产品杂质的要求分别选用钛、锆、钽、铌等。由于还原温度较低，因此坩埚使用寿命延长，减少了坩埚材料对稀土金属熔体的污染；另外，因简化了还原设备，故易于扩大生产。

3.3.2 钙热还原-中间合金法制备金属钇

3.3.2.1　原料与设备

在还原过程中，原料的大部分杂质都进入最终金属产品，因此应尽可能采用纯度较高的原料。金属钙在空气中易氧化、吸水，所以先在 900 ℃下进行真空蒸馏。镁在 950 ℃下进行真空蒸馏。出厂的工业纯无水氯化钙仍含有少量水分，需在 450 ℃下进行真空脱水。

钙热还原-中间合金法制备金属钇的还原设备如图 3-15 所示。不锈钢制反应罐中放置盛装还原剂钙和合金组元镁的难熔金属坩埚。反应罐上部设有加料器，其中盛装 YF_3 和 $CaCl_2$。反应温度用附于反应罐外部的热电偶来测量。整个反应罐密封，可以抽真空或充氩气。反应罐装入电阻炉炉膛内，反应所需的热量由电阻炉供给。

蒸馏设备由不锈钢制蒸馏罐接真空系统和外部加热的电阻炉组成，如图 3-16 所示。蒸馏罐底部为外凸的半球形，以确保在高温下（950 ℃）抽真空不致变形。

还原坩埚根据其尺寸，可以采用 1～5 mm 厚的钽、铌、钛、锆板用氩弧焊接而成。

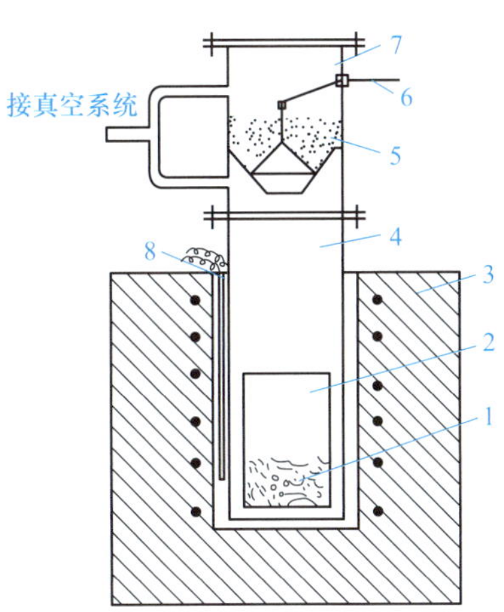

图 3-15　钙热还原-中间合金法制备金属钇的还原设备

1—金属钙和镁；2—钛坩埚；3—硅碳棒电炉；4—反应罐；5—YF_3+$CaCl_2$；6—加料机构；7—储料罐；8—热电偶

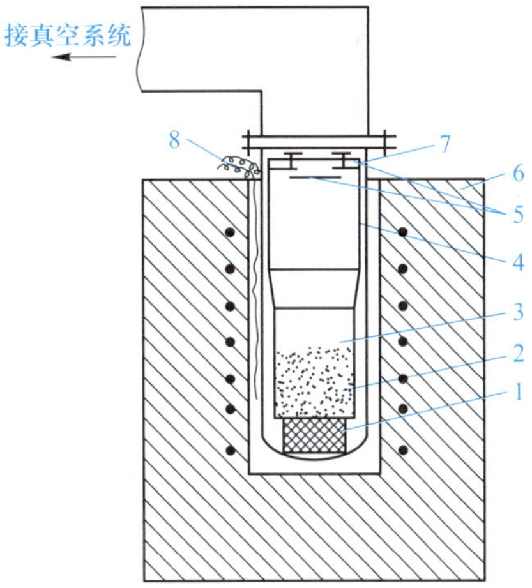

图 3-16　钙热还原-中间合金法制备金属钇的蒸馏设备

1—坩埚底垫；2—稀土镁合金；3—坩埚；4—不锈钢衬套；5—挡板；6—硅碳棒电炉；7—不锈钢蒸馏罐；8—热电偶

3.3.2.2　还原工艺

配料按所得 Y-Mg 合金中含 Mg 24%、生成的 $CaCl_2$-CaF_2 渣中含 $CaCl_2$52%、还原剂钙过量 10%~25%计，各成分之比如下：

$$w(YF_3):w(Ca):w(Mg):w(CaCl_2)=1:0.47:0.2:0.87$$

将块状的钙和镁装入坩埚中，$CaCl_2$ 和 YF_3 装入加料器内，安装好设备。接真空系统，预抽真空到 1.33 Pa，然后缓慢加热到 750 ℃时再充入氩气至 70~100 kPa，温度继续升至 900 ℃，使钙和镁全部熔化并熔合成均匀合金。这时开启加料器阀门，使 YF_3 和 $CaCl_2$ 的混合物缓缓落入反应坩埚中，此过程需保证坩埚中温度不低于 800 ℃。加料完毕后，升温至 950 ℃并保温 20~60 min。将反应罐自炉中提升起来，并缓慢地将罐体倾斜，使其与地面成 30°角，这样可令其速冷，有利于自坩埚中清除合金与渣。待冷却后取出坩埚，轻轻叩击即可将合金连同渣一起从坩埚中取出，同时将渣除去。

生产实践表明，在锆制坩埚熔炼所得的金属钇中，锆含量（质量分数）高达 0.7%；而采用钛制坩埚则污染较小，钛在 Y-Mg 合金中的溶解度要小得多，所以坩埚寿命较长，且钛坩埚较易于加工，价格便宜；采用钽、铌制坩埚则对金属的污染更小，但其价格昂贵。

3.3.2.3　合金蒸馏

蒸馏合金的目的是除去镁和剩余的还原剂钙，以制备海绵钇。蒸馏原料可采用钙热还原法或者采用共析电解法得到 Y-Mg 合金。合金中含有 24%以上的镁和少量其他杂质，它们的沸点见表 3-16。在高真空（低于 10^{-2} Pa）和高温（1050~1100 ℃）条件下，表 3-16 中沸点在 1500 ℃以下的元素和化合物基本上可以被除去。

表 3-16 几种元素及化合物的沸点 (℃)

元素或化合物	Y	Fe	Si	K	Na	Mg
沸点	2927	3000	2355	774	892	1107
元素或化合物	Ca	$MgCl_2$	NaCl	KCl	$CaCl_2$	YCl_3
沸点	1487	1412	1413	1500	1600	1510

钇镁合金用水清洗后，在干燥室中破碎成 5~10 mm 的小块，装入蒸馏坩埚中，置于蒸馏罐内。接好真空系统，把蒸馏罐装入炉内，抽真空至 1.33×10^{-2} Pa 时升温，至 650 ℃时保温 1 h；然后缓慢升温至 1080 ℃，升温时间约 6 h，保温 3 h，并将真空度保持在 6.66×10^{-3} Pa。在整个蒸馏过程中合金不发生熔化，也不出现烧结现象。蒸馏完毕后，在保持真空度不降低的情况下冷却至室温出炉，便得到海绵状金属。

3.3.2.4 熔铸

海绵金属经真空自耗或非自耗电弧炉熔炼即成为致密金属锭。例如，采用真空自耗电弧炉熔炼时，设备型号为 ZH-5，自耗电极尺寸 ϕ20 mm×(200~300) mm。为保证电极密度均匀，采用径向压制电极。先准备好模具，按计算量在模腔内均匀放料，然后开动油压机压制，压力达到 20 MPa 后保持 1~2 min。解除压力，脱模，得到棒状自耗电极，用塑料袋真空包装备用。

清理电弧炉，将压制好的棒料夹紧于电极上，擦亮观察孔玻璃，盖好炉盖。接通冷却水，启动真空系统，抽真空至 10^{-2} Pa，然后关闭高、低真空阀，迅速充入氩气至粗真空表指示值达-0.02 MPa。引弧熔炼至电极基本耗尽。为保护电极夹头，应留适当长度。残留部分可通过氩弧焊与新压制的棒料对接。熔炼完毕后，继续通水冷却铜模约 30 min。开启放气阀，打开炉门，脱模。铸锭取样、称重，真空包装入库。

采用该法可制备规模达几十千克的金属，金属纯度为 95%~99.5%，金属实收率在 90%左右。钇金属锭的典型化学成分分析结果见表 3-17。

表 3-17 钇金属锭的典型化学成分分析结果 (%)

元素	含量（质量分数）	元素	含量（质量分数）
C	0.011	Mg	0.002
N	0.019	Si	0.002
O	0.275	Cu	0.004
H	0.009	Al	0.006
F	0.075	Cr	0.013
Fe	0.062	B	<0.001
Ni	0.030	Zr	0.580
Ca	0.0005	RE	98.87

3.3.2.5 技术经济指标

(1) 收率。金属钇直收率 90%，回收率 95%；金属镁直收率 92%，回收率 96%。

（2）单耗。制备 1 kg 锭状金属钇，钇镁合金消耗 1.6~1.7 kg，电耗 60~70 kW · h。

（3）物料平衡。物料平衡以 100 kg 合金计。

1）备料：合格料 95 kg，返回重熔料 4 kg，机械损失 1 kg。其中，Y 61.7 kg，Mg 32.3 kg；重熔料回收率 90%，重熔合金 3.6 kg。

2）蒸馏：海绵钇 60.5 kg，钇直收率 98%，结晶镁 31.7 kg。

3）熔铸：钇锭 59.3 kg，钇直收率 98%。

3.3.3 中间合金法制备金属镝

3.3.3.1 产品及原料要求

镝在功能材料中的用途十分广泛，例如，用作合金添加剂，提高 Nd-Fe-B 磁体的内禀矫顽力；制备超磁致伸缩材料，用于声呐、微定位器等高技术领域；用于磁光材料和原子能功能材料等。

锭状或扣状金属镝产品要求表面光洁，无肉眼可见的夹杂物及氧化物粉末，断面呈银灰色。其化学成分见表 3-18。

表 3-18 金属镝的质量标准（GB/T 15071—2008） （%）

产品牌号		104040	104035	104030	104025	104020
w(RE)(≥)		99	99	99	99	99
w(Dy)/w(RE)(≥)		99.99	99.95	99.5	99.5	99.0
w(RE)(≤)	Gd	0.001	合量 0.05	合量 0.1	合量 0.5	合量 1.0
	Tb	0.003				
	Ho	0.002				
	Er	0.001				
	Y	0.002				
	其他稀土杂质	0.001				
非稀土杂质（质量分数，≤）	Fe	0.01	0.02	0.05	0.1	0.2
	Si	0.01	0.01	0.02	0.03	0.05
	Ca	0.01	0.02	0.05	0.1	0.1
	Mg	0.01	0.01	0.03	0.05	0.05
	Al	0.01	0.02	0.03	0.04	0.05
	Ni	0.01	0.02	0.03	0.05	0.08
	O	0.04	0.05	0.25	0.25	0.3
	C	0.01	0.02	0.03	0.03	0.05
	Ta（或 Nb、Ti、Mo、W）	0.01	0.02	0.30	0.30	0.35

中间合金法制备金属镝一般以氧化镝为原料。氧化镝是一种白色粉末，质量标准见表 3-19。

表 3-19 氧化镝的质量标准（GB/T 13558—2019）

产品牌号	字符牌号		Dy_2O_3-4N	Dy_2O_3-3N5	Dy_2O_3-3N	Dy_2O_3-2N5	Dy_2O_3-2N
	对应原数字牌号		101040	101035	101030	101025	101020
化学成分（质量分数）/%	REO（≥）		99.0	99.0	99.0	99.0	99.0
	Dy_2O_3/REO（≥）		99.99	99.95	99.9	99.5	99.0
	稀土杂质	La_2O_3	0.0002	合量 0.045	合量 0.08	合量 0.45	合量 0.90
		CeO_2	0.0002				
		Pr_6O_{11}	0.0002				
		Nd_2O_3	0.0002				
		Sm_2O_3	0.0002				
		Eu_2O_3	0.0002				
		Gd_2O_3	0.0010				
		$Tb_{11}O_7$	0.0020				
		Ho_2O_3	0.0020				
		Er_2O_3	0.0010				
		Tm_2O_3	0.0002				
		Y_2O_3	0.0010				
		Lu_2O_3	0.0005				
		Yb_2O_3	0.0010	0.005	0.02	0.05	0.10
	非稀土杂质	Fe_2O_3	0.0005	0.0020	0.0030	0.0050	0.0100
		SiO_2	0.002	0.005	0.010	0.010	0.020
		CaO	0.003	0.005	0.010	0.020	0.030
		Al_2O_3	0.005	0.020	0.030	0.040	0.050
		Cl^-	0.01	0.02	0.02	0.04	0.05
		Na_2O	0.010	0.020	0.020	0.020	0.030
		SO_4^{2-}	0.010	0.020	0.020	0.020	0.030

其他原材料包括如下几种。

（1）金属镁：99%~99.99%，每块重 200~300 g，表面无油迹及粉状氧化物。

（2）氟化氢铵：CP 或 AR，塑料瓶包装。

（3）无水氯化钙：CP 或 AR，如已吸水，应在 400 ℃左右真空脱水。

（4）金属钙：99%~99.99%，表面光洁，有银白色光泽，无白色氧化物覆盖。

（5）钼（铌、钛）坩埚：厚 3~10 mm。

3.3.3.2 工艺原理

A 镁含量的选定

镁与镝的相图至今还没有建立起来，但不少人研究了含镁达 50%的镁-镝系统。已知镁与镝有 DyMg、$DyMg_2$、$DyMg_3$ 和 Dy_5Mg_{24} 四种化合物，其中镁的含量（质量分数）相应为 13%、23%、31%和 11.5%。从经济观点出发，镁含量越低越好，但镁含量越低，合金液化温度越高；从操作温度角度出发，镁含量越高越好，但生产准备率降低，经济效益下降。权衡利弊，可选择两种化合物 DyMg、$DyMg_2$ 镁含量的中间值（约 20%）作为中间合金的组成。这种合金的液化温度约 850 ℃。

B 渣相组成的选定

钙热还原的生成物之一氟化钙的熔点高达 1418 ℃。为降低渣相的熔点，必须配入另一种熔点较低的组分。配入的组分除要求熔点较低之外，还要求沸点较高，不污染合金。表 3-20 列举了几种可供选择的物质。

表 3-20 几种盐类的熔点、沸点及其他性质

盐类	$CaCl_2$	$MgCl_2$	LiF	LiCl	NaF	NaCl	KCl	KF
熔点/℃	782	718	848	614	993	804	790	858
沸点/℃	1600	1412	1681	1360	1695	1413	1500	1505
吸湿性	强	强	弱	强	中	中	中	中
毒 性	无	无	无	无	有	无	无	有
价 格	低	低	高	高	中	低	低	高

由表 3-20 可知，只有 $CaCl_2$ 和 LiF 比较适合，它们的熔点低、沸点高且无毒性。从经济角度考虑，可选择 $CaCl_2$。$CaCl_2$ 的配比越高，渣相的液化温度越低，但 $CaCl_2$ 含量增加会降低设备的利用率，同时，大量的渣也会使金属损失增加。参考 CaF_2-$CaCl_2$ 体系相图，可选定配比为 $w(CaF_2):w(CaCl_2)=48:52$，此时，渣相的液化点约 900 ℃。

使用钙锂复合还原剂不必添加低熔点盐类，这是因为生成物中有氟化锂，它能起到降低渣相液化温度的作用。此时炉处理量加大，生产率提高。但锂的价格为钙的 10 倍左右，尽管 1 kg 锂相当于 2.85 kg 钙的还原作用，相比之下使用锂的成本还是较为昂贵。

C 还原温度的确定

还原温度一般高于生成物的最高熔点（或液化点）50~100 ℃，为此，确定还原温度为 950 ℃。

D 还原设备的选择

由于还原温度低，还原设备可用钢制反应罐，以电阻丝或硅碳棒做发热元件，也可用真空中频感应电炉。前者投资少，可以自制，但操作不方便；后者投资高，但使用寿命长，操作方便。这里选择 ZG-0.05 型真空中频感应电炉作为还原设备。

3.3.3.3 生产工艺

钙热还原-中间合金法生产金属镝的工艺流程如图 3-17 所示。

A 工艺条件

（1）原料配比为 $w(DyF_3):w(Ca):w(Mg):w(CaCl_2)=1:0.3:0.18:0.57$（钙过量 10%）。

（2）还原温度为 950 ℃。

（3）保温时间为 30~40 min。

（4）充氩压力为 -0.03 MPa。

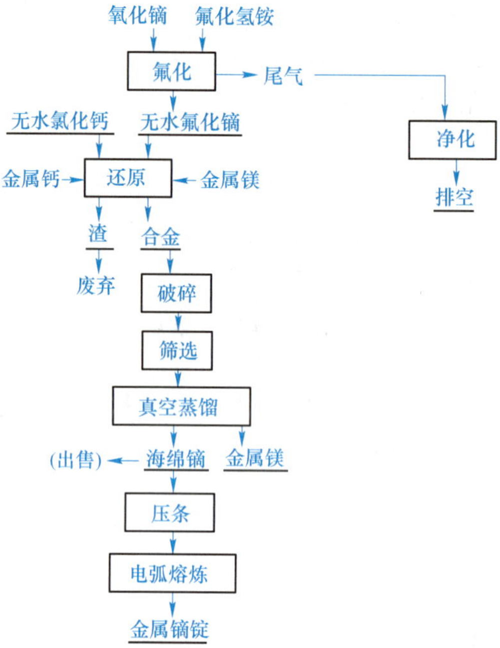

图 3-17 钙热还原-中间合金法生产金属镝的工艺流程

（5）真空度为 1~5 Pa。

B 操作步骤

放好浇注模，将钼（铌、钛）坩埚放入石墨坩埚中，并将金属钙和镁装入坩埚内，上面酌情装部分氟化镝与无水氯化钙的混合物。剩余的氟化镝和无水氯化钙装于中频炉顶盖料仓中。清理观察孔玻璃、炉盖，感应圈外围及炉体橡皮封圈，盖上炉盖。

开通冷却水，启动真空机组，抽真空至 1~5 Pa（粗真空表指示值），此时金属镁熔化并与钙形成液态合金。继续升温至 950 ℃，上部混合料熔化，反应开始。将料仓手柄旋转一格，混合料落入加料斗中；旋转加料斗手柄，将混合料缓慢加入坩埚内。照此操作下去，直到料仓中所有混合料全部加完为止。料加完后，在 950 ℃保温 30~40 min。

切断中频电源，操纵倾动手柄将熔体注入模中，浇注速度先慢后快，继续通冷却水冷却感应圈、扩散泵、炉体等 30~60 min，即可出炉。

打开放气阀，掀起炉盖，将铸模翻转，取出铸锭，清扫炉盖、炉体和感应圈。用铁锤轻敲铸锭，除掉周围熔渣，渣废弃。合金取样、分析，送下一道工序。

经过除渣的镁镝合金要求表面光洁，无肉眼可见的夹渣，敲碎后内部应无包渣。其化学成分为：$w(\mathrm{Mg})+w(\mathrm{Ca})\approx 24\%$，$w(\mathrm{Dy})+w(\text{其他稀土})\geq 75\%$，$w(\mathrm{O})\leq 0.08\%$，C、Si、Fe、Al 等的含量均小于 0.01%。

C 技术经济指标

（1）单耗（以制备 1 kg 合金计）：氟化镝 1.1 kg，金属钙 0.33 kg；金属镁 0.2 kg（其中回收镁 0.18 kg），无水氯化钙 0.63 kg；钼（铌、钛）坩埚约 0.01 kg；氩气 0.02 瓶；电能 20 kW · h。

（2）回收率：金属镝 98%，金属镁 99%。

3.3.3.4　海绵镝的制备及其熔铸

制备海绵镝的工艺条件为：将镁镝合金破碎粒度为 5~30 mm 的小块；蒸馏真空度小于 0.01 Pa，蒸馏升温曲线如图 3-18 所示。

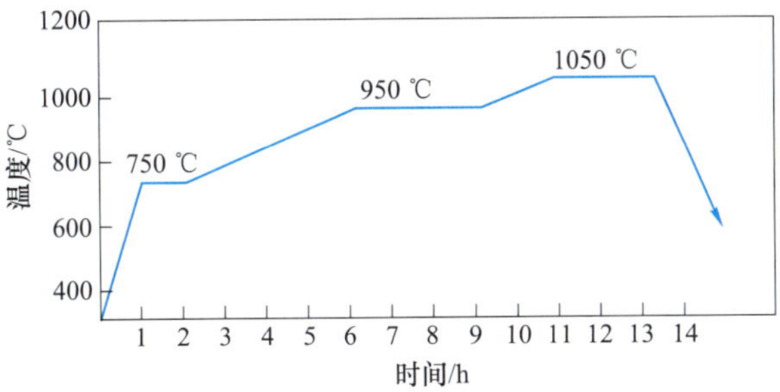

图 3-18　镁镝合金蒸馏升温曲线

自耗电极尺寸为 ϕ20 mm×(200~300) mm，电极压制压力 200 MPa。

回收率：金属镝 96%，金属镁 92%。

单耗（以制备 1 kg 锭状金属镝计算）：镁镝合金 1.3~0.35 kg，电能 50~60 kW·h。

3.3.4　钙热还原-中间合金法制备其他重稀土金属

钙热还原-中间合金法可以制备除钐、铕、镱以外的所有重稀土金属。采用此法曾制得了纯度达 99.7% 的金属镝、钆、铒、镥，金属量分别为几百克的镥及几千克的镝、钆等。该工艺的配料方法与制备 Y-Mg 合金的配料方法相同，即按所得合金中 $x(RE):x(Mg)=1:1$、生成的 CaF_2-$CaCl_2$ 渣中 $w(CaCl_2):w(CaF_2)=52:48$、还原剂钙过量 10%~25% 计。制备重稀土金属的工艺参数见表 3-21。

还原反应温度及合金的蒸馏升温制度，视生产的稀土金属而有所不同。

表 3-21　钙热还原-中间合金法制备重稀土金属工艺参数

金属名称		钆	铽	镝	钬	铒	镥	钪	钇
渣相组成/%	CaF_2	48	48	48	48	48	48	48	48
	$CaCl_2$	52	52	52	52	52	52	52	52
合金组成/%	RE	85	85	80	80	80	70	70	75
	Mg	15	15	20	20	20	30	30	25
配料比/%	Ca	0.31	0.31	0.3	0.3	0.3	0.29	0.64	0.45
	REF_3	1	1	1	1	1	1	1	1
	Mg	0.13	0.13	0.18	0.19	0.19	0.32	0.03	0.20
	$CaCl_2$	0.59	0.59	0.57	0.57	0.57	0.55	1.24	0.87
还原温度/℃		950	950	950	950	950	970	970	950

任务3.4 稀土金属的提纯【拓展】

在现代科学技术的发展中，寻找稀土金属及其化合物的新用途、稀土金属及其合金材料的研制和加工成材，都对稀土金属的纯度提出越来越高的要求。

目前工业上采用的生产稀土金属的方法主要是熔盐电解法及金属热还原法。工业稀土金属中杂质总含量一般为1%~2%。如果采用纯度较高的原材料，且工艺操作精确、严格，则稀土金属中的杂质总含量可降低到0.5%左右。用溶剂萃取法或离子交换法可以得到99.99%~99.999%的稀土氧化物，甚至可能得到纯度高达99.9999999%的稀土氧化物，然而从氧化物转变成金属时，多数杂质在金属制备和提纯的过程中被带入。因此，稀土杂质对某种单一稀土金属的污染是有限的，造成大量污染的是非稀土金属杂质和气体杂质。由此可见，用不同冶炼工艺制备的稀土金属中，杂质的分布也不同。

目前，提纯稀土金属的工艺方法主要有真空蒸馏法、区域熔炼法、固态电解（电传输）法、悬浮区熔-电传输联合法、电解精炼法、单晶制备法等。但任何一种工艺方法都不可能对所有杂质的去除均有效，因此，选择某一种工艺方法考虑的是该工艺对欲去除杂质的有效性、装置的效率及金属的回收率，而不是盲目追求稀土金属的高纯度。为了去除较多的杂质，往往需要用两种或两种以上的提纯方法进行处理，但这也只能达到一定限度。从目前的工艺水平来看，一般纯度不低于99.99%的稀土金属被视为高纯度稀土金属。

3.4.1 真空蒸馏法提纯稀土金属

3.4.1.1 基本原理

真空蒸馏是一种重要的分离提纯手段，不仅用于还原-蒸馏工艺和还原-中间合金法工艺中分离稀土金属产品，而且也广泛应用于稀土金属的提纯。真空蒸馏法基于稀土金属与杂质蒸气压的不同，它是在高温、高真空条件下使待提纯的稀土金属和蒸气压比它大的杂质一同挥发进入气相，而比稀土金属难挥发的杂质则残留在渣中；对挥发出来的蒸气控制适当的冷凝温度，使稀土金属优先冷凝，而蒸气压比它大的杂质则保留在气相中，到低温带才冷凝或排出系统外。即真空蒸馏法是通过选择性挥发和冷凝过程，将蒸气压比稀土金属小的和大的杂质同时除去。

微课3-5 真空蒸馏法提纯稀土金属

热力学研究表明，假设物质的蒸发热为常数，其蒸气压与温度的关系可表示为：

$$\lg P = -A/T + B$$

式中 P——蒸气压；

A——系数，$A = \dfrac{L}{2.303R}$，L 为蒸发热；

B——系数，$B = \dfrac{\Delta S_f}{2.303R}$，$\Delta S_f$为沸点时的蒸发熵，并有 $L = T_f \times \Delta S_f$；

R——摩尔气体常数，其值约为 8.314 J/(mol·K)。

因此，其他杂质的饱和蒸气压与待提纯金属的差别越大，即蒸发热、沸点差别越大，越能有效地将其除去。稀土金属及某些杂质的饱和蒸气压如图 3-19 所示，由图可知，锆、钼、铌、钽、钨的饱和蒸气压比各种稀土金属都低两个以上的数量级，故蒸馏稀土金属时这些杂质能残留在渣中而被除去；其他杂质的饱和蒸气压则分别与不同的稀土金属相接近，如钙与铕，铅与钐，铝与镝，铬、锡与铥，铜、硅、铁与钕、铒，镍与铽、镨，钴、钛、钒与钇、钆、镧、铈等，故在对应金属中去除这些杂质的效果较差。

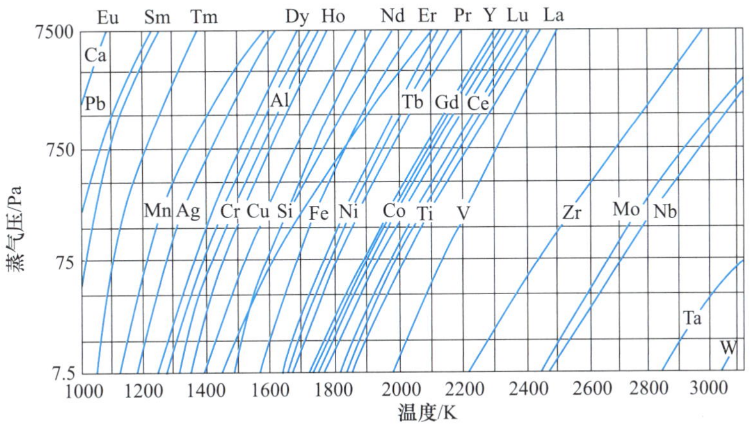

图 3-19 稀土金属及某些杂质的饱和蒸气压

氮、氢、氧、碳在稀土金属中以化合物相存在，如 REN、REH、RE_2O_3、REC、RE_2C_3 等，它们对金属的加工性能影响最大。在真空蒸馏过程中，这些金属化合物的离解或去除一般较易进行。例如，REN 在蒸馏温度（1600～2000 ℃）下的分解压为 0.1～100 Pa，远高于真空炉内的真空压力范围，故可使之完全分解而从金属中逸出 N_2；稀土氢化物的离解压比氮化物大得多，则更易离解而逸出 H_2；稀土氧化物和碳化物均为高沸点难挥发物质，在蒸馏过程中将留在残渣中与挥发的金属得到分离。

真空蒸馏最重要的动力学条件是物质的蒸馏速度。在分子蒸馏条件下，纯金属蒸馏速度与蒸气压、蒸馏温度的关系是：

$$E = 4.386 \times 10^{-4}\alpha(P - p) \cdot \sqrt{\frac{M}{T}}$$

式中 E——金属的蒸馏速度，g/(cm·s)；

α——冷凝常数，对于纯金属，$\alpha=1$；

P——金属在蒸馏温度下的蒸气压，Pa；

p——金属在蒸馏温度下气相分压，Pa；

M——蒸馏金属的摩尔质量，g/mol；

T——蒸馏温度，K。

在蒸馏过程中，金属蒸气有时会在蒸发器上方聚积并产生部分回凝，因此当金属的蒸

气压 P 较大时，其在气相中的分压 p 不可忽略。合金组元的蒸馏速度在温度不变的条件下随其浓度变化而变化，在蒸馏过程中随着金属的蒸发，合金中的杂质浓度增加，金属的蒸发速度随之变小。对于分子蒸馏，达韦推导了蒸馏时间和蒸馏组元浓度变化的关系式：

$$\tau = \frac{\gamma B}{50\alpha A}\ln\frac{w_i}{w_f}$$

式中 τ——蒸馏时间，s；

B——合金起始质量，g；

A——蒸发表面积，cm^2，$A=4.386\times10^{-4}\sqrt{\frac{M}{T}}$；

w_i——蒸馏组元的起始质量分数,%；

w_f——蒸馏组元的最终质量分数,%；

γ——系数，$\gamma=0.075w/P$，其中，w 为蒸馏组元的质量分数,%；P 为蒸馏组元的蒸气分压，Pa。

从以上公式中可知，影响蒸馏提纯的因素很多，其中较为重要的因素如下。

（1）蒸馏温度。蒸馏温度 T 越高，则组元在 T 温度下的蒸气压 P 越大，因而蒸馏速度越快，所需的蒸馏时间就越短。但真空蒸馏在较低的温度下进行有利于提高产品纯度，这一方面是由于温度低时设备、材料带入杂质的可能性减小；另一方面，低温下各金属蒸气压的差别加大。因金属的沸腾熵 ΔS_f 大体相同，故存在关系式：

$$\lg\frac{P_A}{P_B} \approx -\frac{L_A - L_B}{2.303RT}$$

若A的沸点比B的沸点高，即 $L_A<L_B$，则温度越低，$\lg\frac{P_A}{P_B}$ 负值越大，或者说 P_A 与 P_B 之比越小，故两者分离将越彻底。因此，蒸馏温度的选择应综合考虑其对于设备利用率和产品纯度的影响。

（2）炉内气体残压及组成。由于设备密封等原因，不可避免地有少量气体进入炉内。在蒸发表面蒸发的金属分子受到气体分子碰撞会重新弹回熔池，因此残余气体分压越大，则蒸馏速度越小。同时，H_2、N_2、CO 等非冷凝性杂质在气相的分压也增大，当这一分压大于对应化合物的分解压或平衡分压时，这些气体将被金属吸收。即使设备的真空度足够高，这些气体从金属中逸出仍占主导地位，但当其浓度降低到一定限度，相应的挥发速度降低到一定程度时，则“逸出”与“吸气”速度平衡，此时金属中气体浓度不再降低，故这些杂质的去除是有一定限度的。

（3）挥发表面积及搅拌作用。在真空下一般只有表面蒸发过程，很少产生沸腾，因此熔池表面的清洁状态对蒸发速度有很大影响。若表面局部被渣或其他物质（如氧化膜等）覆盖，则蒸发速度变小。为保证高的蒸发速度，真空蒸馏时应有较大的比表面积，即采用浅熔池；表面应力求清洁，无渣层覆盖；熔体中力求有搅拌，以保证挥发性组分向表面传递。

（4）冷凝器的温度及结构。冷凝是蒸发的逆过程，在封闭体系内，只要冷凝温度低于气相蒸气的露点，冷凝过程即可顺利地在冷凝表面进行。冷凝过程的进行，使冷凝面附近的压力降低，因而蒸发的蒸气不断向冷凝面扩散补充，使蒸馏过程连续进行下去。但是实际上为保证蒸馏过程的速度和冷凝的金属液不致返流，冷凝温度往往要远远低于露点，稀土金属蒸馏过程的冷凝温度甚至控制在金属熔点以下 100~200 ℃。冷凝温度越低，则冷凝废气中金属的分压（相当于冷凝温度下的蒸气压）越小，冷凝效率越高；同时，冷凝前混合气体中非冷凝性气体的分压越小，则冷凝效率越高。对于易冷凝性杂质，如蒸气压与稀土金属相近的杂质，则应分段冷凝或在带有温度梯度的冷凝器中进行冷凝，利用它们与稀土金属露点的不同和气相分压的差异，在不同的温度区域分别凝结出来，从而达到提纯的效果。

3.4.1.2　真空蒸馏法提纯稀土金属工艺

真空蒸馏一般选用高真空电阻炉、特种真空电阻炉和真空感应炉等。由于稀土金属的真空蒸馏温度高且温度控制要求较严格，因此采用特种真空电阻炉和高真空感应炉较好。图 3-20 所示为真空蒸馏提纯稀土金属的设备。

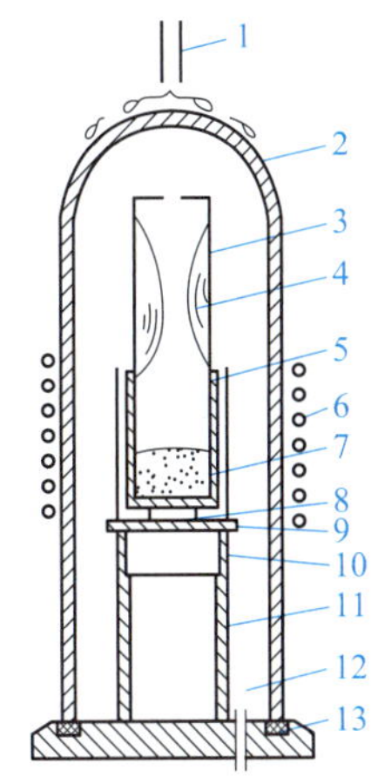

图 3-20　真空蒸馏提纯稀土金属的设备

1—水帘冷却；2—石英钟罩；3—钽冷凝器；4—冷凝金属；5—钽坩埚；6—感应圈；7—粗金属；8—钽垫片；9—钼片；10—钽支座；11—石英支座；12—抽气嘴；13—密封圈

由于稀土金属的活性大，在高温熔融状态下更活泼，因此在蒸馏提纯稀土金属的实践中曾经试验过各种各样的坩埚材料，如铌、钛及锆，它们由于在液态稀土金属中的溶解度均较大而未被采用。钨在液态稀土金属中的溶解度虽然比较小，但是要将它加工成所需要形状的致密坩埚比较困难。目前较普遍采用钽片作为蒸馏坩埚材料。钽在液态金属中的溶解度随温度的升高而增加，随稀土原子序数的增加而增加（钪除外）。例如，从镧至钕，钽在其中的溶解度为 0.02%~0.03%，而在重稀土和钇中则为 0.1%~0.5%，在钪中则为 3%。

稀土金属真空蒸馏提纯的工艺条件见表 3-22。

表 3-22　稀土金属真空蒸馏提纯的工艺条件

金属	蒸馏温度/℃	冷凝温度/℃	蒸馏速度/$g\cdot(cm^2\cdot h)^{-1}$	蒸馏产品杂质含量（$\times10^{-6}$）						
				C	N_2	O_2	Ta	Ca	Fe	Si
La	2200	700~800	<10	—	—	—	—	—	—	—
Ce	2200	700~800	<10	—	—	—	—	—	—	—
Pr	2200	700~800	35	60	500	−500	<500	<50	50	<100
Nd	2200	700~800	150	60	100	100	<500	<50	100	<100
Sm	1000	700~800	250	90	—	—	—	<100	<50	<100
Eu	1000	500~600	750	—	—	—	—	—	—	—

续表 3-22

金属	蒸馏温度/℃	冷凝温度/℃	蒸馏速度/g·(cm²·h)⁻¹	蒸馏产品杂质含量（×10⁻⁶）						
				C	N_2	O_2	Ta	Ca	Fe	Si
Gd	1900	1100~1200	70	50	50	—	500	50	50	<100
Tb	1700	1000~1100	10	50	50	—	—	—	—	—
Dy	1700	1000~1100	700	60	20	—	<500	<100	<10	—
Ho	1700	1000~1100	400	60	20	—	<500	<100	<100	—
Er	1700	1000~1100	175	80	60	—	<500	<100	<50	—
Tm	1500	800~900	500	30	40	—	<500	<200	<50	—
Yb	1000	500~600	600	75	—	—	—	<200	<50	—
Lu	2200	1300~1400	60	—	—	—	<500	<50	<50	—
Y	2000	1200~1300	35	20	20	150	<500	10	150	50
Sc	2000	1200~1300	1500	100	100	1100	<500	—	—	—

3.4.2 区域熔炼法提纯稀土金属

3.4.2.1 区域熔炼法基本原理

区域熔炼是基于金属凝固过程中杂质在液相和固相的平衡浓度不同，将锭料的局部熔化为一个或数个熔区，然后使熔区从一端移动至另一端，杂质在熔区凝固时发生偏析并分别被富集于锭料两端，按需要多次重复此过程即可达到提纯的目的。

微课3-6 区域熔炼法提纯稀土金属

一般金属中杂质分为两类：一类使金属熔点降低；另一类使金属熔点升高。它们与金属组成的二元系相图如图 3-21 所示。根据亨利定律，在溶质浓度极小的部分液相线及固相线均为直线，若令平衡浓度之比为 K_o，即 $c_s/c_l=K_o$，则 K_o 为常数，称为分配系数或分凝系数。使金属熔点降低的杂质，$K_o<1$；使金属熔点升高的杂质，$K_o>1$。在液态金属凝固过程中，$K_o<1$ 的杂质在首先凝固的固相中含量较小，大部分聚集于液相中，以致在最后凝固的固相中的含量最高；而 $K_o>1$ 的杂质则与之相反，在先凝固的固相中含量高，在后凝固的固相中含量低。

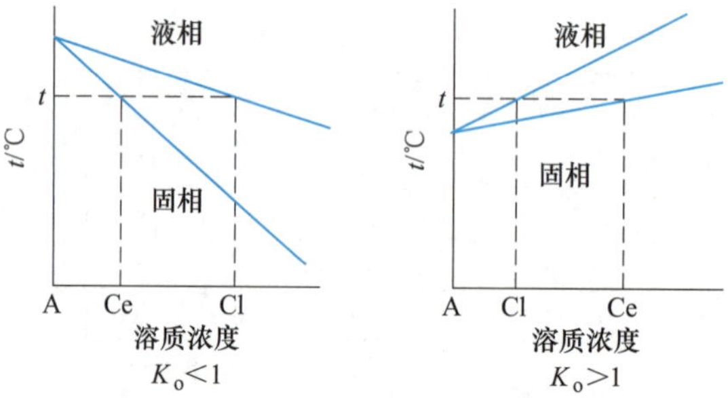

图 3-21 杂质与金属的二元相图

基于上述偏析原理进行的区域提纯如图 3-22 所示，当熔区从左端开始向右端移动时，在左端最先凝固出来的固相中，杂质的浓度应为 $K_o \cdot c_o$。对于 $K_o<1$ 的杂质，$K_o \cdot c_o$ 是小于 c_o 的，故从熔区右边熔化面熔入的杂质大于从熔区左边凝固面进入固相的杂质。因此，熔区中的杂质浓度 c_1 随着熔区向右移动在不断地增加，相应地，析出的固相杂质浓度也从左到右逐步增加。当熔区中杂质浓度增加到 $c_1=c_o/K_o$ 时，$c_s=K_o \cdot c_o/K_o=c_o$，即此时由熔区右边进入熔区的杂质与熔区左边进入固相的杂质含量相等，提纯作用消失。到最后一个熔区范围内，则是定向凝固，杂质浓度急剧增加。一次区域熔炼提纯后杂质浓度的分布如图 3-23 所示，通过分析可推导出杂质沿锭长分布的方程式：

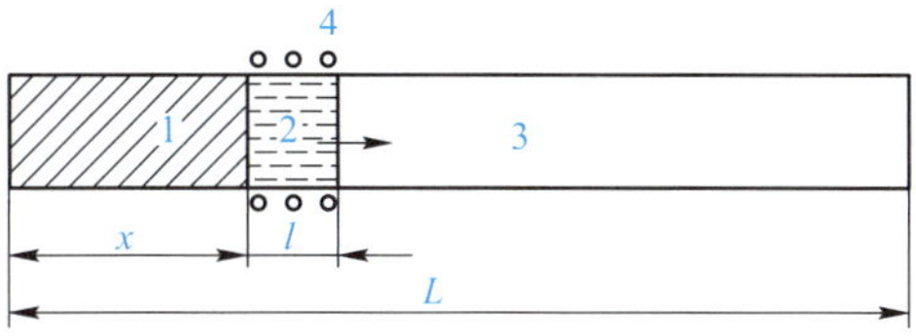

图 3-22 区域提纯示意

1—已凝固的固相；2—熔区；3—固态锭；4—加热器

$$c_s = c_o[1-(1-K_o)\exp(-K_o x/l)] \tag{3-1}$$

式中 c_s——距首段 x 处的杂质的浓度；

c_o——原始杂质的平均浓度；

l——熔区长度。

对式（3-1）作图（见图 3-24），曲线是按锭长为 10 单位，熔区长为 1 单位，$c_o=1$、$K_o=0.01\sim5$ 计算绘制的。由图 3-24 可知，对于 $K_o<1$ 的杂质，K_o 越小，提纯效果越好。在 $x=0$ 处，$c_s=K_oc_o$，杂质浓度最低；同理，对于 $K_o>1$ 的杂质而言，K_o 越大，杂质越有效地富集在锭首端；$K_o\approx1$ 的杂质很难除去。

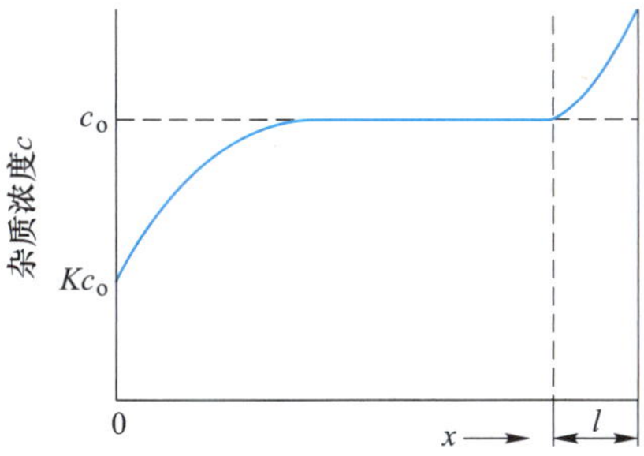

图 3-23 一次区域提纯后杂质浓度的分布（$K_o<1$）

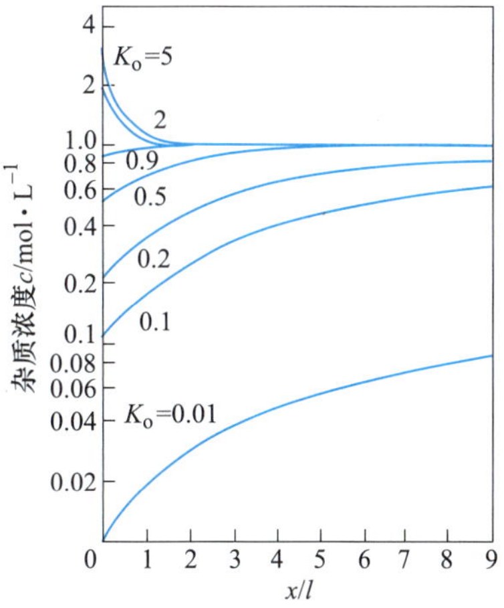

图 3-24 一次区域提纯后不同 K_o 值杂质沿锭轴向的分布

以上分析是假设液相中杂质扩散很快，以致熔区中杂质的浓度可视为均匀。但实际上由于熔区中传质速度有限，其成分不均匀，故 K_o 不能反映实际情况下两相中杂质的浓度之比。令实际中 $c_s/c_1=K$，则 K 反映实际中两相杂质浓度之比，称为有效分配系数。用 K

代替方程式（3-1）中的 K_0，则结果能较好地符合实际情况。显然，当 $K_0<1$ 时，$K>K_0$；当 $K_0>1$ 时，$K<K_0$。加大液相中的传质速度或减小熔区移动速度，将使 K 值接近于 K_0。

影响区域提纯效果的主要因素如下。

（1）区域提纯次数。区域提纯过程可重复进行多次，随着提纯次数增加，提纯效果也增强。但经过一定次数区域提纯后，杂质浓度的分布接近于“极限分布”，提纯效果不再增强。这一极限随熔区长度及 K_0 值等因素而变化。

（2）熔区长度。从杂质的分布式可知，在第一次区域熔炼时，对于 $K<1$ 的杂质，熔区长度 l 增加，则 c_s 下降，即提纯效果增强。但随着提纯次数的增加，前述的极限浓度增大，即能达到的最终纯度降低。故一般区域提纯时，前几次提纯往往控制熔区较长，后几次则用短熔区。

（3）熔区移动速度。降低熔区的移动速度，则有足够的时间使液相中的杂质扩散均匀，相应地，K 值越接近 K_0 值，提纯效果越好。但速度过慢，会引起金属的蒸发损失增加，而且设备的生产能力低。

（4）其他。凡是能强化液相传质速度的因素均能提高提纯效果。如采用感应加热时，熔区内液体由于电磁作用而剧烈运动，加快了传质过程，相应地，其提纯效果比一般电阻加热时好。

此外，真空度对于提纯效果也有一定影响。如果区域提纯是在高真空中进行的，则杂质还能进一步被蒸发除去。

3.4.2.2 稀土金属悬浮区熔工艺

区熔法目前用于生产尺寸比较小的高纯金属锭及单晶体，除在熔点附近的温度下蒸气压很高的金属外，其他金属都能用此法提纯。

在区熔过程中，锭料水平放置于坩埚中，称为水平区熔；锭料垂直放置且不用容器，称为悬浮区熔。就其加热方式来说，有感应加热、电阻炉加热和电子束加热；就系统中的气氛来说，其又分为真空区熔和保护气氛区熔。稀土金属一般采用电子束加热的真空悬浮区熔。

电子束加热悬浮区熔设备如图 3-25 所示，由熔炼室、真空系统、供电系统和控制系统四部分组成。炉体为圆筒形，外置水冷夹套。工作真空度为 $(3.99\sim13.3)\times10^{-4}$ Pa。电子束的发射采用 0.3~0.5 mm 钨丝绕成的环状发射器，在其上下装有钼质聚束极以使电子束聚束，钨丝与料棒的间距以 2 mm 左右为宜，轰击功率 0~5 kW，电压 0~400 V。料棒直径为 3~10 mm，其上下端以钼质夹盘夹住，上端为固定端，下夹盘能上下移动和旋转。利用无级调速器调节电子束发射器的移动速度在 0.2~3 mm/min 范围内变化。

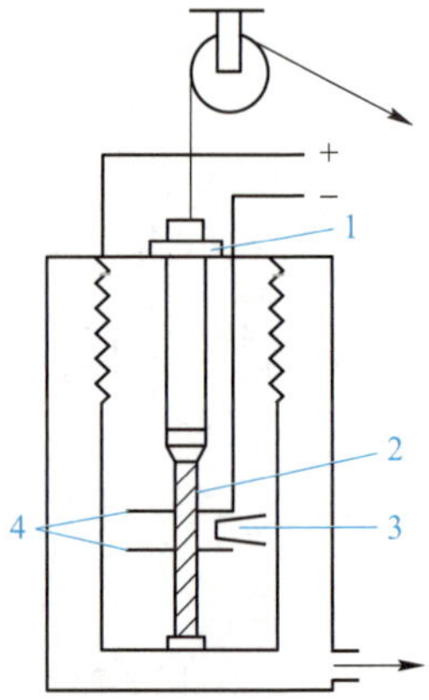

图 3-25 电子束加热悬浮区熔设备

1—密封；2—锭料；3—钨丝；4—聚束极

区域提纯稀土金属时，稀土金属料棒垂直夹在两夹盘之间固定不动，并且以其作为阳极。电子束发射器沿着料棒以一定速度由下而上移动。其加热原理是：阴极钨丝通交流电加热至2600~2800 ℃时发射出大量热电子，阴极与金属阳极之间保持大的电位差，使电子在电场作用下得到加速而轰击在金属阳极上，并将其动能转化成热能，使金属升温熔化。熔区中熔体的保持主要靠熔融金属的表面张力。当表面张力与重力作用相等时，熔体被支持住而不流下来。当加热器移动时，熔区也随之移动，达到区域熔炼的目的。

电子束加热悬浮区熔稀土金属所用的试样尺寸一般为 ϕ(10~12) mm×(100~200) mm，真空度为 10^{-5}~10^{-4} Pa，熔区移动速度为1~5 cm/h。经数次区熔后许多金属杂质的含量能降低1~3个数量级，而且区熔次数越多，除金属杂质的效果也越好。但区熔后气体杂质和碳的浓度变化不大。

3.4.3 固态电传输法提纯稀土金属

3.4.3.1 固态电传输法基本原理

微课3-7
固态电解法提纯稀土金属基本原理

固态电传输法又称固态电解法或离子迁移法，它是在低于金属熔点的温度下及在电场作用下，通过杂质离子有效电荷和扩散系数的差异产生顺序迁移来达到金属提纯的目的。此法对有效电荷为负的间隙性杂质氧、氮、氢、碳等的去除效果明显，对微量金属杂质的去除也有效。

固态电传输法的提纯效果取决于离子与电子或导电空穴间作用的特性，常用电传输方程式来衡量电传输提纯程度：

$$\ln\frac{c_x}{c_o} = \ln\frac{VEL}{D} - \frac{VEx}{D} \tag{3-2}$$

式中 c_o——杂质的原始浓度；

c_x——在时间 $\tau\to\infty$ 时沿棒长 x 处的杂质浓度；

V——电传输速率；

E——电场强度；

L——试样长度；

D——扩散系数。

由式（3-2）可知，影响固态电传输提纯程度的主要因素为试样长度、电场强度、电传输速率和扩散系数，而后二者的数值随着温度的升高则增大。因此，用尽可能长的试样、提高电流密度以增加电场强度及提高提纯比 V/D 等，均可提高提纯程度。

3.4.3.2 固态电传输提纯工艺

微课3-8
固态电解法提纯稀土金属工艺实践

图3-26所示为固态电传输所用的设备。将经过真空熔化甚至真空蒸馏提纯后的稀土金属棒垂直固定在正、负电极之间，在超高真空或惰性气氛下通过直流电加热到一定温度，并保持一定时间，使杂质分别向两极迁移以达到提纯金属的目的。若需进一步提纯，则将样品两端切去，剩下较纯的中间部分进行二次电迁移处理。

3.4.3.3 悬浮区熔-固态电传输联合法提纯稀土金属

微课3-9
悬浮区熔-电传输联合法提纯稀土金属

为了提高提纯效果和缩短生产周期，常将区熔和固态电传输结合起来，即在电场中区域提纯稀土金属。此法综合了两种提纯方法的优点，杂质通过在液、固两相中的溶解度不同而区熔除去，同时利用电传输使杂质向阳极迁移，并且在高真空状态下使易挥发杂质挥发除去。一般情况下，气体杂质和碳主要靠电传输除去，非稀土杂质利用区熔和电传输共同除去。图3-27所示为区熔-固态电传输联合法提纯稀土金属。试样垂直固定在水冷铜电极之间，底部电极用弹簧顶住，以便试样由于热膨胀而向下移动。提纯时试样通入直流电加热，电子束熔区由下向上移动。

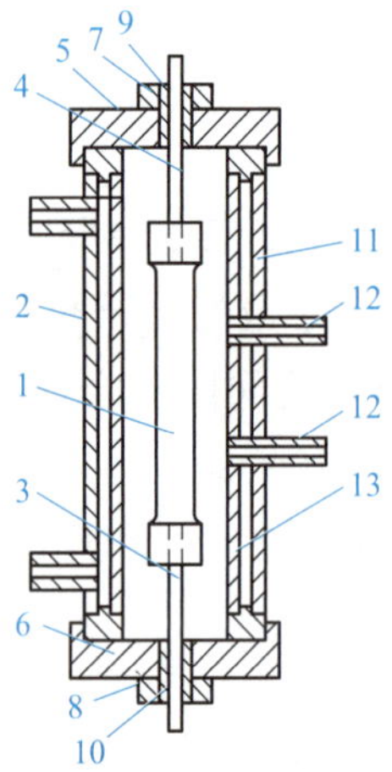

图3-26 电传输设备示意图

1—试样；2，11—水冷铜套；3—阴极；
4—阳极；5，6—不锈钢盖；7，8—紧固盖；
9，10—陶瓷绝缘器；12，13—热电偶测温孔

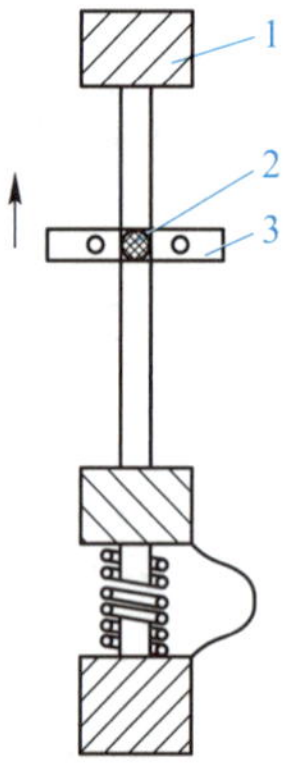

图3-27 区熔-固态电传输联合法提纯稀土金属示意图

1—阴极（头部）；
2—电子枪；3—阳极（尾部）

提纯金属钇的试样长230 mm，截面积为120 mm^2。将其垂直固定在水冷铜电极之间，通入直流电加热至900 ℃，电流密度为3 A/mm^2，电场电压为0.06 V/cm，设备的真空度1.33×10^{-5} Pa，电子束熔区以0.4 mm/min的速度由下而上移动。在电场中经过10次区熔的金属钇试样，其X射线衍射照片表明，钇锭的首部是单晶，中部是粗晶，而尾部是多晶。可见，钇棒的首部是试样的最纯部分。

铈的提纯试样尺寸（L×D）为120 mm×ϕ8 mm，在以熔融锂提纯的氦气氛下（66.5 kPa）进行区熔-固态电传输，电流密度为6 A/mm^2，电压降为0.4 V，电子束熔区以0.3 mm/min的速度自下而上移动。熔区通过6次以后，阴极和中间两部分的杂质含量已低于光谱分析的灵敏度，杂质含量从原料铈中的0.245%降低到提纯铈中的0.085%，显微硬度相应地从274.4 MPa降低至233.2 MPa。

3.4.4 电解精炼法提纯稀土金属

3.4.4.1　电解精炼法基本原理

微课3-10 电解精炼法提纯稀土金属

电解精炼是以粗质稀土金属为阳极，选定合适的电解质成分、阴极电流密度和槽电压，以防止杂质元素离子在阴极上放电，使待提纯稀土金属在阴极上沉积，从而与杂质元素分开以达到提纯的目的。

电解精炼提纯工艺必须采取措施防止金属及电解质在高温下与空气、水分、电极和坩埚材料等作用。电解设备采用密闭电解槽，把空气排除以后在惰性气体中进行精炼。电解坩埚可用钨或钽片制成，电解质用高纯的物质，成分有 $LiCl\text{-}RECl_3$、$KCl\text{-}RECl_3$、$LiF\text{-}REF_3$、$LiCl\text{-}LiF\text{-}REF_3$、$BaBr\text{-}REBr$ 等几种体系。

电解精炼提纯工艺对各稀土金属去除氧、氮、氢、硅、铁、铜、锰、铝等杂质都是有效的。

3.4.4.2　电解精炼提纯钆

电解精炼设备采用不锈钢罐，内衬钽片衬里，用钽坩埚盛电解质，用钙热还原制备并经过真空熔化处理的粗钆制成 ϕ130 mm×150 mm 的圆棒作为阳极，用纯钆制成 ϕ1.5 mm×150 mm 的细棒作为阴极，并将电极分别固定在水冷铜导电管上，电解设备是密封的。电解质用纯的 $LiCl\text{-}LiF\text{-}GdF_3$，LiF 和 GdF_3 的质量比为 1∶1，LiCl 加入量为 $LiF+GdF_3$ 总量的 77.6%。

将配好的电解质装入钽坩埚电解槽内，装好电极后密封设备，开始抽真空至 0.133 Pa。然后缓慢预热到 200 ℃除去盐中的水分。在 2 h 内加热到 400 ℃，停止抽真空并向设备充入纯氩气（99.99%）。继续加热到 800 ℃后，移动钆电极至电解质中进行电解。

在此工艺条件下，当电流密度为 0.2 A/cm^{2}时，电流效率超过 95%。粗钆的氧、氮含量分别为 4.9×10^{-4}、8.9×10^{-5}，电解精炼后分别降至 7×10^{-5}、5×10^{-6}。

3.4.4.3　电解精炼提纯钇

电解精炼设备由电解槽、滑动阀及水冷空锁室等组成，用电阻丝加热。以电解法制备或配制的 Y-Ni、Y-Fe、Y-Cu、Y-Fe-Mn 及 Y-Mg 等合金作为阳极，用 ϕ75 mm×150 mm 的钨坩埚盛合金，将 ϕ6.2 mm 的钨阴极焊接在软钢的阴极棒上。用纯的 $Li\text{-}Cl\text{-}YCl_3$、$BaBr\text{-}YBr$、$LiF\text{-}YF_3$、$LiCl\text{-}LiF\text{-}YF_3$ 等作为电解质。

以电解法制得 Y-Ni 合金作为阳极料，在进行电解精炼的操作过程中，先将干燥的 LiCl、粗制的金属钇及合金组元镍按一定配比加入钨坩埚中，打开上部的水冷空锁室，将盛有料的钨坩埚放在加热炉内，然后盖好有过滤器的水冷空锁室，开始抽真空。此时缓慢加热，以防止微量水分生成氯氧化物而污染电解液。在近 400 ℃时，电解槽充入氦气并加热到进行电解的温度。电解质 $LiCl\text{-}YCl_3$ 中的 YCl_3 是在电解前，从空锁室将盛有一定量 Y 和 $NiCl_2$ 的多孔、封底、圆筒形的镍质过滤器放入电解槽熔体内，并保持数小时，以完成下列反应产生的。

$$3NiCl_2 + 2Y \xlongequal{} 2YCl_3 + 3Ni$$

上述反应产生所需要量的 YCl_3 进入电解质，而镍则沉积在过滤器上。反应完成后，将过滤器提到空锁室中冷却并关闭滑动阀，使空锁室与电解槽分开。打开空锁室取出过滤器并装接好阴极，然后重新放好空锁室。通过滑动阀将空锁室抽真空，随后充惰性气体。此时打开滑动阀使空锁室与电解槽连通。将阴极放入电解液中，在保持 5 min 以达到热平衡后，即可开始电解。

此法去除金属杂质的效果是显著的。此外，用电解法制备的 Y-Cu、Y-Fe-Mn 及 Y-Mg 合金作为阳极精炼料，也能获得较满意的提纯效果。

但在采用 LiCl-YCl_3 电解质成分进行精炼时，除氧的效果不好；当采用 LiF-YF_3 和 Li-Cl-LiF-YF_3 电解体系进行精炼时，阴极产品中的氧含量可比阳极料中的氧含量降低一个数量级。

3.4.5 单晶制备方法

科研中需要用大量的稀土单晶来准确测定稀土金属的磁、电等性质。经反复研究，目前已经有四种制备稀土金属单晶的方法，即电传输法、悬浮区熔法、熔炼再结晶法和直拉法。现简述后两种单晶制备方法。

3.4.5.1 电弧熔炼-退火再结晶法

电弧熔炼-退火再结晶法是用一个水冷铜坩埚和一个非自耗钨电极构成的电弧炉加热试样，在稍低于试样熔点的温度下进行退火以使晶粒生长。

真空退火炉由一个钽管加热器和一个与之同心的钽隔热屏组成，由焊接变压器供电。在试样上穿一个小孔，用 ϕ0. 12 mm 的钨丝穿过小孔以固定试样。钨丝固定在一根钽棒上，钽棒通过 O 形密封圈通至炉外。退火炉在 1.33×10^{-3} Pa 或更高的真空下脱气，而试样是放在加热元件上方约 76 mm 处，以保持比较低的温度。钆、铽可以在真空下进行退火，而镝、钬、铒及铥是在氩气气氛下退火的，以减少蒸发损失。某些稀土金属制备单晶的退火工艺制度见表 3-23。

表 3-23 某些稀土金属制备单晶的退火工艺制度

金 属	工 艺 制 度
Gd	在 1050 ℃保温 12 h 后，每 12 h 升温 50 ℃，直至 1200~1250 ℃
Tb	在恒温区于 1250 ℃退火 12 h
Dy	在 1200 ℃保温 18 h 后，再于 1250 ℃下保温 6 h，在 1300 ℃下保温 18 h
Ho	在恒温区于 1300 ℃下退火 18 h
Er	在恒温区于 1400 ℃下退火 18 h
Tm	在恒温区于 1300~1350 ℃下退火 6 h
Y	在 1100 ℃下保温 8 h 后，每 8 h 升温 50 ℃，直至达到 1350 ℃

从钆到铥的重稀土和钪、钇、镥及这些金属之间的合金的单晶、钐的单晶，都能用这

种方法来制备。弹性中子绕射测量表明，典型的晶体内部嵌镶结构的展宽不大于 0.5°或更小。

此外，也可以用电子束加热或感应加热方法进行退火，但电子束加热只适用于在熔点时蒸气压低于 1.33 Pa 的金属。

3.4.5.2 直拉法

直拉法采用高导电率的水冷铜坩埚，试料在 1.33×10^{-5} Pa 的真空中熔融后，子晶附在 ϕ3 mm 的钽棒上。拉晶速度约为 20 mm/h，回转速度约为 10 r/min。该法生长晶体的嵌镶结构的展宽比用退火再结晶法时要小很多。

用直拉法可以生产镨、钕，以及它们的合金（含 Nd 1%~25%）和铕的单晶。其中，直拉法对制备铕单晶尤其有效，几乎能制任何尺寸的铕单晶。为了防止铕的蒸发损失，拉单晶应在高纯氩气气氛中进行。该法对镨、钕及它们的合金，只能生产普通尺寸的单晶。

思政案例

中国稀土材料专家——沈保根院士

1952 年 9 月 1 日，沈保根出生于平湖一个农村家庭。“全家吃饱饭都困难，口粮常常不够吃，身上穿的是家织土布。”他刚上初中时，“文化大革命”开始了。沈保根一面种地，一面看书。沈保根通过自己的不懈努力，进入中国科学技术大学物理系学习。

大学毕业后，沈保根进了中国科学院物理研究所。40 多年的研究生涯，他多次面临选择，最后都选择留在实验室，坚持科研。组织上曾想把他调去团中央，他婉言谢绝了，“如果当时稍微犹豫，我可能走的就是另一条路了。我好不容易念完书，能做点研究工作是最有兴趣的事。”“一线科技工作者应该努力做好自己的本职工作。”作为一名磁性材料专家，最让沈保根念念不忘的还是他的科研工作。几十年来，沈保根研究了稀土-铁基化合物的结构、磁性和纳米晶复相稀土永磁材料的微结构、相结构与磁性的关系，合成出多种新型稀土永磁材料，解释了稀土永磁材料的矫顽力机制和纳米复合永磁材料的磁性耦合机理；研究了稀土-过渡族化合物的晶体结构、相变、磁性和磁热效应，发现了一级相变镧铁硅基大磁热效应材料，室温最大磁熵变超过传统材料稀土钆的 2 倍，利用中子衍射、穆斯堡尔谱、电子结构计算和磁性测量等手段，研究了一级相变体系在相变温度附近的磁热效应，揭示了一级相变体系中大磁热效应的物理机制，给出了正确表征相分离一级相变体系熵变的方法；深入研究了非晶态合金的磁性和输运性质，解释了非晶态合金中磁性和电性的反常现象。

谈及工作体会，沈保根认为：“做科学研究永远是‘只有第一，没有第二’，所以我们得想办法不断创新；不创新，科学研究就没有任何价值。在我们中国科学院物理所这样的单位，每个人做的事情，就要树立这样的奋斗目标：一定是得在国际上处于领先、‘第一’的位置。”

复习思考题

3-1 简述钙热还原法生产稀土金属的原理。该工艺原料、还原剂和坩埚材料的选择有何特点?

3-2 稀土氟化物钙热还原法的主要工艺条件有哪些，是如何确定的?

3-3 简述真空感应电炉的组成和操作要点。

3-4 简述氟化钇钙热还原的工艺条件和操作方法。

3-5 简述镧或铈还原-蒸馏法生产稀土金属的原理。其对原料、还原剂和坩埚材料有何要求?

3-6 镧或铈还原-蒸馏的主要工艺条件有哪些? 钐、铕、镱、铥的镧或铈热还原是如何确定的?

3-7 简述镧热还原法制备金属钐的工艺条件和操作方法。

3-8 简述钙热还原-中间合金法生产稀土金属的原理。其对原料、还原剂和坩埚材料有何要求?

3-9 简述钙热还原-中间合金法制备金属钇的工艺条件和操作方法。

3-10 简述钙热还原-中间合金法制备金属镝的工艺条件和操作方法。

3-11 简述真空蒸馏法提纯稀土金属的原理。比较各种稀土金属的蒸发速度，说明蒸馏法能去除哪些金属杂质，为什么?

3-12 简述区域熔炼法提纯稀土金属的原理，说明其适用于哪些金属，为什么?

3-13 简述固态电传输法提纯稀土金属的原理，说明其对哪些杂质的去除有效果。

3-14 说明区域熔炼与固态电传输结合对提纯稀土金属有较好效果的原因。

3-15 电解精炼与熔盐电解有何区别? 电解精炼对哪些稀土金属的提纯有效果，为什么?

3-16 如何根据稀土金属的纯度来选择提纯方法和设备，各种提纯设备各有何特点?

项目4 热还原法生产稀土铁合金

项目4
课件

教学目标

知识目标：

了解稀土铁合金的应用、分类、组成、性质及生产方法；掌握硅热还原、碳热还原和熔配法生产稀土铁合金的原理、工艺。

能力目标：

能够使用相应设备并进行冶炼操作。

素质目标：

鼓励学生养成持续学习的习惯和终身学习的意识，不断更新知识体系和技能水平以适应不断发展的科技和工业需求。

任务4.1 概述

4.1.1 稀土铁合金的应用

随着高新技术的发展，金属产品质量的改进越来越重要和迫切。稀土金属及其中间合金以其独有的性质成为金属结构材料的添加剂，可提高金属产品的质量，减轻金属制品的重量，提高其使用的可靠性和耐久性。用热还原法生产的稀土中间合金属铁合金范畴，主要有稀土硅铁合金、稀土镁硅铁合金等。这些稀土铁合金目前已广泛应用于钢铁、机械制造和军事工业等部门。

钢铁工业采用稀土金属或含有稀土元素的复合铁合金作为添加剂。为了合理利用稀土，钢水必须经良好脱氧、脱硫后再加入稀土。稀土的加入方法有稀土铁合金的钢包冲入法、喷吹法、包芯线喂入法和稀土金属丝、棒的喂入法等。

稀土元素与钢中的氧、硫及其他有害杂质有很强的化学亲和力，且稀土沸点高，在钢液中与铁完全互溶，因此在钢液中加入稀土后脱氧和脱硫较为彻底。产物为稀土硫氧化物、硫化物和铝酸盐等，都是在高温下塑性较低的高熔点化合物，在钢材中常以椭圆形、纺锤形夹杂物形式存在，使钢材横向及厚度方向上的韧性、塑性大为改善。

稀土化合物在钢液中可成为非自发形核的晶核，同时稀土活性组元在结晶面上有选择性地吸附阻碍了晶体的继续长大，因而可细化晶粒，成为一种较为强烈的变质剂。稀土可与钢中的低熔点杂质形成熔点较高的化合物，抑制这些杂质在晶界析出，从而消除这些夹杂物在钢中引起的热脆性。稀土虽然不减少钢中氢含量和氮含量，但可以抑制钢中氢引起的脆性和白点，从而提高钢的冲击韧性，也可降低高氮钢的脆性转变温度。

我国稀土处理钢的品种已达60多个，用量最大的稀土处理钢是16Mn和09Mn低合金钢、装甲钢和渣罐钢，其他还有低硫低合金高强度钢、齿轮钢、弹簧钢、高强度曲轴钢、不锈耐热钢、耐磨钢、电热合金、化工用钢等。

我国的稀土处理铸铁有球墨铸铁、蠕墨铸铁及高强度灰铸铁三大类。铸铁与钢相比，除含石墨外，二者的组织基本相同，稀土在钢中的作用在许多方面也可应用于铸铁。稀土对铸铁的孕育、蠕化、球化等作用，首先归因于它的脱氧、脱硫作用。形成的氧化物、硫化物或硫氧化物一部分被排出，使铁水净化；另一部分作为石墨生核的基底，可有效地降低白口，提高共晶团数和组织的均匀性。石墨生核后，稀土等球化元素主要吸附在石墨密排六方晶格的棱面上，成为石墨在棱面上长大的障碍，为石墨在基面上长大、生成蠕虫状石墨和球状石墨创造了条件。因此，根据铁水化学成分的不同和稀土加入量的不同，可获得片状、蠕虫状及球状石墨形态的铸铁。

稀土铁合金最显著的应用是稀土镁硅铁合金作为球化剂，可因地制宜地生产出高质量的球墨铸铁。目前我国生产的稀土镁球铁产品有柴油机和汽油机曲轴、铸铁管、轧辊、钢锭模、汽车底盘零件、各种传动齿轮、汽轮机外壳，以及抗磨、耐热、耐酸等球墨铸铁。

4.1.2 稀土在铁中的固溶度

部分稀土元素与铁的二元系相图如图4-1所示。La-Fe二元系形成共晶组织。其他稀土元素与铁形成多种稳定的化合物，其数量随稀土元素原子序数的增加而增多。在室温下，稀土元素在铁中固溶的质量分数在0.1%以下。稀土元素主要在铁晶粒的晶界偏聚，因为晶界原子排列比较疏松，稀土原子在此处取代铁原子比在晶粒内部取代铁原子容易。当稀土元素添加量超过与铁中杂质反应的量后，能生成富稀土的第二相，如La-Fe共晶组织、Ce_2Fe_{17}化合物等。这些组织对改善某些钢和合金的性能是有利的，如可提高电热合金的抗氧化性能、可改善钢的抗氢致破裂性等。但这些组织的熔点较低，聚集在晶界易引起钢材热脆，这也就限制了钢中稀土的加入量。除个别几个钢种外，一般加入质量分数小于0.3%的稀土，以避免这些组织的形成。

4.1.3 稀土铁合金的分类

我国的稀土铁合金工业具有产量大、品种多、成本低和综合利用产品多的特点。目前我国生产的钢铁用稀土铁合金的主要性质和用途如下。

4.1.3.1 稀土硅铁合金

稀土硅铁合金一般含混合轻稀土金属20%~45%，低品位的用于配制三元以上的复合

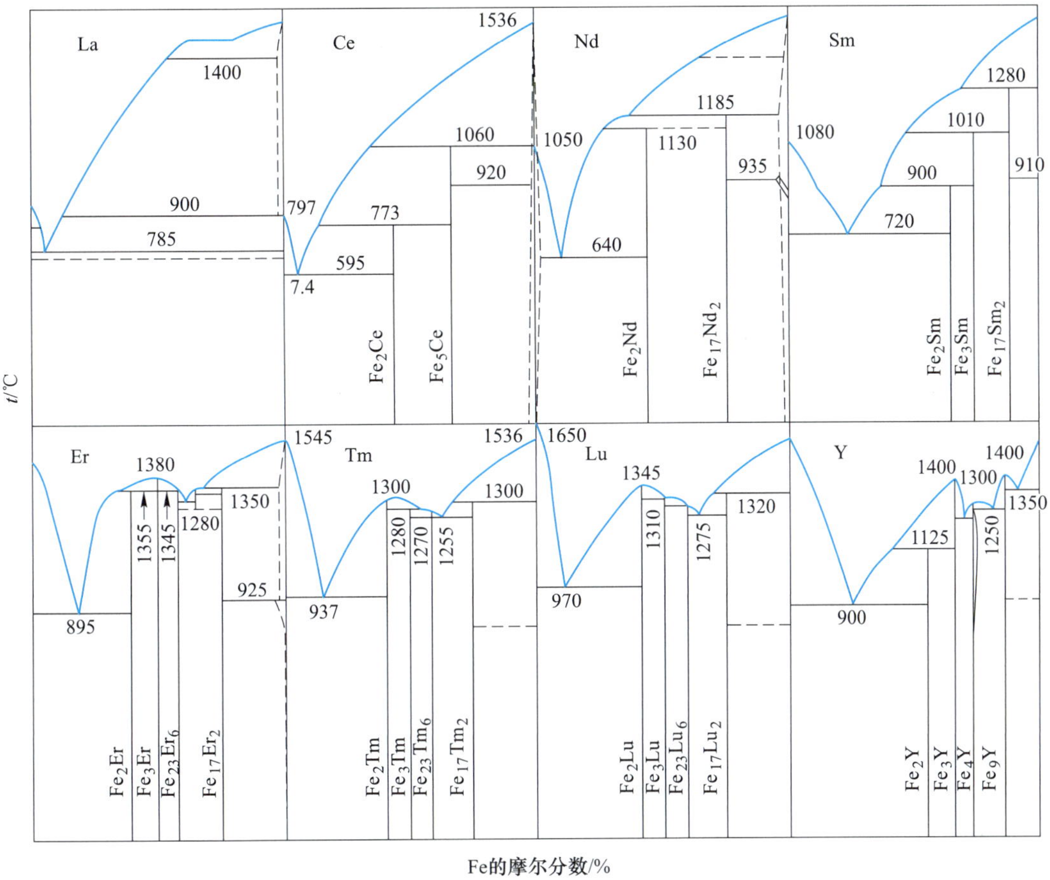

图 4-1 稀土元素与铁的二元系相图

合金，高品位的用作炼钢的添加剂或高强度灰口铸铁的孕育剂。轻稀土硅铁合金的化学成分见表 4-1。

表 4-1 轻稀土硅铁合金的化学成分（GB/T 4137—2024）

产品牌号	化学成分（质量分数）/%								
	RE	Ce/RE	La/RE	Si	Mn	Ca	Ti	Al	Fe
RESiFe-30-LaC	29.0～<31.0	—	≥60.0	48.0～53.0	≤2.0	≤4.0	≤1.0	≤1.6	余量
RESiFe-30-CeC	29.0～<31.0	≥60.0	—	48.0～53.0	≤2.0	≤4.0	≤1.0	≤1.6	
RESiFe-32-LaC	31.0～<33.0	—	≥60.0	48.0～53.0	≤2.0	≤4.0	≤1.0	≤1.6	
RESiFe-32-CeC	31.0～<33.0	≥60.0	—	48.0～53.0	≤2.0	≤4.0	≤1.0	≤1.6	
RESiFe-23-CeS	21.0～<24.0	≥60.0	—	≤44.0	≤2.5	≤5.0	≤1.5	≤1.0	
RESiFe-26-CeS	24.0～<27.0	≥60.0	—	≤43.0	≤2.5	≤5.0	≤1.5	≤1.0	
RESiFe-29-CeS	27.0～<30.0	≥60.0	—	≤42.0	≤2.0	≤5.0	≤1.5	≤1.0	
RESiFe-32-CeS	30.0～<33.0	≥60.0	—	≤40.0	≤2.0	≤4.0	≤1.0	≤1.0	
RESiFe-35-CeS	33.0～<36.0	≥60.0	—	≤39.0	≤2.0	≤4.0	≤1.0	≤1.0	
RESiFe-20-CeM	18.0～<21.0	≥60.0	—	≤45.0	≤2.5	≤5.0	≤1.5	≤1.5	
RESiFe-23-CeM	21.0～<24.0	≥60.0	—	≤44.0	≤2.5	≤5.0	≤1.5	≤1.5	
RESiFe-26-CeM	24.0～<27.0	≥60.0	—	≤43.0	≤2.5	≤5.0	≤1.5	≤1.5	

富铈稀土硅铁合金在稀土总量中含有70%以上的铈，是铸铁的优良孕育剂；富镧稀土硅铁合金在稀土总量中含有50%以上的镧，是良好的蠕化剂。

4.1.3.2 稀土镁硅铁合金

稀土镁硅铁合金一般含混合轻稀土金属5%~21%、含金属镁8%~13%，用于球墨铸铁、蠕墨铸铁的生产。轻稀土镁硅铁合金的化学成分见表4-2。

表4-2 轻稀土镁硅铁合金的化学成分（GB/T 4138—2024）

产品牌号	化学成分（质量分数）/%										
	RE①	La/RE	Ce/RE	Mg②	Ca	Si	Mn	Ti	MgO③	Al	Fe
REMgSiFe-01-LaA	0.5~2.0	≥60	—	5.5~6.5	1.0~3.0	≤46.0	≤1.0	≤1.0	≤0.55	≤1.0	余量
REMgSiFe-01-LaB	0.5~2.0	≥60	—	6.5~7.5	1.0~3.0	≤46.0	≤1.0	≤1.0	≤0.65	≤1.0	余量
REMgSiFe-0-1CeA	0.5~2.0	—	≥60	4.5~5.5	1.5~3.0	≤45.0	≤1.0	≤1.0	≤0.55	≤1.0	余量
REMgSiFe-01-CeB	0.5~2.0	—	≥60	5.5~6.5	1.5~3.0	≤45.0	≤1.0	≤1.0	≤0.65	≤1.0	余量
REMgSiFe-01-CeC	0.5~2.0	—	≥60	6.5~7.5	1.0~2.5	≤45.0	≤1.0	≤1.0	≤0.75	≤1.0	余量
REMgSiFe-01-CeD	0.5~2.0	—	≥60	7.5~8.5	1.0~2.5	≤45.0	≤1.0	≤1.0	≤0.85	≤1.0	余量
REMgSiFe-03-CeA	2.0~4.0	—	≥60	6.0~8.0	1.0~2.0	≤45.0	≤1.0	≤1.0	≤0.8	≤1.0	余量
REMgSiFe-03-CeB	2.0~4.0	—	≥60	6.0~8.0	2.0~3.5	≤45.0	≤1.0	≤1.0	≤0.8	≤1.0	余量
REMgSiFe-03-CeC	2.0~4.0	—	≥60	7.0~9.0	1.0~2.0	≤45.0	≤1.0	≤1.0	≤0.9	≤1.0	余量
REMgSiFe-03-CeD	2.0~4.0	—	≥60	7.0~9.0	2.0~3.5	≤45.0	≤1.0	≤1.0	≤0.9	≤1.0	余量
REMgSiFe-05-CeA	4.0~6.0	—	≥60	7.0~9.0	1.0~2.0	≤44.0	≤2.0	≤1.0	≤0.9	≤1.0	余量
REMgSiFe-05-CeB	4.0~6.0	—	≥60	7.0~9.0	2.0~3.0	≤44.0	≤2.0	≤1.0	≤0.9	≤1.0	余量
REMgSiFe-07-CeA	6.0~8.0	—	≥60	7.0~9.0	1.0~2.0	≤44.0	≤2.0	≤1.0	≤0.9	≤1.0	余量
REMgSiFe-07-CeB	6.0~8.0	—	≥60	7.0~9.0	2.0~3.0	≤44.0	≤2.0	≤1.0	≤0.9	≤1.0	余量
REMgSiFe-07-CeC	6.0~8.0	—	≥60	9.0~11.0	1.0~3.0	≤44.0	≤2.0	≤1.0	≤1.1	≤1.0	余量

注：用于高韧性大断面球墨铸铁铸造产品，可添加适量Ba、Bi、Sb。

① 主要包含La、Ce。

② 总镁含量。

③ 镁氧化态的含量。

4.1.3.3 多元复合稀土铁合金

根据用户不同的使用要求，用作球化剂、蠕化剂和孕育剂的稀土铁合金在国家标准的基础上适当调整成分，形成了不同的产品，有的已列入专业标准、地方标准或企业标准。例如，考虑球化剂的密度影响镁的吸收率，已生产出低硅球化剂；考虑浇注过程中球化衰退的影响，已开发出含钡的复合球化剂等；特别是利用我国南方的重稀土资源，已生产出抗球化衰退能力强的钇基重稀土球化剂，其中包括重稀土镁合金、重稀土镁铜合金、重稀土铝合金等。重稀土硅铁合金含钇组混合重稀土金属在60%以上，用于厚断面球铁件生产或用作长效孕育剂。

用电解法制备的混合稀土金属含混合轻稀土金属 95%以上，制成丝、棒，可用于连铸喂丝或用作特殊钢的添加剂。

4.1.4 稀土铁合金的组成和性质

稀土铁合金是非均质的，Ce-Fe-Si 三元系相图如图 4-2 所示。根据显微镜观察和电子探针分析可知，稀土硅铁合金由硅化稀土、硅铁和夹杂三相组成，稀土镁硅铁合金由硅化稀土、硅铁、硅镁和夹杂四相组成。硅铁相化学式在 $FeSi_2$ ~ Fe_2Si 之间，有时溶有较多的锰生成 Si-Fe-Mn 系化合物。硅化稀土相化学式在 $RESi_2$ ~ $RESi_5$ 之间，有时溶有较多的钙生成 Si-Ca-RE 系化合物。硅镁相化学式为 Mg_2Si。夹杂相主要有磷化稀土、硅酸钙、炭粒等。各相在合金中以硅铁相为基底存在，硅化稀土除独立存在外，有相当数量与硅铁相以固溶体分离结构镶嵌在一起。

由以上分析可知，稀土铁合金中主要元素在各相中的分布为：铁几乎都在硅铁相中；稀土主要在硅稀土相中，少部分在夹杂相中，当夹杂相中磷含量高时，稀土含量也高；硅主要在硅铁相、硅稀土相和硅镁相中，少部分在夹杂相中；锰几乎都在硅铁相中；钙集中在硅稀土相和夹杂相中；镁基本集中在硅镁相；铝存在于所有各相中；磷集中于夹杂相中。

稀土铁合金呈块状，有金属光泽，坚硬而脆，易粉碎。稀土硅铁合金断口呈银灰色，稀土镁硅铁合金断口在银灰色基体上闪烁着蓝色光泽。这两种合金的熔点为 1200~1260 ℃，密度为 4.5~4.7 g/cm^3。

某些稀土硅铁合金在空气中会自动粉化，特别是用稀土精矿为原料生产的合金和碳热还原法生产的合金，粉化倾向更为严重，有的仅在几十分钟内就全部粉化成暗灰色的粉末，桶装的块状合金曾因粉化发生过爆炸。合金粉化时放出氢气和少量的 PH_3、AsH_3 气体。

经长期观察发现，稀土硅铁合金的粉化与其组成和冷却条件有关。若合金成分处于图 4-3 中粉化区域Ⅱ，而又使其缓慢冷却时，合金即会在空气中自动粉化。合金粉化的主要原因可能是易粉化组成的合金缓慢冷却时，稀土硅化物或 ξ 相在晶粒边界析出，析出的化合物被空气中的水汽氧化，体积膨胀而使合金粉碎。合金遇水会加速粉化，析出的气体有电石味，由此可以推断粉化还与合金中有微量的碳化物或夹杂物有关。

防止合金粉化的措施首先是控制合金的成分。例如，提高原料碱度可以有效降低合金中的硅含量，使之处于易粉化区域以外；提高出炉温度有利于渣和铁分离，可防止合金中混入渣等夹杂物，也易于包中处理；提高冷却速度，如浇注薄锭或进行水淬处理，减少成分偏析和细化晶粒，对抑制合金粉化有一定效果；降低原料中有害杂质的含量，特别是降低磷的含量至关重要。此外，应使合金适当与空气隔绝，如把合金浸入油中保存或密封包装等。合金粉化前后化学成分变化不大，因此，粉化合金可使用于喷吹法或包芯线喂丝法，也可用于配制其他品种的合金或者重新熔化处理。

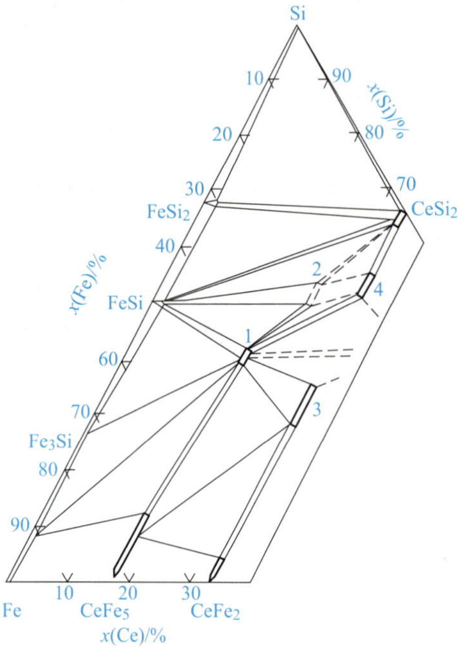

图 4-2 Ce-Fe-Si 三元系相图（800 ℃）

1—$CeFe_2Si_2$；2—$Ce(Fe,Si)_3$；

3—CeFeSi；4—Ce_2FeSi_3

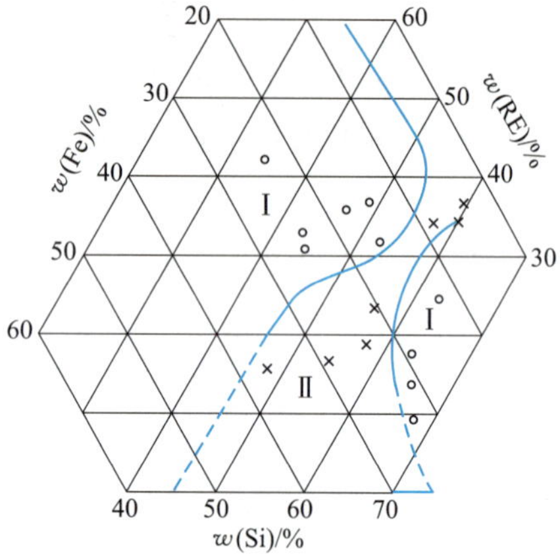

图 4-3 稀土硅铁合金粉化区域图

Ⅰ—稳定区；Ⅱ—粉化区

4.1.5 稀土铁合金的生产方法

4.1.5.1 稀土铁合金的冶炼方法

我国在稀土硅铁合金试生产阶段，曾试用过高炉、反射炉、矿热炉和电弧炉等冶炼炉。多年的实践对比证明，电弧炉更适合于对稀土渣料的冶炼。目前，国内外稀土硅铁合金的冶炼方法主要有下列几种。

（1）硅热还原法。以硅为还原剂在电弧炉内冶炼，主要原料有稀土渣料、硅铁和石灰等。硅热还原法的优点是：反应速度快，产量大，稀土元素回收率高，电耗相对较小；由于是周期性冶炼，操作方便，可方便地变换冶炼品种，出现问题时也容易解决。其缺点是：消耗钢铁工业大量使用的硅铁；冶炼中添加的石灰、萤石等熔剂量大，耗能多、渣量大、污染重。也可用金属铝、钙、硅铝合金或碳化钙等作为还原剂，在电弧炉内冶炼稀土铝、稀土硅钙等中间合金，但这些方法均尚未投入工业生产。

（2）碳热还原法。以碳为还原剂在矿热炉内冶炼，主要原料有稀土渣料、硅石、焦炭和钢屑，原料价格比电弧炉工艺低廉。碳热还原法的优点是：炉温高，元素烧损少，可连续生产，成本较低。其缺点是：耗电量较大，炉底易结硬块，炉况出现问题后不易扭转。国外很大一部分的稀土铁合金是用碳热还原法生产的。我国由于原料条件不同，早期采用的稀土富渣中含稀土品位低，在炉膛内容易形成熔渣或碳化物炉瘤，生产很难长期延续，严重恶化了生产技术经济指标。近年来，随着稀土精矿产量的增加，相关人员正在研究采用精矿入炉工艺，这将为我国稀土铁合金工业带来更多的经济效益。

（3）熔配法。以混合稀土金属、单一稀土金属或稀土硅铁合金为原料，配入其他金属（如镁、钙、铬、铜、锌、钛、镍等），在中频感应炉内熔配成多元复合合金。熔配法的优点是：投资少，见效快，易操作，无污染，元素回收率高。其缺点是：成本高，电耗大，产量低，产品批间化学成分波动大。

4.1.5.2 稀土原料的选择

生产稀土铁合金的原料可分为稀土原料、还原剂和熔剂三大类。我国生产稀土铁合金的稀土原料主要采用白云鄂博矿的富稀土中贫铁矿石。该矿是含铁、稀土、铌、锰、磷、氟等多元素的共生矿，因此在选料时要考虑综合利用，以降低生产成本、提高合金质量。生产稀土铁合金可用的稀土原料有许多种，如富稀土中贫铁矿石经高炉冶炼除铁制备的稀土富渣、稀土精矿经电弧炉冶炼脱铁除磷制备的稀土精矿渣、稀土精矿、稀土氧化物、稀土氢氧化物及稀土碳酸盐等。常用稀土原料的成分见表 4-3。稀土氧化物等由于成本较高，只有在特殊需要时才采用。采用精料是提高冶金企业经济效益的必由之路，使用稀土品位高的精矿是提高稀土铁合金产品在国际市场上竞争力的有效措施。

表 4-3 各种稀土原料化学成分（质量分数） （%）

原料	TFe	REO	Nb_2O_3	P_2O_5	CaO	SiO_2	BaO	MnO	CaF_2	ThO_2
中贫铁矿	29.35	9.62	0.144	2.61	3.57	6.03	3.47	0.81	22.26	0.04
稀土富渣	<1	15.30	0.96	0.26	17.32	17.95	6.33	1.52	32.20	0.07
稀土精矿渣	0.27	34.40		0.34	2.80	13.36	8.23	0.15	27.68	
30%稀土精矿	7.32	31.42	0.103	7.68	1.12	0.92	10.60	0.66	23.00	0.13
60%稀土精矿	3.10	58.06	0.075	5.74	0.95	0.63	7.05	0.29	15.83	0.11

4.1.5.3 安全生产和防护

白云鄂博矿中含有钍、钡、氟、磷等共生元素，在火法冶炼过程中有的元素会生成有毒性的物质。为了减轻危害，在生产过程中应采取安全措施，力争化害为利。用中贫矿和稀土渣冶炼时，主要有害物质为四氟化硅和钍尘。四氟化硅有强烈的刺激性，可引发人体皮炎和头发脱落，解决办法主要采取吸尘。

稀土原料和产品的钍含量及其放射线测定结果见表 4-4。从表中数据可知，用稀土富渣冶炼稀土硅铁合金时，其原料和产品的放射性基本符合国际放射性物质的控制标准。用稀土精矿渣或稀土精矿冶炼时，原料和产品工业性生产测定的数据不多，还无确切的结论。

表 4-4 稀土原料和产品的钍含量及其放射线测定结果

原 料	氧化钍含量（质量分数）/%	α 比活度/$Bq \cdot kg^{-1}$	α+β 比活度/$Bq \cdot kg^{-1}$
中贫铁矿石	0.047	1.66×10^4	2.18×10^4

续表 4-4

原　料	氧化钍含量（质量分数）/%	α 比活度/Bq·kg^{-1}	α+β 比活度/Bq·kg^{-1}
稀土富渣	0.069	3.44×10^4	4.44×10^4
30%稀土精矿	0.14	5.18×10^4	6.66×10^4
60%稀土精矿	0.20	7.77×10^4	9.25×10^4
35%稀土硅铁合金	0.19	9.26×10^4	10.70×10^4
31%稀土硅铁合金	0.18	9.62×10^4	10.70×10^4
25%稀土硅铁合金	0.16	7.77×10^4	8.88×10^4
稀土镁硅铁合金	0.051	2.89×10^4	1.22×10^4

任务 4.2　硅热还原法生产稀土硅铁合金【案例】

硅热还原法生产稀土硅铁合金是以稀土富渣、稀土精矿渣或稀土精矿为稀土原料，以硅铁为还原剂，以石灰为熔剂，在电弧炉内以电极和炉料之间的电弧为热源来熔化炉料和完成冶炼过程的。

4.2.1　硅热还原法冶炼稀土硅铁合金的反应热力学

图 4-4 所示为稀土铁合金冶炼过程中某些氧化物的吉布斯自由能 $\Delta G^{\ominus}$值，可见，稀土氧化物的 $\Delta G^{\ominus}$负值较大，是比较难还原的。火法冶金常用的还原剂主要是碳、硅和铝，从纯物质的热力学角度考虑，用碳还原稀土氧化物是很难实现的，用硅还原稀土氧化物的反应也是较难进行的。但在实际冶炼过程中，用硅铁还原稀土氧化物，在一定条件下却能顺利地得到稀土合金。这是因为实际冶炼过程是熔融态还原过程，在合金内除去铁和一些主要元素外，还有碳、硅、钙、铝等，这些元素可以影响主要反应的进行；在冶炼过程中，合金化、造渣和碳氧化等反应的存在，有效地改变了主要反应的热力学条件。

4.2.1.1　硅还原稀土氧化物的热力学

硅还原稀土氧化物的反应可表示为：

$$\frac{2}{3}(RE_2O_3) + [Si] = \frac{4}{3}[RE] + (SiO_2)$$

$$\Delta G = \Delta G^{\ominus} + RT\ln[a_{RE}^{4/3} \cdot a_{SiO_2}/(a_{RE_2O_3}^{2/3} \cdot a_{Si})]$$

式中　$\Delta G^{\ominus}$——反应的标准吉布斯自由能变化；

a_{RE}——合金熔体中稀土金属的活度；

a_{SiO_2}——熔渣中二氧化硅的活度；

$a_{RE_2O_3}$——熔渣中稀土氧化物的活度；

a_{Si}——合金中硅的活度。

根据化学反应的最小自由能原理，要使反应向生成稀土金属的方向进行，必须使 $\Delta G<0$。从自由能的表达式可知，要使 $\Delta G<0$，增大反应物的活度或减小反应产物的活度是最有效

的途径。如图 4-5 所示，由于造渣反应减小了 SiO_2 在渣相中的活度，SiO_2 的 $\Delta G\text{-}T$ 直线将改变斜率向下倾斜；由于合金化作用减小了 RE 在合金液中的活度，RE_2O_3 的 $\Delta G\text{-}T$ 直线将改变斜率向上倾斜。最终结果使两直线在较低温度 T' 相交，在 T' 以上的温度，用 Si 还原 RE_2O_3 就成为可能。在实际冶炼过程中，还原出的 RE 溶入金属后立即与 Si 形成化合物 RESi 和 $RESi_2$；SiO_2 生成后立即与渣中的 CaO 形成硅酸钙，使体系中 a_{RE} 和 a_{SiO_2} 减到无穷小，还原反应变得易于进行。同理，增大渣相 $a_{RE_2O_3}$ 和合金相中 a_{Si} 也可使两直线按上述方向改变斜率，但这两个活度值的增加常受到原料品位和产品规格的限制。

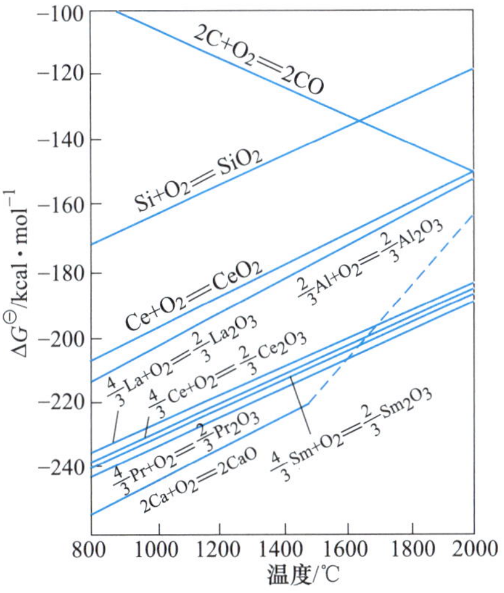

图 4-4 氧化物标准生成吉布斯自由能与温度的关系（1 cal=4.1868 J）

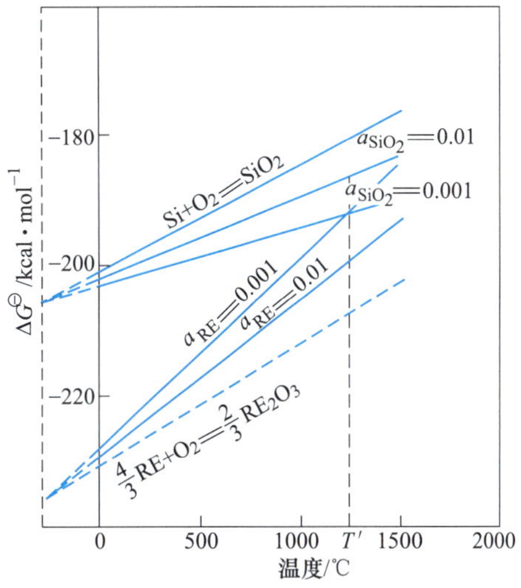

图 4-5 物质活度对 ΔG 的影响（1 cal=4.1868 J）

A 熔渣中稀土氧化物的活度

熔渣中稀土氧化物的活度与稀土氧化物的摩尔分数有下列关系：

$$a_{RE_2O_3} = \gamma_{RE_2O_3} x(RE_2O_3)$$

式中 $a_{RE_2O_3}$——熔渣中稀土氧化物的活度；

$\gamma_{RE_2O_3}$——熔渣中稀土氧化物的活度系数；

$x(RE_2O_3)$——熔渣中稀土氧化物的摩尔分数。

由此可知，提高熔渣中稀土氧化物的活度系数和浓度都可以增大稀土氧化物的活度。有研究表明，在不同体系的熔渣中，稀土氧化物的活度有如下相同的规律：

（1）熔渣中稀土氧化物的活度随着稀土氧化物浓度增加而增加。

（2）当熔渣中氧化钙含量（或碱度）增加时，稀土氧化物的活度系数增大，活度也随之增大，如图 4-6 所示。

根据离子理论，RE_2O_3 的活度可用下式表示：

$$a_{RE_2O_3} = a_{RE^{3+}}^2 a_{O^{2-}}^3$$

式中 $a_{RE_2O_3}$——稀土氧化物的活度；

$a_{RE^{3+}}$——稀土离子的活度；

$a_{O^{2-}}$——氧离子的活度。

可见，稀土氧化物的活度与稀土离子和氧离子的活度有关，而稀土离子和氧离子的活度与熔渣中稀土氧化物及氧化钙的含量有关。在熔渣中稀土氧化物和氧化钙将电离成金属阳离子和氧阴离子，因而增加熔渣中稀土氧化物和氧化钙含量都有利于提高稀土氧化物的活度。但在用硅热还原法冶炼稀土硅铁合金过程中，稀土氧化物作为主要反应物，其在熔渣中的浓度受合金稀土品位制约，不能随意增加，它所提供的氧阴离子有限。另外，熔渣中所含的两性和酸性氧化物（如 Al_2O_3、SiO_2、P_2O_5 等）将吸收氧阴离子。

（3）当熔渣中氧化钙含量过高时，熔渣的熔点升高，黏度增大，稀土氧化物的活度有降低的趋势。

B 合金熔体中硅的活度

硅热还原法冶炼稀土硅铁合金，作为还原剂的硅是由硅铁提供的，硅铁中的硅含量对硅的活度有显著影响。研究结果表明，随着 x(Si) 的增大，a_{Si} 也相应提高，两者之间的关系如图 4-7 所示。

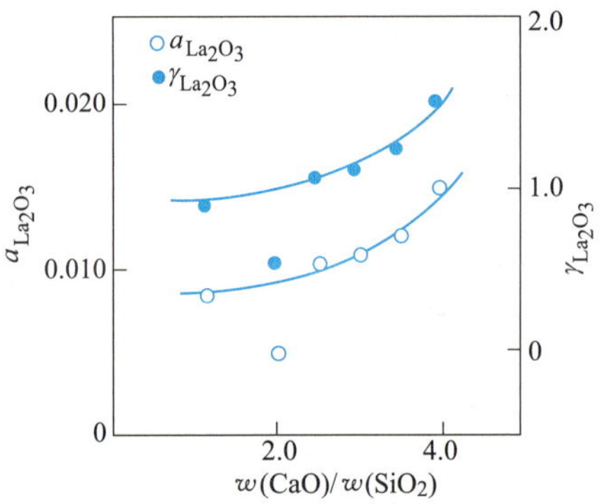

图 4-6 La_2O_3-CaF_2-CaO-SiO_2 四元系中 La_2O_3 的活度变化

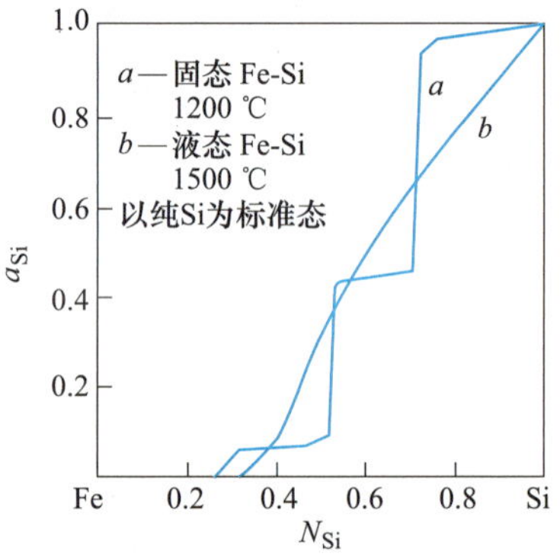

图 4-7 Si-Fe 系中硅的活度与其浓度的关系

从图 4-7 可见，当 $x[Si]=30\%$（即 $w[Si]=17.64\%$）时，a_{Si} 几乎为零，说明 $x[Si]<30\%$的硅铁不能作为还原剂。从技术和经济方面考虑，硅热还原法冶炼稀土硅铁合金采用75%硅铁作为还原剂较合理。

在研究硅热还原法冶炼硅钙合金的过程中发现，硅铁中自由硅的含量对硅的活度有较大的影响。75%硅铁是自由硅和 ξ 相组成的合金，在还原过程中，ξ 相中的硅不参加反应，其分子式为 Si_2Fe_3。因此，还原剂中硅含量高有利于增大硅的活度。

C 熔渣中 SiO_2 的活度

在硅热还原法冶炼稀土硅铁合金过程中，采用增加熔渣中氧化钙含量的方法来降低 SiO_2 的活度。在 CaO-SiO_2 二元系中，随着熔体中 CaO 浓度的增加，SiO_2 的活度急剧减小，如图 4-8 所示。

氧化钙能与还原过程生成的二氧化硅形成多种化合物，如 $CaO\cdot SiO_2$、$2CaO\cdot SiO_2$、$3CaO\cdot SiO_2$ 等，使 SiO_2 的活度减小。在实际生产中，熔渣中配入的石灰几乎可以结合全部 SiO_2，使 SiO_2 的活度变小，硅还原稀土氧化物的反应能够充分进行。

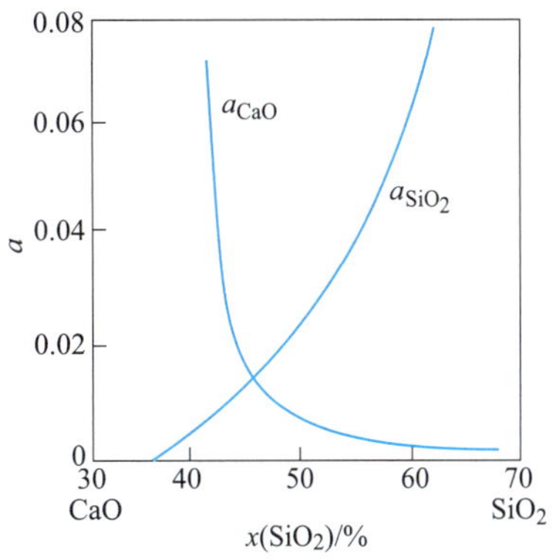

图 4-8　CaO-SiO_2 二元系中活度与浓度的关系

D　合金熔体中稀土的活度

对稀土硅铁合金的物相分析表明，合金中稀土是以硅化物形态存在的。也就是说，熔渣中稀土氧化物被硅还原为稀土金属后，稀土金属即与合金熔体中的硅发生合金化反应，生成稀土硅化物，并溶解于合金熔体中。以铈为例：

$$\frac{1}{2}[Ce] + [Si] = \frac{1}{2}CeSi_2$$

$$CeSi_2 = [CeSi_2]$$

稀土硅化物在合金中处于稳定状态，从而降低了合金中稀土的活度。为了使稀土的合金化反应能够充分地进行，要求合金中有足够的硅含量。

综上所述，可以认为在硅热还原法冶炼稀土硅铁合金的过程中，为了使稀土能充分地还原并获得较高的稀土回收率，选用高品位、低杂质的稀土原料、还原剂和熔剂是硅热还原法的热力学充分条件。

4.2.1.2　硅还原其他氧化物的热力学

稀土原料中除含有 REO、CaO 和 SiO_2 外，还含有少量的 FeO、MnO、MgO、TiO_2、ThO_2 等，而且熔剂带入大量的 CaO，这些氧化物在冶炼过程中不同程度地被硅还原。除 CaO 的还原能促进稀土氧化物的还原外，其他氧化物的还原都要消耗一定数量的硅，使合金熔体中硅含量降低，硅的活度减小，不利于稀土氧化物的还原。

A　FeO 和 MnO 的还原

铁、锰与氧的亲和力远比硅对氧的亲和力小，因此硅还原 FeO 和 MnO 很容易进行：

$$2FeO + Si = 2Fe + SiO_2 \qquad \Delta G^{\ominus} = -368190+38.87T \quad (J/mol)$$

$$2MnO+Si = Mn+SiO_2 \qquad \Delta G^{\ominus} = -123090+18.79T \quad (J/mol)$$

这两个反应是放热反应，可以自发地进行。生成的铁、锰与硅反应生成硅化物，在合金中稳定存在，降低了合金中自由硅的含量，不利于稀土氧化物的还原。

B　CaO 和 MgO 的还原

氧化钙是极其稳定的氧化物，硅还原氧化钙的反应为：

$$2CaO + Si(l) = 2Ca(l) + SiO_2 \qquad \Delta G^{\ominus} = 324430-17.15T \quad (J/mol)$$

该反应在一般冶炼条件下极难进行，但在硅热法冶炼稀土硅铁合金过程中，硅能够还原氧化钙已被实践所证实。

据报道，在铁合金生产的反应体系中，硅还原氧化钙的反应是：

$$2CaO + 3Si(l) \xlongequal{} 2CaSi(l) + SiO_2 \qquad \Delta G^{\ominus} = 465190 - 240.54T \quad (J/mol)$$

$$3CaO + 3Si(l) \xlongequal{} 2CaSi(l) + CaO \cdot SiO_2(l)$$

$$\Delta G^{\ominus} = 23220 - 111.84T - 0.75 \times 10^{-3}T^2 + 2.68T\lg T \quad (J/mol)$$

硅还原氧化镁的反应为：

$$3MgO + 2Si(l) \xlongequal{} Mg_2Si(l) + CaO \cdot SiO_2(l)$$

$$\Delta G^{\ominus} = 245600 + 48.50T + 1.0 \times 10^{-3}T^2 + 38.74T\lg T \quad (J/mol)$$

在有 CaO 存在的条件下，反应按下式进行：

$$2MgO + CaO + 2Si(l) \xlongequal{} Mg_2Si(l) + CaO \cdot SiO_2(l)$$

$$\Delta G^{\ominus} = 186020 + 62.22T + 2.0 \times 10^{-3}T^2 + 43.22T\lg T \quad (J/mol)$$

但由于实际冶炼温度高于镁的沸点（1105 ℃），被还原出来的镁大部分以气态挥发，仅有少部分存在于合金中。

C TiO_2 的还原

TiO_2 的热力学稳定性与 SiO_2 相近，硅还原 TiO_2 的反应为：

$$TiO_2 + Si(l) \xlongequal{} Ti + SiO_2 \qquad \Delta G^{\ominus} = -8386 + 21.63T \quad (J/mol)$$

原料中带入的 TiO_2 常常被视为有害物质，因为被还原出来的钛进入合金中，影响稀土硅铁合金在铁中的使用效果。因此，在冶炼过程中应尽可能减少 TiO_2 的还原。

4.2.2 硅热还原法冶炼稀土硅铁合金的原理

硅热还原法冶炼稀土硅铁合金过程，可以根据热力学的基本原理，结合冶炼过程阶段取样对样品进行化学分析和物相分析的结果，定性地推断各阶段化学反应的原理。实践证明，根据这一反应原理进行的配料计算与实际相符。

微课4-1
硅热还原法制备稀土硅铁合金的反应原理

4.2.2.1 炉料熔化期的化学反应

熔化期是指从加料开始至炉料熔化加硅铁之前的冶炼阶段，其任务是熔化炉料形成渣相。使用稀土富渣或稀土精矿渣作原料时，其主要矿物组成有铈钙硅石、枪晶石、萤石、硫化钙和硫化锰等，稀土元素存在于铈钙硅石矿物（$3CaO \cdot CeO_2 \cdot 2SiO_2$）中。当冶炼温度达到 1150~1180 ℃时，炉料开始熔化；温度升到 1240~1300 ℃时，熔化的炉渣和石灰发生化学反应，并促使石灰熔化。这时铈钙硅石和枪晶石分解，渣相重新组合，产生铈针石、硅酸钙和萤石，其反应为：

$$3CaO \cdot RE_xO_y \cdot 2SiO_2 + CaO \xlongequal{} 2(2CaO \cdot SiO_2) + RE_xO_y$$

$$3CaO \cdot CaF_2 \cdot 2SiO_2 + CaO \xlongequal{} 2(2CaO \cdot SiO_2) + CaF_2$$

温度继续升高，在有充足 CaO 存在的条件下发生如下反应：

$$2CaO \cdot SiO_2 + CaO \xlongequal{} 3CaO \cdot SiO_2$$

使用稀土精矿作原料时，稀土元素主要存在于氟碳铈矿和独居石矿物中，在冶炼温度下，稀土矿物将发生分解并参与造渣反应。热分析实验表明，氟碳铈矿的热分解温度在400~600 ℃范围内。在电弧炉冶炼条件下，有 CaO 和 SiO_2 参加时，独居石等磷酸盐矿物发生分解。主要反应为：

$$2REFCO_3 + 5CaO + 2SiO_2 = RE_2O_3 + 2(2CaO \cdot SiO_2) + CaF_2 + 2CO_2$$

$$2REPO_4 + 4CaO + 2SiO_2 = RE_2O_3 + 2(2CaO \cdot SiO_2) + P_2O_5$$

生成的 P_2O_5 被硅还原：

$$2P_2O_5 + 5Si = 4P + 5SiO_2$$

4.2.2.2　还原期的化学反应

还原期是指从加入硅铁至合金出炉的冶炼阶段。随着硅铁的熔化，炉内出现了两相，即熔融的渣相和合金相。此时的化学反应由三部分组成，即两相界面上进行的还原反应、渣相中的造渣反应及合金相中的合金化反应。

A　硅还原稀土氧化物

由于熔渣中存在大量游离状态的（RE_xO_y），加入炉内的硅铁熔化后含有大量游离状态的［Si］，在熔渣-合金相界面发生如下反应：

$$2(RE_xO_y) + y[Si] = 2x[RE] + y(SiO_2)$$

根据物相分析，合金中的 RE 以硅化物的形式存在，渣中的 SiO_2 以硅酸盐的形式存在。说明反应体系中存在如下的合金化反应和造渣反应：

$$[RE] + [Si] = [RESi]$$

$$[RESi] + [Si] = [RESi_2]$$

$$(SiO_2) + (CaO) = (CaO \cdot SiO_2)$$

$$(CaO \cdot SiO_2) + (CaO) = (2CaO \cdot SiO_2)$$

$$(CaO \cdot SiO_2) + 2(CaO) = (3CaO \cdot SiO_2)$$

稀土硅化物和硅酸钙的生成大大降低了合金中稀土的活度和渣中 SiO_2 的活度，使反应能够顺利地进行，稀土氧化物得到还原，生成了稀土硅铁合金。

B　硅钙还原稀土氧化物

由于冶炼过程中加入大量石灰，因此硅可以还原出大量钙或硅钙。但在用硅铁还原稀土氧化物得到的稀土硅铁合金中，钙含量（质量分数）一般不大于5%。在冶炼稀土硅铁合金的过程中取样分析硅钙变化情况，证实被还原出来的钙或硅钙参与了稀土氧化物的还原，有下列反应存在：

$$RE_xO_y + \frac{y}{3}[CaSi] = x[RE] + \frac{y}{3}(CaO \cdot SiO_2)$$

$$[RE] + [Si] = [RESi]$$

因此，渣中 CaO 被硅还原对稀土氧化物的还原是有利的。

4.2.2.3　辅助反应

在冶炼稀土硅铁合金过程中，电弧炉有大量的烟气逸出，随着炉温的升高，烟气由稀变浓，强化还原期（搅拌时）的烟气更浓。炉温过高时，还会产生熔体的沸腾现象。这是因为电弧炉采用碳素炉衬和石墨电极，其中的碳也可参与还原反应，例如：

$$(FeO) + C = [Fe] + CO(g)$$

$$(MnO) + C = [Mn] + CO(g)$$

$$(SiO_2) + C = SiO(g) + CO(g)$$

炉渣中含有大量的 CaF_2，还原过程又产生大量的 SiO_2，故有如下反应发生：

$$2(CaF_2) + 2(SiO_2) = SiF_4(g) + 2(CaO \cdot SiO_2)$$

生成的 SiO_2 与合金中硅或炉内碳作用，产生 SiO 白色烟气：

$$(SiO_2) + [Si] = SiO(g)$$

$$(SiO_2) + C = SiO(g) + CO(g)$$

以上反应产生的气体使熔体沸腾，起到了搅拌作用，使熔融渣相和合金相的接触条件得到改善，有利于反应物的扩散，改善了还原反应的动力学条件。

总之，根据多年的试验和生产实践可以认为，采用硅热还原法在电弧炉中冶炼稀土硅铁合金的反应，是在大量石灰参与反应的条件下，硅首先将石灰还原成钙而形成硅钙合金，硅钙再将稀土氧化物还原成稀土金属，也不排除硅直接将稀土氧化物还原成稀土金属的可能性，稀土金属与硅合金化，以硅化物相存在于合金中。这是一个复杂的氧化还原反应过程，可通过控制冶炼工艺条件（如炉料配比、还原温度和时间等）有效地控制合金组成。

4.2.3 电弧炉设备

4.2.3.1 炉子类型和主要参数

电弧炉具有操作简单、炉况容易掌握、生产灵活、开停方便和产量高等优点，在钢铁冶炼中有着广泛的应用，是目前生产稀土硅铁合金的主要冶炼设备。生产实践中采用 3 t 或 5 t 炼钢电弧炉冶炼稀土硅铁合金，但其冶炼工艺操作与炼钢存在本质的差别。我国冶炼稀土硅铁合金的电弧炉，采用高架炉台、炉顶上料、炉身倾动、炭素炉衬等结构形式，以及炉底引弧、渣铁分别出炉、薄锭浇注等工艺技术。冶炼稀土硅铁合金的设备系统如图 4-9 所示。

微课4-2
硅热还原法的冶炼设备

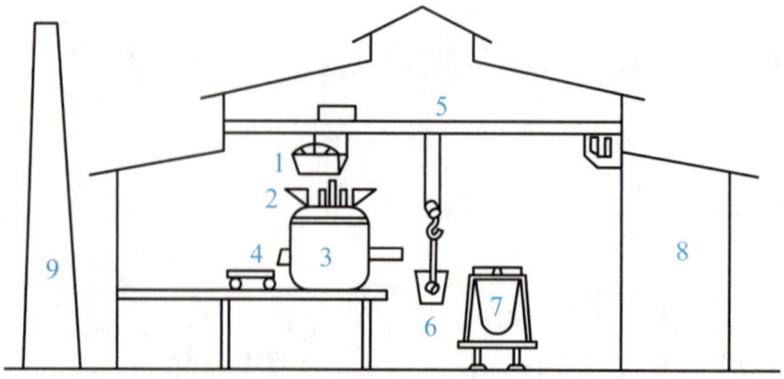

图 4-9 冶炼稀土硅铁合金的设备系统示意图

1—料斗；2—加料口；3—5 t 电弧炉；4—操作台；5—天车；6—合金罐；7—渣罐；8—铸锭间；9—烟囱

电弧炉的炉体一般都呈圆形，三根电极成等边三角形均匀地布置在炉内，由软电缆引入三相交流电为电极供电。早期的电弧炉采用炉门装料，新设计和制造的炉子采用炉顶机械化装料。根据炉盖和炉体相对移动方式的不同，炉顶装料的电弧炉又分为炉体开出式、炉盖开出式和炉盖旋转式三种形式。冶炼稀土硅铁合金常用的炉体开出式电弧炉，如图 4-10 所示。炉盖旋转式 HGX 系列电弧炉的主要技术参数见表 4-5。

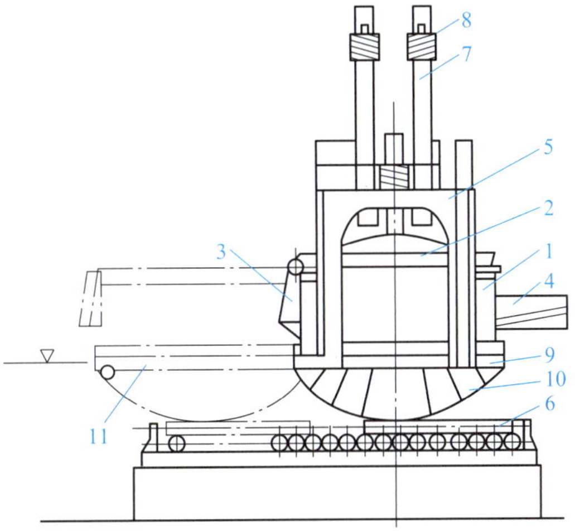

图 4-10 炉体开出式电弧炉

1—炉体；2—炉盖；3—炉门；4—出渣槽；5—吊桥；6—滚床；7—电极；8—电极夹头；9—工作台；10—扇形架；11—炉体开出装置

表 4-5 电弧炉的主要技术参数

型号	HGX-0.5	HGX-1.5	HGX-3	HGX-5
电弧炉容量/t	0.5	1.5	3	5
变压器容量/kV·A	500	1200	1800	2800
变压器低压侧电压/V	190~110	211~127	245~121	265~110
级数	2	2	4	8
变压器低压侧最大电流/A	1500	3300	4252	6100
炉壳直径/mm	1480	2230	2740	3240
炉膛直径/mm	950	1600	2000	2520
熔池深度/mm	240	290	360	430
电极直径/mm	150	200	250	300
电极分布圆直径/mm	400	680	800	900
电极最大行程/mm	850	1100	1300	1700
电极升降速度/$m \cdot min^{-1}$	0.6~4	0.4~4	3~6	3~5
总重/t	8	17.8	37	66

电弧炉的额定容量可以用炉子实际的出钢量或是炉料装入量来表示，两者之间有固定

的联系。炉子容量是冶炼操作、生产管理、车间设计等各方面的基础。同吨位的炉子可以有不同尺寸的炉壳和不同容量的变压器。因此应该同时用三个参数来表示一台电弧炉，这样才比较准确和全面。冶炼生产过程中考核很多指标，其中和电炉参数配合直接有关的指标是小时生产率（t/h）和单位产品电耗（kW·h/t）。其他指标如电极消耗、耐火材料消耗等都与电极及生产率有关。

4.2.3.2 炉体系统

A 炉壳

电弧炉的炉壳包括圆筒形炉身、炉底壳和上部加固圈三部分，通常用 12~30 mm 厚的钢板焊接而成。炉壳上沿专门焊上的加固圈一般都通水冷却，以提高炉壳的强度和刚度。炉壳钢板上通常均匀地钻有许多直径为 20 mm 左右的小孔，以排除烘炉时的水分。炉壳底有平底、截头圆锥形底和球形底三种。球形底坚固，但制造较困难，小容量的炉子采用得较多。截头圆锥形底应用得最普遍；平底用得很少。

B 炉门

炉门部分包括炉门、炉门框、炉门槛和炉门升降机构。大部分电弧炉采用钢板焊接的水箱式炉门和炉门框。门型炉门框固定在炉壳上，水冷部分嵌入炉墙内，支持门框上部的炉壁。炉门的受热面应衬以耐火砖或耐火水泥，其和炉门框的贴合面与垂线有 3°~12°的夹角，以保持两者密封。炉门要易于升降，最好还能停留在中间位置。

C 出渣槽

在炉壳上与炉门相对位置，用钢板和角钢焊接出渣槽，其截面应接近矩形，槽内砌以大块耐火砖。出渣槽的长度取决于电弧炉在车间中的布置位置和炉子倾动机构的型式，从炉内壁算起的全长一般超过 2 m，并向上倾斜 8°~12°，以防止出渣口打开后熔体自动流出。炉壳上开一个圆形出渣口，一般比炉内液面高 100~150 mm，冶炼时用耐火材料或石灰将其堵住。

D 炉盖

炉盖由砌在炉顶圈内的耐火砖构成。炉顶圈要承受拱起的炉顶砖的重量和热膨胀的作用力，通常用钢板焊接而成，内侧面倾斜一定角度，这样就可不用专门的拱角砖。内腔通水进行冷却，以防止变形。炉盖直径应大于炉壳直径，使全部炉顶重量加在炉壳加固圈上而非炉壁上。

冶炼稀土硅铁合金时，由于固体稀土富渣或稀土精矿的导电性不良，只能采用先起弧、后装料的方式，因此需在电弧炉的炉盖上设置加料孔，如图 4-11 所示。先将炉料装入料斗进行计量，然后用吊车运往炉顶料仓内储存。电弧炉起弧后，将料仓的闸门打开，炉料通过导料管从炉盖的加料孔流到炉内。加料孔采用两个方形钢结构或铸铁构件的水套砌于炉顶砖中，一个加稀土原料，另一个加石灰。为了冷却

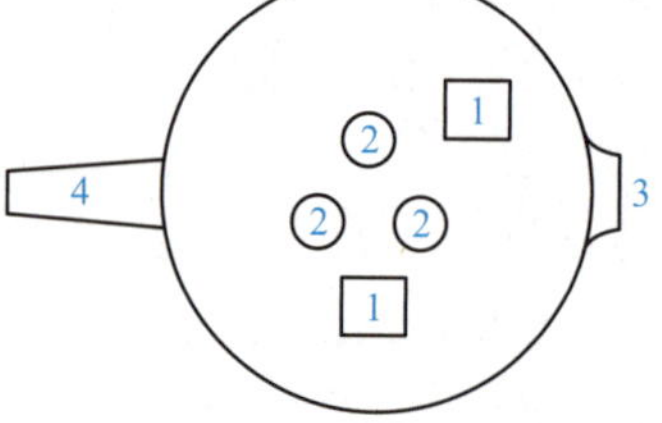

图 4-11 炉盖加料孔
1—加料孔；2—电极孔；3—炉门；4—出渣槽

电极及避免炉盖受热变形折断电极，炉盖上的电极孔装设电极冷却器，冷却器内通水冷却，可起到冷却电极、减少电极氧化、防止炉气外逸和冷却炉盖中心部位的作用。

E 炉体倾动机构

出炉时，炉体需向出渣槽方向倾动 40°~45°；扒渣时，炉体需向炉门方向倾动 10°~15°。上述动作由炉体倾动机构完成。倾动机构分侧面倾动和炉底倾动两种。侧面倾动机构是在炉壳两侧固定两个扇形齿轮，用电动机经减速器驱动螺杆旋转，带动扇形齿轮沿水平齿条座滚动而使炉体倾动，倾动速度为 1°~1.2°/s。

F 排烟和除尘装置

冶炼稀土硅铁合金的过程中产生大量有害烟气，烟气中含有大量粉尘，而且烟气中的 SiF_4 刺激人体皮肤，对车间环境和人体健康危害很大。为此，采用炉顶轨道移动式烟罩将烟尘引入管道系统，并在排风机前装设了直径为 2500 mm 的泡沫除尘器。这种烟尘极易溶于水，风机壳体及叶片无烟尘污染，烟气可以顺利地排出，基本上解决了冶炼过程中产生的烟尘危害问题。

4.2.3.3 电极系统

A 电极夹持器

电弧炉的电极夹持器可将电极夹持在一定高度，并把电流传导给电极。为了避免夹头过热、起弧和烧毁，应定期清洁夹头或插入垫板。

电极夹紧机构可分为手动和气动两类。手动的操作不够方便，且高温下易松动。常用的气动电极夹头是利用弹簧的弹力把电极夹紧，依靠压缩空气的压力使其松开。

B 电极升降机构

为了调整电弧长度，电极应能灵活地升降。电极升降机构有液压传动和钢丝绳传动两种。液压传动的电极升降机构系统惯性较小，起动、制动快，控制灵敏（0.02~0.05 s），故可采用较高的升降速度（6~9 m/min）。

4.2.3.4 电气设备

电弧炉是一种耗电很大的设备，近代炉用变压器的功率可高达几万至几十万千伏安。考虑炉内电弧不应太长，电弧炉工作电压只能在 400 V 以下，而电流则大至数万安培。因此，电弧炉总是从高压电网取得电能，再通过炉用变压器降低到使用电压。由高压电网至电弧炉的输电线路称为电弧炉的主回路，如图 4-12 所示。冶炼所需的全部电能即通过这一主回路输入炉内。为了保证操作正常和安全，主回路上应有隔离开关、高压断路器、电抗器的断路开关，炉用变压器和电压转变开关等电气设备。

A 油开关和隔离开关

油开关是高压断路器的一种，用于在负载下接通或切断高压线路。根据电弧炉的工作特点，油开关的负担很重，切断次数很多，故宜采用多油断路器。油能使触头分离时产生的电弧迅速熄灭。但油分解产生的气体易引起爆燃，这是油开关的严重缺点。油分解生成的游离碳会降低油的绝缘性能，需要定期检查和换油。

近年来，许多工厂的电弧炉改用电磁式空气开关代替油开关。与油开关相比，电磁式空气开关具有灵敏度高、不用换油、结构简单和维修方便等优点。还有一种新型高压断路器——真空断路器，它利用真空来熄弧，设计小巧，使用寿命长，目前已经得到推广使用。

当高压断路器断开后，连接电源一侧的接触点仍有极高的电压，对高压断路器的一系列检修工作仍然不能进行。为此，在电网和高压断路器之间还需安装隔离开关。此隔离开关是一个三相刀闸式的空气开关，无灭弧装置。其接通和闭合只允许在高压断路器断开之后进行，即必须在没有负载的情况下进行，否则闸刀和夹片之间会产生电弧而使闸刀熔化，并极易使线路短路。隔离开关借助绝缘杆或操纵机构来操作。

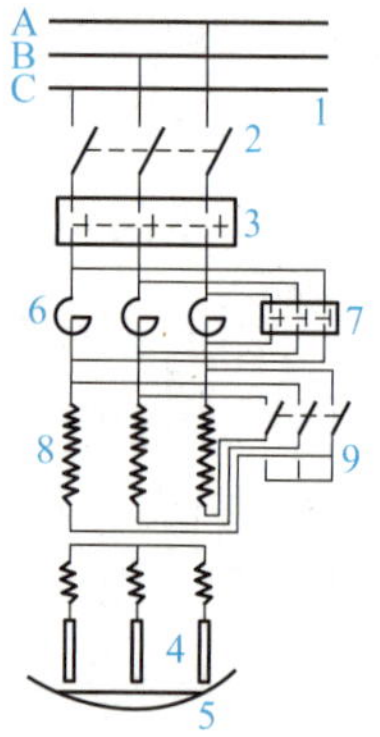

图 4-12　电弧炉的主回路

1—高压线；2—隔离开关；3—高压断路器；4—电极；5—熔池；6—电抗器；7—电抗器的断路开关；8—变压器；9—变压器的Y—△转换开关

B　变压器

炉用变压器与一般电力变压器相比，具有变比大、二次电流大、副边电压可以调节、过载能力大及机械强度高等特点。变压器油起绝缘和散热作用，变压器工作时必须进行冷却，以防止因温升而导致导线绝缘材料的变质。一般规定油面温度不应超过 70 ℃，周围大气温度不应超过 35 ℃。

在冶炼过程中，冶炼各阶段要求供给的能量各不相同。如在熔化期，应该输入最大的功率以使固体冷料迅速熔化；而在还原期，由于炉温已高，熔池吸热减少，因此仅需要较小的功率。故要求变压器输入炉内功率的大小能够调节。

C　电抗器

电抗器串联在高压边，其功用是增加电弧在起弧阶段的稳定性和限制短路电流的数值。当主回路中电流增大时，电抗器线圈中产生感应电流，其方向与主回路中的原电流方向相反；而当主回路中电流值减小时，电抗器线圈中产生的感应电流方向与原电流方向相同，从而限制原电流的变化。

D　短网

电弧炉电气回路中的短网是指从变压器低压侧引出线到电弧炉电极的这一段线路，如图 4-13 所示。由于短网中通过巨大的电流，线路中导体的截面很大，因此设法减小短网的电阻和感抗对减小电能损失具有重大意义。

当巨大的电流流经大截面的导线时，表面效应便明显地表现出来，导线的有效电阻则因表面效应而增大。为了充分利用导电材料，短网的某些部分用铜管代替实心导线，内部可通水冷却。若导线为若干平行导体，则导体的有效电阻还因受邻近效应的作用而增大。为了减小短网各部分的电流密度值，应保证导体有足够的有效截面积。考虑表面效应和邻近效应均应使导体的有效电阻值增大，因此应尽量缩短短网的长度。根据空间布置，短网长度一般小于 10~20 m。

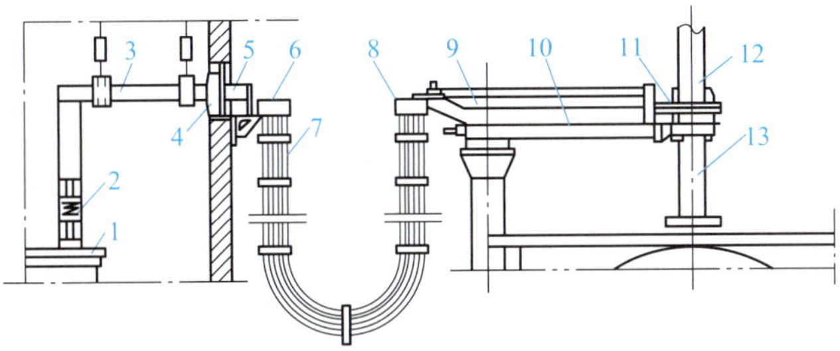

图 4-13 中小容量电弧炉的短网结构

1—炉用变压器；2—补偿器；3—矩形母线束；4—电流互感器；5—分裂母线；6—固定集电环；7—可绕软电缆；8—移动集电环；9—导电铜管；10—电极夹持器横臂；11—供给电极夹板的软编线束；12—电极夹持器；13—电极

E 电极

电极是短网的最后一部分，其作用是把电流导入炉内，并与炉料间形成电弧而放出大量的热。电极工作时受到高温炉气的氧化以及塌料的撞击等作用，因此对电极的导电性能、在空气中开始强烈氧化的温度和机械强度等有较高的要求，并要求电极的灰分和含硫量低，几何形状规整。

电弧炉中采用的电极有炭素电极和石墨电极两种。前者用优质无烟煤、冶金焦、沥青焦作为原料，以一定的比例和粒度混匀后加入沥青和焦油作为黏结剂，在适当温度下搅拌均匀，然后压制成型，放入焙烧炉缓慢焙烧而成。后者主要以石油焦和沥青为原料，制成炭素电极后，在温度为2000~2500 ℃的隔绝空气的石墨化电阻炉内经石墨化烧结而成。故石墨电极各方面的性能都优于炭素电极，但价格较高。电极的物理性能见表 4-6。石墨电极的电流密度要求见表 4-7。

表 4-6 电极的物理性能

电极	密度 $/g\cdot cm^{-3}$	电阻系数① $/\Omega\cdot mm^2\cdot m^{-1}$	空气中开始强烈氧化的温度/℃	抗拉强度 /MPa	抗压强度② /MPa	抗弯强度② /MPa
石墨	1.55~1.60	8~10	600	5~8.5②	21~28	10.5~10.6
炭素	1.55~1.60	40~70	450	3~7	15~30	5.6~9.0

① 上限属于大直径。

② 上限属于小直径。

表 4-7 石墨电极的电流密度要求

电极标号	电极直径/mm											
	100	125	150	175	200	225	250	275	300	350	400	500
	电流密度 $/A\cdot cm^{-2}$											
优级	28	26	24	20	20	20	18	17	17	16	15	13
一级	26	24	21	18	18	16	16	16	16	15	14	12
二级	24	22	18	17	16	15	15	15	15	14	13	11

4.2.3.5 电弧炉的砌筑

A 炉盖砌筑

砌筑炉盖前，先将炉盖水套圈放在水泥制作的炉盖旋胎上，确定好电极孔和加料孔位置后，开始砌筑炉盖砖。砌筑炉盖时，先沿炉盖水套圈用湿砌法砌一圈拱脚砖，然后砌炉盖的主、副筋。炉盖的主筋沿两个电极孔的共同切线砌筑，其位置接近炉盖中心线。炉盖使用长 300 mm 的电炉专用高铝砖砌筑，砌筑时先由边缘向中心砌主筋，再由边缘向炉盖中心砌副筋，副筋与主筋方向垂直。主、副筋砌完后，由中心向边缘砌筑炉盖砖，使它们互呈人字形。图 4-14 为炉盖砌筑示意图。

B 炉体砌筑

冶炼稀土硅铁合金时，由于含氟稀土炉渣对用碱性或酸性耐火材料砌筑的炉衬有较强的腐蚀性，炉衬寿命较短，降低电弧炉的作业率，因此需改用耐氟的碳质炉衬。由于冶炼稀土硅铁合金的炉料体积大，而且在冶炼时常出现熔渣沸腾的现象，因此必须增加熔池的深度以扩大熔池体积。实践中常采用提高炉门坎位置的方法来增加熔池的深度。

5 t 电弧炉炉体的砌筑如图 4-15 所示。为减少炉子热损失及增强电绝缘性，在炉衬和炉壳间加一层电绝缘性好、导热系数极小的石棉板和黏土砖。炉体的砌筑方法是：在炉底平铺一层 10 mm 厚的石棉板，然后干砌一层 65 mm 黏土砖。其上砌筑一层按炉底形状加工好的 400 mm 厚的炭砖，炭砖之间留 60~80 mm 的间隙，用炒好的电极糊与炭素料的混合料充填缝隙并捣实。在炭砖平面以上砌筑炉墙，沿炉壁圆周内湿砌一层 10 mm 的石棉板，再砌一层 115 mm 厚的黏土砖，一直砌到炉口。为减小劳动强度和改善作业环境，目前的碳质炉衬多采用将铁胎放入炉内后灌入炭素料、电极糊、碎电极块，经烧结的方法而制成。在灌入碳质料前，炉门用耐火砖砌筑，在出铁口炉眼位置预置钢管或缸瓦管，灌入碳质料后与炉衬进行整体烧结。表 4-8 给出了捣制用碳质材料的组成。出铁口的流槽采用加工好的流槽炭砖砌筑。

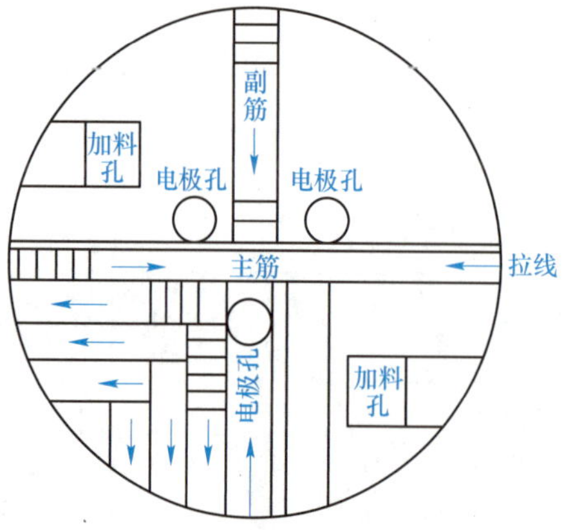

图 4-14 炉盖砌筑示意图

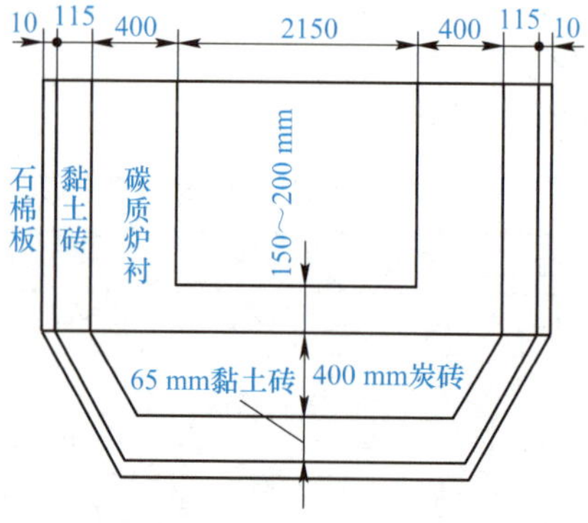

图 4-15 5 t 电弧炉炉体砌筑示意图

表 4-8 捣制用碳质材料的组成

原料	炭素料	电极糊	废电极头
配比/%	50	30	20
粒度/mm	10~50	10~50	10~20

C 炉体的烧结与烘炉

炉体的烧结以柴油或焦炭为燃料。铁胎是一个厚 30 mm 的整铸壳体，在壳体内用油枪喷入柴油燃烧或加入焦炭燃烧，以加热铁胎并将热量传入电极糊，使电极糊逐渐熔化。随着电极糊的熔化，碳质料逐渐下沉，应随时加入碳质料，直至炉墙处的所有空间灌满碳质料为止。继续加热，使炉墙内侧的电极糊烧结、硬化和部分石墨化。一般用柴油烧结一个炉衬大需要 8 h，烧结层厚度 40~50 mm。烧结停火 20 h 后，将铁胎吊出，清理和修整好后备用。

碳质炉衬炉体在启用时均需进行烘炉，以保证炉衬的良好烧结和去除炉体内的水分。冶炼稀土硅铁合金的电弧炉采用整体更换炉体的方法，当炉壁损坏到需要更换时，将炉体吊下，把烧结后的备用炉体吊放到工作位置，盖上炉盖，上好三根电极。检查电气设备和机械设备，若运转正常便可开始送电烘炉。合理的烘炉供电制度是保证电弧炉质量的关键，为了使炉衬各部位均衡升温，送电前应先在炉底上铺一层废电极块，其厚度为 200~300 mm，长度为 100~300 mm，也可用大块焦炭代替。开始送电应采用大电压、小电流，以形成较长的电弧柱。根据炉体升温情况，加大电流断续烘烤，经过 4~5 h 后停电，扒出废电极块后方可装料冶炼。

4.2.4 硅热还原法冶炼稀土硅铁合金的生产工艺

4.2.4.1 冶炼工艺流程

硅热还原法冶炼稀土硅铁合金工艺流程如图 4-16 所示。在电弧炉内冶炼稀土硅铁合金是以稀土富渣、稀土精矿渣或稀土精矿等为稀土原料，75%硅铁为还原剂，石灰为熔剂，当炉渣含氟量低时，加入萤石为辅助熔剂。对原材料的要求如下。

(1) 稀土原料。为了提高稀土回收率和产量，节省电能，减轻环境污染，要求选用精料。近年开发出利用白云鄂博或山东微山低品位稀土精矿（含 REO 30%）直接冶炼稀土硅铁合金的工艺，可采用湿法冶金不宜使用的低品位稀土精矿生产稀土硅铁合金。

(2) 石灰。要求 $w(CaO)>85\%$，其余按炼钢用材料要求，粒度不大于 50 mm，严禁粉石灰入炉。

(3) 硅铁。75%硅铁按国家标准，硅含量大于 75%，

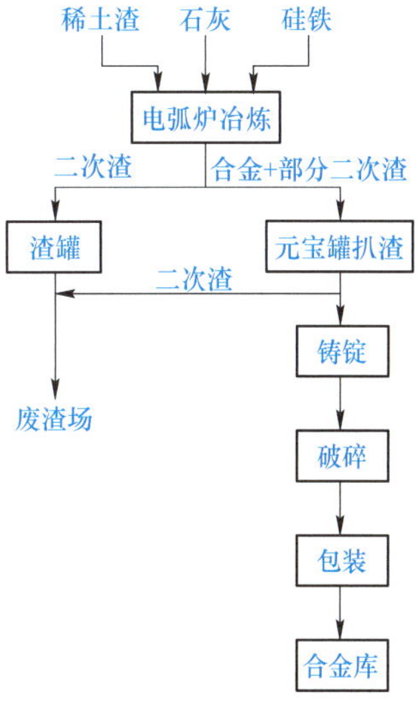

图 4-16 电弧炉硅热还原法生产稀土硅铁合金的工艺流程

块度不大于 150 mm。

4.2.4.2 配料

按所要生产的稀土硅铁合金的化学成分，以炉料的化学成分为依据，按炉子装入量计算出稀土原料、石灰、硅铁的量。炉料间的相对配比，随合金品位、各原料成分的变化而变动。

根据入炉原料和冶炼产品中稀土平衡的原理，可计算出稀土原料量与硅铁量之比：

$$0.835 \times Aw(RE_xO_y)f = Cw[RE]g$$

这一公式可写成：

$$A/C = \frac{gw[RE]}{0.835 \times fw(RE_xO_y)}$$

式中 A——稀土原料量，kg；

C——硅铁量，kg；

g——合金率，即产出的合金与加入硅铁的质量比，可根据经验确定,%；

$w[RE]$——合金中稀土金属的含量,%；

$w(RE_xO_y)$——稀土原料中稀土氧化物的含量，换算成稀土金属需乘以 0.835,%；

f——稀土回收率,%。

根据配料碱度可计算稀土原料量与石灰量之比：

$$碱度 = \frac{Aw(CaO) - 1.47w(F_2) + Bw(CaO)'}{Aw(SiO_2) + Bw(SiO_2)'} \tag{4-1}$$

式中 A——稀土原料量，kg；

B——石灰量，kg；

$w(CaO)$，$w(F_2)$，$w(SiO_2)$——CaO、F_2、SiO_2 在稀土原料中的含量，%；

$w(CaO)'$，$w(SiO_2)'$——CaO、SiO_2 在石灰中的含量，%。

生产实践证明，按式（4-1）表示的配料碱度保持在 3.0~3.5，出炉前的终渣碱度以 2.0~2.5 为宜。由式（4-1）计算的石灰加入量，适用于稀土富渣为原料的情况。如使用稀土精矿渣或稀土精矿为原料，由于稀土氧化物也是碱性氧化物，当其含量大于 30%时，应对该式进行适当修正。

4.2.4.3 冶炼工艺操作

A 加料熔化

烘炉后，即进行送电起弧加料。在落电极起弧时要防止挫断电极，当三根电极都有电流（有电流表指示）时，将稀土原料及石灰经炉顶部的两个加料漏斗加入。先放一部分稀土原料，相继放入一部分石灰，然后如此交替加料。新炉体的容积小，可分两批加料，直到把配料量加完为止。石灰应尽量加在炉子中心区。

在加料的同时堵好炉眼，堵眼材料采用粒度小于 5 mm 的焦粉。当炉眼直径在 100 mm 左右时，用干焦粉堵；当炉眼直径为 150~200 mm 时，用湿焦粉堵。

电流一般稳定 5 min 左右，即可将电流增加到变压器的最大允许值，以加速熔化。在熔化过程中要勤推料，不断把炉内四周的未熔料推到炉子中央高温区。要避免炉墙挂料，以防造成操作困难。

B 还原

当炉料熔化 70%~80%时，由炉门加入硅铁。应尽量把硅铁加到高温三角区并压到液面以下，以减少硅铁烧损。加完硅铁待电流平稳后，加大电流至额定值，提高炉温使硅铁快速熔化，但应注意不要造成金属过热。

在升温过程中，要注意观察炉顶逸出炉气的颜色、浓度变化及熔体液面的情况。当炉气由黄褐色逐渐变成灰白色，最后为蓝色，并观察到电极周围与渣面接触处不断翻滚时，表示硅铁已经熔化完。当渣温达到 1350~1400 ℃时，即可停电搅拌。抬起电极并将炉体倾向流槽方向，使炉门排气，并从炉门插入气体搅拌管进行搅拌，气体压力为 0.2~0.4 MPa。以前采用压缩空气搅拌造成硅的大量氧化烧损，现改用压缩氮气搅拌，明显降低了硅的氧化损失，同时提高了稀土回收率。在搅拌期要保持炉内强烈沸腾而不溢渣。搅拌管的位置要随时变动，不留死角，一般搅拌 8~15 min 即可。当炉气由浓变稀、由黑变白且熔池沸腾减弱时，表明炉内的反应在当时的温度下已达到平衡，可停止搅拌。取样化验合金中稀土成分，决定是否需要继续搅拌，如果样品合格，就准备出炉。为确保渣铁分离，从搅拌后至出炉前，采用高电压、中级电流送电 5~8 min 以提高炉温。

C 出炉

出炉熔体温度要高于 1350 ℃，出炉前先将炉门槛用石灰或焦粉垫平，倾动炉体趋于水平，停电 3~5 min，使渣铁很好地分离。打开出铁口，先将大部分炉渣溢到渣罐中，此时，倾炉必须缓慢，以免带出合金。然后将剩余的渣和合金放入由天车吊挂的元宝罐中，出完合金后，将罐吊至铸锭跨。放完合金后把炉子恢复到正常位置，进行下一炉的送电起弧和加料。

把元宝罐吊到扒渣位置处，先将大部分炉渣溢到渣罐中，同时用铁管击荡渣流，如见有合金花（蓝色）溅出，应立刻回小钩停止溢渣，以避免溢出合金。扒渣一般需 5~8 min，扒渣后的合金吊到铸锭位置，倾倒在已准备好的铸锭盘内。应使合金缓慢地流入盘中，避免铸锭盘被合金流冲出坑。为减小偏析，要求锭厚小于 150 mm。铸后约 15 min（视锭厚而定），把合金锭运到指定地点。

D 破碎和包装

破碎前的合金由质检人员取样化验有关成分，按化验结果分级堆放。由于用户使用合金的目的和方法不同，对合金的粒度要求各有差异，需根据用户要求的粒度进行破碎。破碎粒度合格的合金装桶，每桶净重 50 kg。装桶合金分批取样化验化学成分，合格者填写合格证后装入桶内，不合格者列为废品回炉。

5 t 电弧炉用含 REO 15%的稀土富渣冶炼稀土硅铁合金，每炉可产合金 1 t，冶炼周期为 200~245 min，炉子作业率为 78%~85%，产品合格率为 95%，稀土回收率为 60%~70%，电耗为 4000~4700 kW · h。用含 REO 30%的稀土精矿冶炼稀土品位大于 30%的稀土硅铁合金时，稀土回收率达 75%；冶炼含稀土 21%～27%的合金时，稀土回收率达 80%，每吨合金电耗在 3000 kW · h 以下，比原工艺节省电耗 30%。

4.2.4.4 影响因素

电弧炉硅热还原法生产稀土硅铁合金，经过多年的科学研究和生产实践证明，配料碱度、料铁比、还原温度和搅拌强度对合金的稀土品位和回收率具有决定性的影响。这四个影响因素也称为稀土硅铁合金冶炼过程的四要素。

微课4-3
硅热还原法的影响因素

A 配料碱度

用硅铁还原熔渣中的稀土氧化物时，在一定范围内，熔渣碱度和硅铁含硅量越高，还原越完全。增加熔渣碱度能提高稀土回收率，这是因为有充足的氧化钙是促成稀土矿物分解的关键，氧化钙不仅增大了熔渣中稀土氧化物的活度，而且起着与反应产物二氧化硅化合生成硅酸二钙、硅酸三钙及降低二氧化硅活度的作用，同时，被硅还原出来的钙又用于稀土的还原。但碱度过高会降低渣中稀土的浓度，同时又使熔渣变黏，影响反应物的扩散，不利于还原反应的进行。

在配料时，加入的石灰量要使二氧化硅都呈硅酸二钙和硅酸三钙的形式存在，其中硅酸三钙要占总量的 50%甚至更高一点，此时碱度为 2.3～2.7。实践表明，当冶炼终渣的碱度在这个范围内时，稀土的回收率最高。在冶炼过程中产生大量的二氧化硅使熔渣碱度降低，因此，配料碱度要高于终渣碱度，究竟高多少则视冶炼过程中硅的消耗量（即二氧化硅的生成量）而定。有关实验证明，对于每种熔渣都有一最佳配料碱度，只有选择合适的配料碱度才能得到最高的稀土回收率。

B 料铁比

入炉的稀土原料质量与硅铁质量之比称为料铁比，它是配料计算中的一个重要数据。料铁比不是常数，应随原料的稀土品位和合金稀土品位的变化而进行调整。如果合金的稀土品位不变，随着原料稀土品位的降低，料铁比应提高，即在低品位原料中还原出同样多的稀土要消耗更多的硅铁。如果原料的稀土品位不变，随着合金稀土品位的增加，料铁比也应提高，因为在同样的原料中还原出的稀土越多，消耗的硅铁也越多。上海冶金研究所的试验表明，在选定配料碱度为 4.0、温度为 1200～1300 ℃、其他操作条件相同时，料铁比与合金稀土品位和稀土回收率的关系如图 4-17 所示。可见，冶炼低品位的合金，稀土回收率高；而冶炼高品位的合金，稀土回收率则低。

C 还原温度

还原温度对稀土的还原速率具有重大的影响。实践证明，在一定范围内采用较高的碱度和较低的温度对稀土还原有利。当配料碱度为 4.0，温度在 1400 ℃、1325 ℃及 1250 ℃时，稀土在终渣与合金之间的分配比分别为 0.06、0.04 和 0.02，稀土的回收率分别为 67.7%、75.8%及 85.0%。

硅热法还原稀土氧化物是放热反应，因此提高温度会影响反应进程，使稀土回收率降

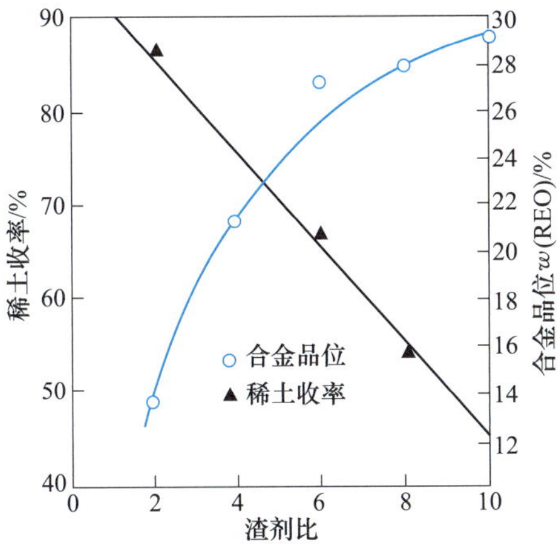

图 4-17　料铁比对合金稀土品位和稀土回收率的影响

低。但是对于工艺条件的选择，不仅取决于反应的平衡状态，而且还要考虑反应速度、生产效率、操作条件及熔渣性质等因素，综合各因素来选择最佳条件是十分必要的。还原温度较高时，熔渣黏度较低，有利于反应离子的扩散，因而合金中稀土含量较快达到峰值。但若温度过高，则合金的氧化速度加快，对合金成分的控制造成困难，被氧化的稀土回到渣中使合金品位降低。一般认为，最适宜的还原温度为 1300～1350 ℃，出炉温度以 1350～1400 ℃为宜。若将还原温度提高到 1400～1450 ℃，则会出现终渣中稀土含量增高、稀土回收率降低的趋势。

D　搅拌强度

稀土熔渣与液态硅铁的反应属于液-液反应，反应物的扩散是反应速度的限制环节。由于两种液相的密度不同，在冶炼温度下熔渣与合金自然会分成明显的两层。因此，在还原过程中进行搅拌可使熔渣与硅铁充分接触，增加反应物质碰撞和生成物质离开的机会，强化反应，缩短冶炼时间。

生产实践中，搅拌强度应视炉温的高低而灵活掌握。炉温偏低时应强烈搅拌，炉温偏高时搅拌可减弱。搅拌过度会增加合金暴露在空气中的机会，反而使硅、稀土等元素氧化，造成稀土回收率降低。如果碱度不够高，则合金中稀土含量下降得更快。因此，需掌握合适的搅拌时间和次数，适当调整压缩气体的流量。

4.2.4.5　生产中常见故障及处理方法

稀土硅铁合金冶炼过程中经常出现一些故障，有机械设备、电气系统方面的，也有冶炼工艺、冶炼操作方面的。冶炼操作方面的常见故障及一般处理方法如下。

A　熔渣在炉内凝固

冶炼过程中途突然停电，会使熔渣凝固。再次送电时，因凝固渣导电性差而导致不能起弧，此时要用焦粉、废电极块、硅铁或铁块等在电极下面三角区搭成通路使之起弧。当三相电极都起弧后，三角区的熔渣逐渐熔化并渐渐扩大到整个熔池，使冶炼可继续进行。

B 电极折断

冶炼中加硅铁时碰撞、加料时料块的冲击、下放电极速度过快而撞击炉料或炉底、电极受潮及因接头螺母处有灰尘引起打弧过热等，都会引起电极折断。

电极折断后，小块电极可用耙子由炉门扒出；大块电极要待炉料熔化后倾动炉体，再从炉门扒出。如较长的电极或整根电极从接头处折断，电极卡在电极孔处，则要停电，用细钢丝绳把电极上端拴住，再用吊车把断电极由电极孔吊出，固定在复活电极架上，将螺丝头旋出，电极以备再用。

C 跑炉

还原期冶炼的反应十分强烈，烟气量大，液面迅速上涨，熔渣大量溢出或喷出炉外的现象称为跑炉。跑炉的产生大多是因为不按操作规程操作，如炉温过高，搅拌过迟；粉状硅铁量大，且加入较晚；搅拌时压缩气体流量过大，搅拌过于强烈等。

发现有跑炉的迹象时需立刻停电，将炉体向后倾，用压缩气体吹堵炉门，将上涨的熔渣吹向炉后，将冷渣、湿焦粉或煤块等投入炉内，使渣面沸腾，排出气体。如已发生跑炉，要保持好设备，及时用水冷却，把溢出的炉渣重新投入炉内冶炼。

D 出铁口冻结

出炉时常有出铁口打不开的现象，这是由于堵出铁口时没有清净炉渣或焦粉没填满炉眼，致使熔渣浸入后凝固。这时，可把炉体向后倾，提高炉眼处温度，用钢钎捶打。仍打不开时，可用氧气烧开，即将点燃的吹氧管对准清理好的炉眼，加大吹氧量，使堵塞物熔化流出，直到烧通。

E 炉衬烧损

电弧炉冶炼稀土硅铁合金，其炉衬是用碳质材料烧结而成的。当炉墙与炉底烧损程度不一时，要进行热补炉。

（1）热补炉底。经过一段时间冶炼后，在电极起弧处会出现深坑，炉底变薄，使熔池过深。若此时炉墙尚且完好时，要热补炉底，否则就会影响冶炼的正常进行。

热补炉底之前的最后一炉配料应力求碱度偏低些，出炉时尽量把熔渣出净。热补炉底前需洗炉。对于5 t容量的炉子，向熔池中加入600~700 kg萤石，送电熔化后用耙子搅动，使熔融的萤石冲蚀残渣，并倾动炉体5~6次。约40 min后，将熔体放出炉外，捞出残留在凹坑处的残渣。如残渣取不净，可用废电极头粘出。炉底清净后，待自然冷却到700~800 ℃时进行热补炉。

补炉材料的粒度要求小于100 mm。如有沥青，可先在炉底摊一层，然后加入电极糊耙平，在电极糊上面再铺一层电极糊占60%、碳和炭素料占40%的混合料并耙平，最后在最上面盖一层电极糊。

待加入的补炉料黑烟基本冒完，炉底表面出现硬壳时，在电弧区加一层小块电极块，用低压、大电流起弧，烘炉约2 h。烘好后扒出电极块，炉子便可投入生产。

（2）热补炉墙。炉墙发生局部损毁时要热补炉墙。先用铁铲将贴补处清理干净，然后把已炒软的料（电极糊占 60%，炭素料占 40%）用长柄铁铲送到贴补处，再用小长柄铁耙将软料推压到贴补处压实即可。

（3）热补炉眼。当出铁口炉眼烧损过大，不易堵而易跑眼时，也要进行热补。补眼前先将炉眼周围的炉渣清理干净，将直径为 150 mm、长 800 mm 的缸瓦管或铁管，里面填满焦粉，两端用耐火泥封口，放入炉眼内并对好位置。外部用炒软的电极糊填满捣实后，用耐火泥封口。当确定不会漏出电极糊时，将炉体向出铁口侧倾转至便于加料热补的位置，用铁锹将小块电极糊由炉门投放到管的周围，直到全部补完。待电极糊熔化、结壳后，将炉体恢复到正常位置，除尽管中的耐火泥及焦粉，把炉眼清整好后就可投入使用。

任务 4.3 电弧炉冶炼其他稀土铁合金【案例】

4.3.1 硅热还原法冶炼其他稀土铁合金

4.3.1.1 硅热还原法冶炼稀土钙硅铁合金

稀土钙硅铁合金是生产蠕墨铸铁的主要蠕化剂之一，其牌号与化学成分见表 4-9。

表 4-9　稀土钙硅铁合金的质量标准

牌　号	$w(RE)/\%$	$w(Ca)/\%$	$w(Si)/\%$	粒度/mm
$FeSiCa_{13}RE_{13}$	10～15	10～15	≤60	3～25
$FeSiCa_{9}RE_{18}$	15～20	8～10	≤50	3～25
$FeSiCa_{9}RE_{22}$	20～25	8～10	≤45	3～25

电弧炉生产稀土钙硅铁合金的工艺与生产稀土硅铁合金基本相同，但有如下特点。

（1）配料碱度高，终碱度大于 3。

（2）冶炼温度高于 1450 ℃。

（3）配成渣含 $w(F) \geq 15\%$。

（4）搅拌强度大而时间短，一般不超过 8 min，最长不超过 12 min。

（5）还原剂硅铁中的硅含量大于 75%。为了避免产生废品，强搅拌 6～7 min 后停电取样，化验稀土和钙含量，如钙含量达到要求，立刻组织出炉。

4.3.1.2 硅热还原法冶炼稀土镁硅铁合金

电弧炉冶炼镁硅铁合金是分两步进行的，即先冶炼出相应成分的稀土硅铁合金，然后进行炉外配镁。炉外配镁有两种方法，即冲镁法和压镁法。冲镁法是用合金液把镁冲化，然后铸锭。压镁法是把镁锭压入合金液中熔化，然后铸锭。相比较而言，压镁法镁的烧损率低，合金中氧化镁夹杂少。

配镁过程中，镁的烧损率随合金温度的高低而变化。合金的温度越高，镁的烧损率越大。因此，配镁的合金温度要适当，既要使镁锭全部熔化，保证配镁后的合金具有一定的流动性，又要使镁的烧损率降到最低限度。

镁的烧损还与合金中的铁含量有关，合金铁含量越高，镁的烧损率越大。因为铁与镁不互溶，若合金含铁量高，则合金中的游离硅优先与铁结合形成 FeSi 或 $FeSi_2$，就没有充分的游离硅与镁结合生成 $MgSi_2$，从而使镁的气化烧损率加大。合金中稀土、镁、钙、铁都与硅形成化合物，而含硅高又超标，因此必须控制好合金中的铁含量，才能使镁的烧损减少。

4.3.1.3 硅热还原法冶炼稀土镁硅铁合金

在电弧炉内用硅热还原法直接制取稀土镁硅铁合金，是以稀土富渣为稀土原料，以白云石（$CaCO_3 \cdot MgCO_3$）为镁原料，以硅铁、硅钙为还原剂。将称量好的炉料混匀后一次加入电弧炉，调节电压和电流进行熔化和还原，还原结束后出炉，注入锭模中。此法的优点是以白云石为镁原料，这在金属镁短缺的情况下更具有特殊的意义。

A 冶炼温度

合金中的镁含量与冶炼温度有关。在一定温度范围内，温度越高，合金中的镁含量越高，见表4-10。

表4-10 冶炼温度对合金中镁含量的影响

冶炼温度/℃	1350~1400	1500~1550	1600~1650
合金中镁含量（质量分数)/%	1.34	3.38	5.15

B 配料碱度

这里所说的碱度是指 CaO 与 MgO 总量占稀土渣与白云石总量的百分比，碱度与合金中镁含量的关系如图4-18所示。

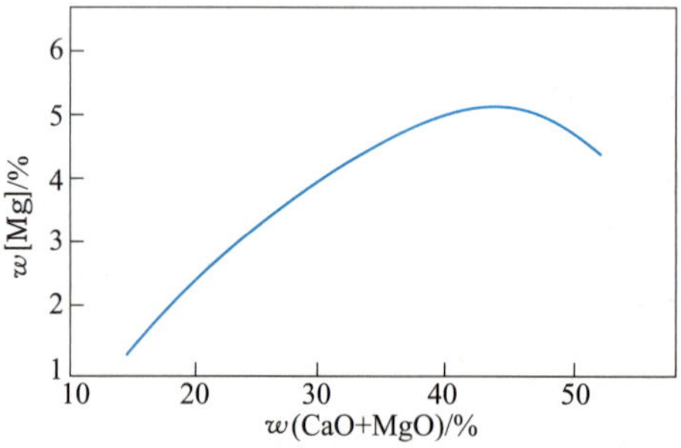

图4-18 碱度与合金中镁含量的关系

当碱度超过45%时，合金中镁含量有下降趋势。这可能是由于熔渣的黏度增高，还原剂与熔渣的接触不良，使还原效率降低。

C 硅的含量

还原剂硅铁、硅钙中硅的含量对合金中镁的含量有直接影响。由表4-11可见，合金中镁含量随还原剂中硅含量的增加而增加，这是符合热力学原理的。

表4-11 还原剂中硅含量对合金中镁含量的影响（质量分数） （%）

还原剂中硅含量	95	90	85	80
合金中镁含量	4.2	4.15	3.23	2.65

D 镁在合金相、渣相、气相间的分配

根据工业性试验的物料平衡统计，镁在各相中的分配比为：合金相 20%～25%，渣相 30%～35%，气相 40%～50%。由此可知，镁的还原率很高，但回收率不高。这是因为镁的蒸气压很高，还原的镁大部分进入气相。如果在熔体上面有一定厚度的料层吸附逸出的镁蒸气，使渣中氧化镁的含量增加，则可提高合金中镁的含量。

电弧炉硅一步法冶炼稀土镁硅铁合金的工业试验，可获得如下合金成分：$w[RE] \approx 17\%$，$w[Mg] \approx 3\% \sim 5\%$，$w[Si] = 50\% \sim 55\%$，$w[Ca]+w[Mg]>10\%$，余量为 Fe。

4.3.2 铝热还原法冶炼稀土中间合金

与硅相比，金属铝具有更强的还原能力。铝与稀土可形成多种金属间化合物，其中 Al_2RE 比较稳定，约在 1458 ℃熔化。用铝作还原剂可冶炼含稀土 40%～60%、铝 20%～55%的中间合金。这种合金有效元素组分高、杂质含量少，成本低于电解法生产的同类产品，能满足炼钢和炼铝、镁等有色金属合金的需要。生产此合金时，可使用稀土氧化物、稀土氢氧化物、稀土精矿渣等作为稀土原料，以工业用粗铝或采用部分硅铝、硅铁为还原剂，配入适量的石灰和萤石作为熔剂。与硅铁还原工艺相比，用铝作为还原剂时熔池基本上不发生沸腾，也不产生烟雾状气体，减少了烟害，改善了劳动条件，同时也简化了炉气的排烟除尘设施。

4.3.2.1 用稀土氧化物冶炼稀土铝合金

金属铝还原稀土氧化物制取稀土铝合金的主要反应为：

$$RE_2O_3 + 6Al = 2REAl_2 + Al_2O_3$$

还原生成的 Al_2O_3 等与石灰相结合，进入渣中。用稀土氧化物冶炼的稀土铝合金的大致成分为：$w[RE] = 50\% \sim 60\%$，$w[Si] < 2.5\%$，$w[Fe] < 3\%$，$w[C] < 0.3\%$，余量为 Al。用 250 kV · A 电弧炉冶炼稀土铝合金的指标见表 4-12，制取的稀土铝合金的主要成分及性质见表 4-13。

表 4-12 稀土氧化物冶炼稀土铝合金的指标（250 kV · A 电弧炉）

稀土氧化物单耗/t	铝锭单耗/t	稀土直接回收率/%	铝利用率/%	电耗/kW · h	渣碱度
1.415	0.648	51.8	65.6	2280	0.5～0.92

表 4-13 稀土铝合金的主要成分（质量分数）及性质

铝用量（理论量的倍数）	合金成分/%		炉渣成分/%			主要性质			
	RE	Al	RE_xO_y	Al_2O_3	CaO	合金熔点/℃	渣熔点/℃	合金密度/$g \cdot cm^{-3}$	渣密度/$g \cdot cm^{-3}$
5	40.11	52.90	17.72	24.25	48.72	840	1170	3.54	3.27
3	49.19	42.23	16.10	18.71	48.02	800	1170	3.70	3.78

由表4-13可知，合金与渣的密度相差不大，难以分离完全。除了采用必要的强化分离措施外，在不影响用户对合金使用要求的前提下，可考虑加入适量的沉淀剂（如硅铁等）以增加合金密度。此处，二次渣中的稀土含量较高，应用来冶炼其他稀土合金加以回收。

4.3.2.2 用稀土氢氧化物冶炼稀土铝硅合金

湿法提取重稀土氧化物过程中产出的轻稀土富集物价格较便宜，适于用作冶炼稀土合金的原料。用于冶炼稀土铝合金的稀土氢氧化物含 RE_xO_y 68%～72%、H_2O 6%～8%，RE_xO_y 中 CeO_2 占31%～35%。

原料的稀土氧化物含量较高，熔点也较高。为了便于冶炼和降低渣的熔点，需配入适量的石灰和萤石作熔剂，其用量对稀土回收率、合金中稀土含量的影响如图4-19所示。

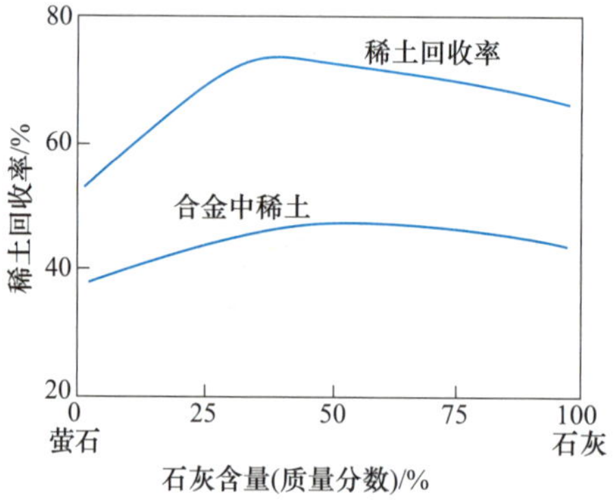

图4-19 稀土回收率、合金中稀土含量与石灰、萤石用量的关系

采用配比（质量比）石灰：萤石＝40：60时，可以得到稀土含量较高的合金和较好的稀土回收率。当熔剂加入量为原料中稀土量的1.6～1.8倍时，合金的稀土品位和稀土回收率均较高。在还原温度为1440～1460 ℃、还原时间为10 min，搅拌两次的条件下，还原剂配比对稀土回收率、合金性质影响的相关数据见表4-14。

表4-14 不同还原剂配比所制取的合金的有关数据

还原剂配比/%		合金组成/%				稀土回收率/%			密度/g·cm^{-3}		熔点/℃	
铝	硅铁	RE	Al	Si	Fe	RE	Al	Si	合金	炉渣	合金	炉渣
80	20	38.22	38.43	10.63	3.25	78.8	67.5	100	3.46	3.62	1150	1150
50	50	41.20	18.82	25.99	7.88	86.5	53.4	98.3	3.82	3.82	1200	1150
80	20	47.39	30.40	10.01	3.00	68.3	58.0	100	3.84	3.84	1150	1150
50	50	50.26	18.53	24.53	7.18	74.2	49.1	100.2	4.34	4.34	1250	1150

由于铝密度小，易烧损，所得合金的密度随冶炼进程而逐渐增大，这不利于还原反应和合金的沉淀。为此，在试验中加入了硅铁作为沉淀剂。

4.3.2.3 用稀土精矿渣冶炼稀土铝硅合金

原料采用稀土精矿经过脱铁除磷后的渣，渣的成分成见表4-15。表中，精Ⅱ渣为高品位稀土精矿渣，精Ⅲ渣为低品位稀土精矿渣。

表 4-15　稀土精矿渣的成分（质量分数）　　(%)

原料	RE_xO_y	CaO	SiO_2	F	P	Fe	S	Nb
精Ⅱ渣	20.87	38.40	18.69	15.37	0.06	0.167	0.12	<0.01
精Ⅲ渣	13.20	13.20	8.80	6.35	0.12	0.199	1.40	

鉴于铝的还原能力比硅强，用纯铝还原精Ⅲ渣可得到稀土品位较高（含 RE58.7%）的合金，稀土回收率达 95%。但由于渣发黏，影响了合金的凝聚及回收率。

当用精Ⅱ渣为原料、$w(\text{Al-Si})/w(\text{Fe-Si})=1$ 时，合金的稀土品位为 37%，稀土回收率为 93%。试验得出最好的还原条件为：渣∶剂 = 2∶1，碱度 3.5，还原温度 1325～1350 ℃。制得的合金组成见表 4-16。

表 4-16　合金的成分（质量分数）　　(%)

原料	RE	Si	Al	Ca	Fe
精Ⅱ渣	50.15	33.8	8.2	1.3	4.6
精Ⅲ渣	36.97	41.6	1.92	5.5	18.2

4.3.3 碳化钙、硅还原法冶炼稀土合金

钇基重稀土钙硅铁合金是一种很有发展前途的新型球化剂，已用于大断面球墨铸铁轧辊、曲轴及球墨铸铁焊接和耐热铸铁上，并均取得了较好的效果。我国钇组重稀土资源丰富，已建立了这种合金的生产点。

钙的还原能力比硅、铝都强，可用碳化钙、硅还原法制取钇基重稀土合金及稀土硅钙合金。炉料中配入碳化钙是基于高温下碳化钙与硅可以反应，生成强还原剂硅钙合金，从而改善冶炼条件，获得较好的效益。碳化钙对硅热法还原反应的影响可用下列化学反应表示：

$$CaC_2 + 3Si = 2SiC + CaSi$$

$$2SiC + SiO_2 = 3Si + 2CO(g)$$

原料采用重稀土氧化物，其组成见表 4-17；还原剂用工业纯碳化钙（80%）及 75%硅铁；熔剂用石灰、硅石和萤石。

表 4-17　原料的成分（质量分数）　　(%)

成分	La_2O_3	CeO_2	Pr_6O_{11}	Nd_2O_3	Sm_2O_3	Eu_2O_3	Gd_2O_3	Tb_4O_7
含量	5.5	≤1.0	2.1	2.8	4.4	0.12	6.1	1.3
成分	Dy_2O_3	Ho_2O_3	Er_2O_3	Tm_2O_3	Yb_2O_3	Lu_2O_3	Y_2O_3	TREO
含量	6.0	1.5	4.6	0.85	5.5	0.8	45	87.57

还原设备为单相交流电弧炉，石墨坩埚内型尺寸为 ϕ250 mm×350 mm，电极直径为 100 mm。将配好的料混匀后，待炉子加热至 1000 ℃以上开始加料还原，还原温度为

1600~1800 ℃。反应后转动炉体，倒出合金和渣。

在 $[w(Si)+w(Ca)]/w(RE_xO_y)=1.1\sim2.7$、$w(Ca)/w(Si)=0.37\sim0.9$ 的配料情况下，生产的钇基重稀土合金的主要成分和部分技术经济指标见表4-18。

表4-18 冶炼钇基重稀土合金的有关指标

合金组成（质量分数）/%				稀土回收率/%	硅单耗/t	密度/$g\cdot cm^{-3}$	熔点/℃
RE_xO_y	Ca	Si	Fe				
22.24~40	2.35~7.4	33~45	20~30	63~76	0.3~0.5	4.4~5.1	1400~1500

该还原工艺有如下几个优点：

（1）还原过程为非可逆反应，加入少量石灰就可使渣的碱度达到冶炼要求；

（2）可用部分碳化钙代替硅铁，降低了硅铁用量；

（3）渣量少，稀土回收率较高，设备利用率高，从而降低了合金成本。

采用或部分采用硅钙合金作还原剂制取稀土硅钙合金，从原理上和实践上都是可行的。硅钙合金是一种强还原剂，其密度小，因此，在冶炼时具有还原速度快、钙易挥发和烧损、炉料中铁含量不宜过高和熔渣碱度应较高等特点。用硅钙作为还原剂可冶炼出合格的合金，当加入硅铁量占硅钙合金量的10%或20%时，均可冶炼含钙10%的合金；当原料中 RE_xO_y 量与还原剂量的比值为0.65左右时，能使合金的钙含量增加。还原温度控制在1280~1350 ℃，加还原剂温度以1300~1320 ℃为宜，还原剂加入后立即搅拌5~6 min，待其沉入渣中后，把温度降至1220 ℃。碱度为4.3~4.5时，渣的流动性增强，有利于合金的沉淀。但硅钙合金售价昂贵，用该法冶炼的稀土硅钙合金成本较高。

任务4.4 碳热还原法冶炼稀土铁合金【案例】

碳热还原法冶炼稀土铁合金通常在矿热炉中进行，国外稀土中间合金的很大部分是用碳热还原法生产的。其优点是：把冶炼硅铁后再冶炼稀土合金的两个步骤在矿热炉中一步完成，缩短了流程，连续操作，所用原料来源广泛，成本低于两步法。

矿热炉是目前生产铁合金的主要设备。它与电炉弧相比，二者热源都是电弧，不同的是矿热炉的电压低、电流大，热损小，炉温较高，生产连续。但是矿热炉的灵活性差，适于无渣或造渣少的冶炼，要求原料纯净。国内曾以稀土富渣为稀土原料在矿热炉中冶炼稀土硅铁合金，近年正在研究用稀土氧化物或稀土精矿在矿热炉中冶炼稀土铁合金的工艺。

4.4.1 碳热还原法冶炼稀土铁合金的原料

根据矿热炉的冶炼特点，用碳热还原法冶炼稀土铁合金应以稀土氧化物、稀土氢氧化物、高品位稀土精矿等精料为稀土原料。国内曾用稀土富渣为稀土原料冶炼稀土硅铁合金，主要原料还有硅石、焦炭和钢屑。要求稀土富渣的 RE_xO_y 含量要大于12%，自由碱度大于1，粒度一般为10~50 mm。当使用稀土品位更高的稀土精矿渣为原料时，可配入较多的硅石和钢屑，这样可延缓碳化硅的生成，减少渣量和提高生产率。

硅石中的 SiO_2 含量越高越好，通常要求不小于 97%。硅石中的有害杂质 Al_2O_3、P_2O_5 的含量越低越好。Al_2O_3 含量高的硅石会使炉料烧结，渣量增加且难排除。除了硅石本身含有 Al_2O_3 外，硅石表面黏附泥土也是使硅石 Al_2O_3 含量升高的一个原因，因此，用于配料的硅石最好经过水冲洗。通常规定硅石中 $w(Al_2O_3)<1\%$。炉料中的 P_2O_5 大部分被还原进入合金中，使合金的磷含量增加；同时，磷使稀土硅铁合金易于粉化，故通常规定硅石中 $w(P_2O_5)<0.02\%$。在冶炼稀土硅铁过程中，硅石中的 CaO、MgO、Fe_2O_3 并无多大害处。硫和硅形成化合物 SiS 和 SiS_2，这些化合物在高温下的挥发性很大，因此原料中的硫不会进入合金中。表 4-19 列出了几种硅石的化学成分。

表 4-19　几种硅石的化学成分（质量分数）　（%）

产　地	SiO_2	Al_2O_3	P_2O_5	CaO	MgO	FeO
北京平谷	98.12	1.49	0.081	0.23	0.04	0.19
本溪寒岭	98.41	0.13	0.009	0.057	0.16	0.043
南京江浦	99.21	0.47	0.018	0.20	0.011	0.11
江苏江阴	97.80	0.80	0.030	0.03	0.10	0.50
内蒙古四子王旗	99.69	0.20	0.001	0.11		
河北隆化	99.30	0.10	0.001	0.11	0.081	0.16
山东莱阳	98.48	0.05	0.006	0.50		0.24
陕西湄县	98.24	0.15	0.009	0.20		0.26

除了化学成分外，硅石在高温下的机械强度也是一个重要的性质。硅石加热时由于结晶转变而爆裂成粉末，会降低炉料的透气性，对炉子工作是不利的。小型电炉由于炉口温度低，硅石的爆裂现象往往不严重，这时，硅石的纯度对冶炼效果有决定性的影响。

大块硅石会延缓熔化还原进程，使用前需进行破碎，破碎后筛除小于 20 mm 的碎块及粉末。硅石的粒度与炉子容量有关，用 1800 kV · A 电炉冶炼稀土硅铁合金时，硅石粒度为 20~50 mm。

冶炼稀土硅铁合金使用最广泛的还原剂是冶金焦碎焦，焦炭的固定碳含量越高越好，并要求灰分低、气孔率大、化学活性好、比电阻高、在高温下有一定机械强度。

焦炭的粒度是影响炉料比电阻和透气性的重要因素，对冶炼有很大影响。这是因为焦炭的粒度大、比电阻小，则炉料导电性强，电极下插困难，电炉热损失增加；同时，粒度大的焦炭反应表面积小，还原能力相应降低。因此，将粒度过大的焦炭加入炉内是有害的。粒度小些的焦炭比电阻大、接触面积大，使电阻插得深，热损失少。对于容量为 400~1800 kV · A 的电炉，焦炭粒度应为 1~8 mm，其中 1~3 mm 粒度的焦炭不大于 20%。

冶炼稀土硅铁合金时，使用碳素钢钢屑来增加铁量。碳素钢钢屑的铁含量应大于 95%，钢屑越短、越小，越容易操作，因此，钢屑长度不得大于 100 mm。钢屑应清洁，不得有显著的外来夹杂物。

4.4.2 碳热还原法的反应原理

碳热还原法冶炼稀土硅铁合金的主要依据是，在矿热炉的高温下，碳把硅石中的硅还原出来与铁形成硅铁合金。当有大量游离硅存在时，硅又成为还原剂，使稀土氧化物还原并形成硅化稀土进入合金。碳也能直接还原稀土氧化物，还原出来的稀土与硅结合成硅化物进入合金。硅在其中起还原剂的作用，同时也起合金化的作用。碳热还原法制取稀土硅铁合金的主要反应为：

微课4-4 碳热还原法制取稀土硅铁合金的基本原理

$$M_xO_y + C = M_xO_{y-1} + CO(g)$$

$$M_xO_y + (z+y)C = M_xC_z + yCO(g)$$

$$zM_xO_y + M_xC_z = x(z+y)M + zyCO(g)$$

式中，M 为稀土、硅、钙等合金元素。

低价氧化物可进一步还原，直至形成金属。中间产物碳氧化物也是存在的，它可进一步与氧化物和碳反应，最终形成金属。例如，碳从二氧化硅中还原硅的过程可以写成：

$$SiO_2 + 2C = Si + 2CO \qquad \Delta G^{\ominus} = 732060 - 3870.5T \quad (J/mol)$$

$$SiO_2 + C = SiO + CO$$

温度高于 1850 ℃时，生成 SiO 反应进行的可能性是有限的，这是因为在冶炼条件下，其动力学条件不充分。对 Si-O-C-Ce(Y) 体系的热力学和动力学研究表明，下列反应是存在的：

$$Ce_2O_3 + 7C = 2CeC_2 + 3CO(g)$$

$$Y_2O_3 + 7C = 2YC_2 + 3CO(g)$$

$$SiC + SiO = 2Si + CO(g)$$

$$SiC + SiO_2 = 2Si + SiO + CO(g)$$

$$CeC_2 + 2SiO = CeSi_2 + 2CO(g)$$

$$SiC + CeO = CeSi + CO(g)$$

当温度高于 1600 ℃时，最初将还原出硅，同时有中间产物 SiC、SiO 和稀土碳化物等生成。而还原稀土金属则需要更高的温度（高于 1800 ℃）。还原硅和稀土金属的中间凝聚产物是碳化物，它们可与一氧化硅或二氧化硅相互作用而分解。在其他条件相同的情况下，生成碳化硅比生成稀土碳化物容易；随着稀土硅化物的形成，稀土碳化物比碳化硅更容易分解。碳化硅等的聚集若不及时分解，极易造成炉底堆积，形成炉瘤。碳化硅在遇到铁时很容易被破坏，反应式为：

$$SiC + Fe = FeSi + C$$

因此，在冶炼过程中需加入大量钢屑，以消除碳化物的生成，避免炉底上涨和电极上抬。钢屑加入量越多，这一效果越明显。

碳热还原时总要配入大量的硅石，一方面，还原产物硅可以与稀土、钙形成稳定的硅化物，降低这些难还原元素的起始还原温度；另一方面，这将不可避免地产生稳定的硅酸盐和其他复杂氧化物，这些氧化物将会恶化还原元素的热力学和动力学条件。

4.4.3 矿热炉设备

冶炼稀土铁合金采用小型（如 1800 kV·A 或 400 kV·A）敞口固定式矿热炉。小型矿热炉大致由机械设备、电气设备、电极、炉体等几部分构成。

4.4.3.1 机械设备

矿热炉的机械设备包括导电系统、电极把持器、电极压放装置和升降装置、冷却装置、通风装置、防护设备等部分。

A 电极把持器

电极把持器的作用是夹紧电极，将电流传给电极，配合压放及升降电极。电极把持器的结构应该坚固耐用，保证电流在导向电极时损失最小，并保证压放电极方便、可靠和便于检修。由于电极把持器是处于高温条件下的部件，承受着炉口的辐射热、热炉气及强大电流通过导体时产生的热量，因此把持器需进行水冷。

B 电极压放装置

在合金冶炼过程中自熔电极不断消耗，故需定时下放电极，以满足电极工作端的长度。小型矿热炉多用钢带式电极压放装置，大型矿热炉及封闭炉都采用液压自动压放装置。

C 电极升降装置

小型矿热炉采用卷扬机升降电极的装置。卷扬机由电动机、蜗杆蜗轮、减速箱、齿轮、鼓形轮等组成。卷扬机开动时，通过钢丝绳（或链条）、滑轮、横梁、电极把持器等带动电极上升或下降。电极的升降速度视炉子功率不同而不同，一般电极直径大于 1 m 时，升降速度为 0.2~0.5 m/min；直径小于 1 m，升降速度为 0.4~0.8 m/min。电极升降行程为 1.2~1.6 m。

目前，新式大型矿热炉多采用液压驱动系统。电极靠两个同步液压缸升降，松放电极靠程序控制的液压抱闸来完成，导电铜瓦则靠吊挂弹簧、液压缸松紧锥形环来控制。

D 冷却装置及通风装置

电极把持器附近的温度有时高达 1100~1500 ℃，因此电极夹紧环、铜瓦、导电铜管都必须用水冷却。水冷不但可以提高零件的寿命，而且还可以改善电路的导电性能。

为了排除炉气和粉尘，改善劳动条件，在敞口式电炉上设有圆筒形铁罩。铁罩的下缘距离工作台面约 1.5 m。铁罩与烟囱相通，利用烟尘的自然抽力吸取烟尘。炉前出铁口上方也设置烟罩，出铁前打开抽风机，随铁水排出的烟气经烟罩排放到厂房外。

4.4.3.2 电气设备

矿热炉的输电过程是：电能由高压电网经过高压母线、高压隔离开关和高压断路器送至炉用变压器，再经过短网到达电极。供电主线路中的主要电气设备有炉用变压器、短网、电极等专用设备及高压配电、测量仪表、继电保护等一般配电设备。

矿热炉变压器的变压比很大，二次侧电压较低，电流很大，如1800 kV · A变压器的二次工作电压为75~95 V，二次工作电流达13000 A。故低压绕组一般都只有几匝，通常用多根导线并列绕制。

矿热炉对二次工作电压值的大小非常敏感，从工艺角度考虑，分接电压越多越好；但级数越多，变压器的造价将越高。因此，矿热炉变压器一般只具备3~5级分接电压，少数达8级。

矿热炉是埋弧操作，负载较为稳定，短路冲击电流较小，一般与电力变压器的阻抗电压相仿，为5%~10%。为预防变压器低压出线处短路电流太大，可在该处加强保护措施，要求具有较高的绝缘强度和机械强度。

矿热炉中的短网是指从变压器副边引出线到炉子电极的一段线路，包括导电铜板（铜排）、软电缆和导电铜管三部分，如图4-20所示。短网的主要作用是传输大电流，故短网中的电抗和电阻在整个线路中占很大比重，足以决定整个设备的电气特性。

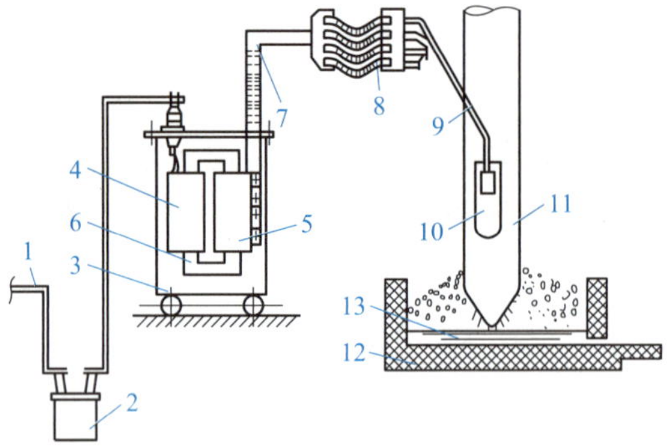

图4-20　矿热炉短网线路

1—高压母线；2—油开关；3—电炉变压器；4—高压线圈；5—低压线圈；6—铁芯；7—铜排；8—软电缆；9—导电铜管；10—铜瓦；11—电极；12—炉衬；13—熔池

4.4.3.3 自焙电极

电极是矿热炉的关键性部件，正确使用和维护电极对于保证炉子正常运行极为重要。矿热炉使用的碳质电极按其加工制作工艺不同，分为炭素电极、石墨电极和自焙电极三种，实际生产中常用自焙电极。自焙电极是由电极壳和电极糊构成的。在矿热炉冶炼过程中，随着电极的消耗和下放，电极糊将不断填入电极壳中，可以边使用、边成型、边烧结、边接长。

A 电极壳

电极壳是用薄钢板焊成的圆筒，作为电极糊烧结的模子。为了提高电极的机械强度和分担电极壳圆筒可能承受的过大电流，在电极壳内等距离地以连续焊缝焊接若干个筋片。每个筋片上加工出若干个圆孔或三角形切口，三角形切口的舌片分别交错地向两侧折弯30°~45°，以便在烧结时电极壳能与电极糊更好地结合。制作电极壳的钢板厚度以及筋片数量、筋片高度等与电极直径有关。为了使一节电极壳恰好能插入另一节电极壳，电极壳的上口圆周应比下口圆周长 10 mm。

B 电极糊

制备电极糊的原料有固体炭素材料和黏结剂。固体炭素材料有无烟煤、焦炭和适量的石墨切屑（石墨碎）。使用焦炭和石墨碎的目的是提高电极的导电和导热性能。黏结材料有沥青和焦油，它们在电极糊的烧结过程中焦化，使电极产生一定强度。在沥青中加入焦油的主要目的是调整其软化点，软化点为 65~75 ℃。

电极糊的配方需考虑固体料的配比、粒度的组成、黏结剂的软化点和加入量。自焙电极用电极糊分为敞口炉用的标准电极糊和封闭炉用的封闭电极糊两种。标准电极糊中的焦炭采用冶金焦，封闭电极糊中的焦炭采用石油焦和沥青焦。黏结剂的软化点，标准电极糊控制在 65 ℃左右，封闭电极糊控制在 57 ℃左右。若软化点低，则电极容易过早烧结；若软化点高，则电极不易烧结。黏结剂的加入量要适当，加入量过多时，电极不易烧结，会产生固体颗粒与黏结剂的分层现象，容易造成电极漏糊和软断事故；加入量过少时，电极糊黏结性不够，会导致电极过早烧结，易产生硬断事故。电极糊配方及其烧结后的主要性能见表 4-20。

表 4-20 电极糊配比及其烧结后的主要性能

项 目	标准电极糊	封闭电极糊	项 目	标准电极糊	封闭电极糊
无烟煤含量/%	59±3	50±2	真密度/g·cm^{-3}	1.80~1.90	1.90~1.93
冶金焦含量/%	41±3		假密度/g·cm^{-3}	1.40~1.55	1.45
石油焦或沥青焦含量/%		33±2	气孔率/%	16~22	23.7~24.4
石墨碎含量/%		17±2	抗拉强度/MPa	30~45	22.9~24.5
沥青（软化点（65±2）℃）含量/%	22±2		比电阻/Ω·mm^2·m^{-1}	70~85	57.4~58.8
沥青和焦油（软化点（55±2）℃）含量/%		22±2	固定碳含量/%	>72	>72
灰分含量/%	≤9	≤6	挥发分含量/%	12~16	12~16

C 自焙电极的烧结

在矿热炉冶炼过程中，随着电极的消耗和下放，添加的电极糊逐渐下移，温度逐步升高，不断排出挥发物，最后完成电极烧结过程。烧结电极所需的热量来自电流通过电极本身所产生的电阻热、电极热等向上传导的热、炉口的辐射热和热气体的传导热。

电极在烧结过程中的温度分布情况如图 4-21 所示。在铜瓦以上 1 m 处，电极糊熔化成液态，此处电极筒受冷风作用，中心温度稍高于周边。在铜瓦部分，电极温度自上往下由 250 ℃逐渐升高到 800 ℃或更高一些。当达到 800 ℃以上时，经 4~8 h，电极烧结基本完成。

电极糊在低温时电阻很大，在焙烧过程中，电极电阻随着温度的升高而降低，其比电阻变化见表 4-21。可见，大部分电流是通过铜瓦以下部分的电极输入炉内的。如果焙烧速度过快，电极气孔率增加，电极的导电性和机械强度都降低。

表 4-21 焙烧时电极比电阻的变化

温度/℃	100	300	500	700	900	1000	1200
比电阻/Ω · mm^2 · m^{-1}	17000	10000	2200	1000	82	65	55

D 自焙电极的接长和下放

a 电极的接长

在冶炼过程中，随着电极的消耗和下放，需从上部不断地接长电极壳和添加新的电极糊。新接上的电极壳要插在原已接好的电极壳上，并应保持垂直方向。电极壳接长时采用气焊焊接，焊接时要保证焊接质量。

电极糊的添加量应保持规定的糊柱高度。糊柱高度的控制主要取决于电极直径的大小。通常，按图 4-22 所示的关系控制糊柱高度，可以获得质量良好的烧结电极。若糊柱太低，则糊柱内压力太小，填充性差，难以得到致密的电极；若糊柱太高，则电极糊中的粗、细颗粒易出现分层现象，或者由于糊柱内压力太大而胀坏电极壳。

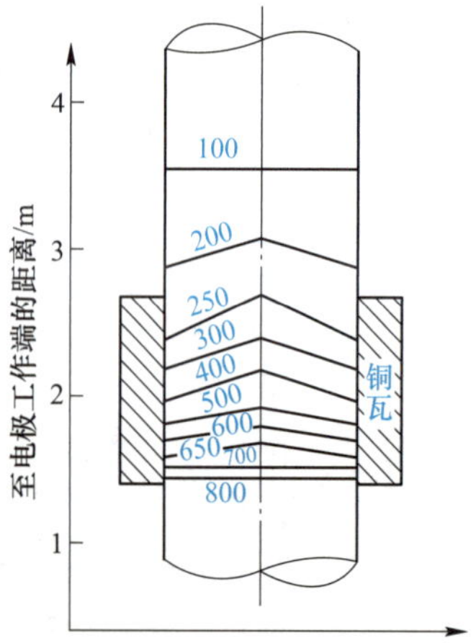

图 4-21 电极断面上的温度分布

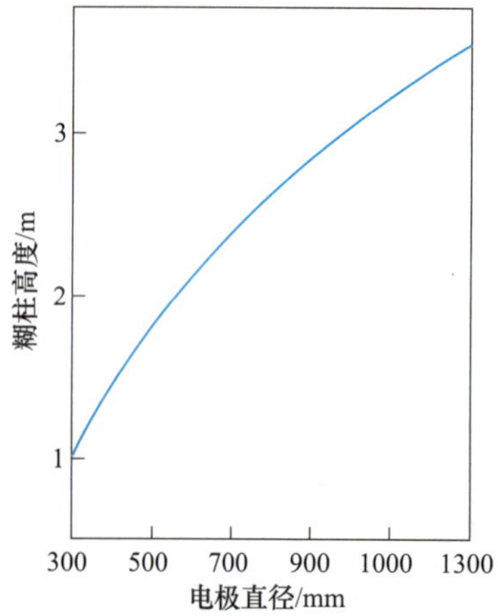

图 4-22 电极的糊柱高度与直径的关系

添好电极糊后，用木盖将电极壳上口盖好，以防灰尘落入。冷却电极用的风机应是经常工作的，以防止电极糊熔化过早，也防止电极壳上沾灰尘而影响导电。

b 电极的下放

在冶炼过程中电极应保持一定长度的工作端，并且其消耗速度与烧成、下放速度相适应。正常冶炼操作可按规定的间隔时间和下放长度下放电极。一般，有压放装置的敞口炉和封闭炉，每 4~6 h 下放 100 mm；无压放装置的敞口炉，每 8~12 h 下放 200 mm。电极下放通常在出铁后进行，下放时要降低负荷 10%~50%，以防止烧穿电极壳。

E 电极事故及处理方法

自焙电极常见的事故有流糊、软断和硬断三种。

（1）流糊。液态电极糊从电极壳破损处流出的现象称为流糊。流糊多发生在电极下放后不久。发现流糊应立即停电，增加冷却风量，减少铜瓦的冷却水量。当孔洞不大、流出的电极糊不多时，用石棉绳填住孔洞，然后用低负荷送电进行烧结；如果孔洞大，则用钢板将洞补焊好，随后补加电极糊，清除料面上的液态电极糊，再用木柴或通电烧结电极。

（2）软断。电极在未烧结好的部位发生断裂称为软断。发现电极发生软断时，必须立即停电，将风机开至全风量。如果电极糊流出不多，采取向下坐电极的方法将断口压接在一起，尽量使断口压在铜瓦内，然后送电烘烤。送电时，发生软断的一相电极埋入炉料中不动且不产生弧光，使通过它的电流全部转化为电阻热，一般经过 10 h 左右电极就可接上。如果不能压接，可取出电极断头，在电极筒底部另焊新底，重新焙烧电极。

（3）硬断。已烧结好的电极发生折断称为硬断。发现电极发生硬断时，应立即停电。如果断头较长，应取出断头，根据电极烧结情况和铜瓦下面的电极长度适当下放电极，然后送电烘烤；如果断头较短、难以取出，可借助电极自重将断头压下，适当下放电极，送电并缓慢升高负荷。

4.4.3.4　炉体及其砌筑

矿热炉的炉壳大部分呈圆筒形，用 16~25 mm 厚的锅炉钢板焊接制成，并装设水平加固圈和立筋加固。出铁口流槽用钢板或铸钢制成。矿热炉采用碳质炉衬，要求炉壳焊接严密，在炉壳接口处必须焊上薄钢板密封接缝，以防止炉壳受热后接缝松开，漏入空气使炭砖氧化。炉壳的底部是水平的，固定式矿热炉的炉壳浮放在工字钢梁上，这样炉壳和工字钢梁在受热时能自由膨胀而不互相影响。工字钢梁之间形成炉底的空气通道，有利于炉底冷却。

炉体的砌筑过程如下。

（1）铺石棉板。清除炉壳内垃圾，于炉壳内铺一层厚 10 mm 的石棉板，并用木槌打实，使之与炉壳紧密接触。

（2）铺弹性层。在石棉板上铺一层厚 70~80 mm、粒度为 3~8 mm 的耐火砖颗粒，即所谓弹性层。

（3）砌黏土砖。在弹性层上按人字形干砌一层黏土砖，砖缝小于 2 mm。第二层以上的炉底黏土砖采用湿砌或干砌，砖缝均应小于 1.5 mm，且砖缝应用泥浆或干黏土粉填充饱满，每层黏土砖之间交错 30°~50°。从炉底炭砖周围至炉口的炉壁黏土砖均采用湿砌，并在其中等距离地砌 8~12 个尺寸为 10 mm×(25~30) mm 的排气孔。

（4）砌炭砖。最后一层炉底黏土砖砌完后，开始砌炭砖周围的炉墙黏土砖。炉壁黏土砖砌到高度与炭砖厚度大致相同时，可砌炉底炭砖。炭砖与黏土砖之间铺一层厚度为 10~15 mm 的水平糊，用按石墨粉：水玻璃＝2：1 调制而成的水平糊填充。共砌三层炭砖，第三层炭砖正好对准出铁口。炭砖之间宽 40~50 mm 的立缝用底糊打结。打结底糊时，先将加热到 120 ℃左右的底糊迅速倒入立缝中，并铺至厚度约 100 mm，用加热过（不能烧红）的捣锤轻捣，然后用风锤捣固，直至不再下沉为止。炉底炭砖砌好后，从出铁口开始砌炉墙炭砖。炉墙炭砖与炉底炭砖之间的水平缝用水平糊填充，厚度约为 5 mm。用底糊打结立缝，打结方法与前述相同。炉墙炭砖上部用黏土砖砌筑成梯形，以便于操作。

（5）铺补偿糊。为补偿炉底炭砖立缝底糊加热焦化后的收缩，必须在底糊缝面上铺捣宽 100 mm、高 30 mm 的补偿糊。炉墙炭砖和炉底炭砖处的边缘直角处，也需用底糊捣打，这有助于防止铁水从炉底炭砖与炉墙炭砖的接触处渗出。

（6）贴黏土砖或刷石灰浆。为了避免烘炉时炉墙炭砖氧化，还应在炉墙内壁平贴一层耐火黏土砖或者涂一层石灰浆。砌好的炉衬结构如图 4-23 所示。

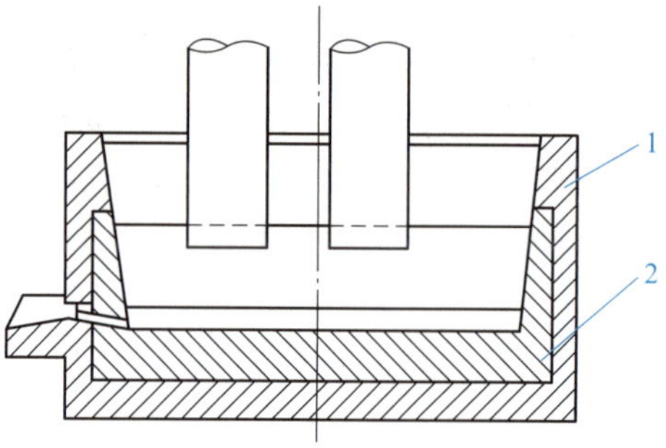

图 4-23　矿热炉的炉衬示意图

1—耐火黏土砖；2—炭砖

4.4.4 矿热炉碳热还原法冶炼稀土硅铁合金的生产工艺

使用 400 kV · A 和 1800 kV · A 矿热炉冶炼稀土硅铁合金或用炉外配镁法生产低稀土镁硅铁合金，试生产结果证实了这种冶炼工艺的可靠性，而且用其冶炼稀土硅铁合金取得了较好的技术经济指标。矿热炉碳热还原法冶炼稀土硅铁合金的工艺流程如图 4-24 所示。

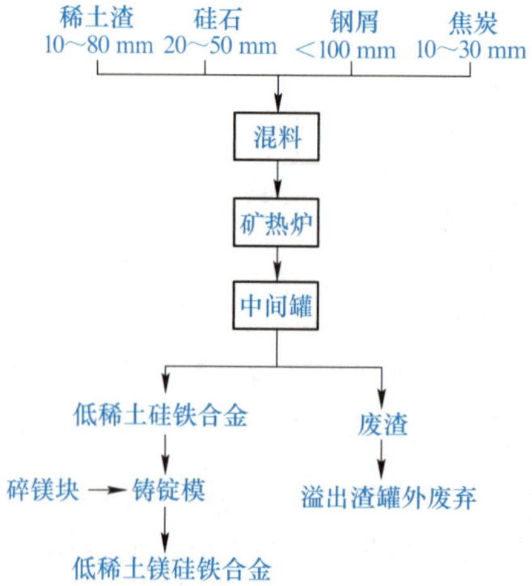

图 4-24　矿热炉碳热还原法冶炼稀土硅铁合金的工艺流程

4.4.4.1 烘炉

A 木柴烘炉及焙烧电极

木柴烘炉的主要任务是焙烧电极，否则电烘炉时可能发生电极软断。点火后加入木柴燃烧，烘炉前期（约 4 h）木柴的加入量要严格控制，大部分要加在三根电极面上，炉心与大面少加，火焰高度一般不超过炉口，目的是烘烤电极和炉衬的下部。然后大火烘烤电极，使木柴剧烈而均匀地燃烧。烘烤过程中应经常观察电极糊熔化情况、糊柱高度、电极壳形状和挥发分外逸情况，及时补加电极糊到预定高度。

木柴烘炉的总时间为 24~30 h，电极烧结端长度为 1.5~1.7 m，烧结质量可用尖头钢钎刺探检查。木柴烘炉结束后，下降电极把持器至电极工作端（即 1.6 m 处），拧紧铜瓦。抬起电极，校正电极间距及垂直度，同时将炉内木灰迅速清理出去。

B 电烘炉

电烘炉的目的是进一步焙烧电极、烘干炉衬和提高炉温。电烘炉时间为 32~48 h，直至炉外壳温度达到 70~80 ℃，炉衬排气孔冒出较大的火苗为止。电烘结束时的最大功率通常为额定功率的 1/3~1/2，1800 kV · A 矿热炉电烘炉的耗电量为 30000~40000 kW · h。

4.4.4.2 开炉

开炉时，要先清除炉底积灰和剩余焦炭，特别是电极下面要清扫干净。由炉口放下木板堵住出铁口，在炉外用堵眼材料将炉眼封堵好。然后下放电极，并在电极下堆放少量粒度为 10~25 mm 的焦炭，送电起弧，待弧光稳定后即可投料。

开炉料应少加、勤加，以压住火为准。尽量控制料面上升速度，使之不要上升太快，并在一周内保持在较低料线下操作。以稀土富渣为稀土原料冶炼时，渣量一般为含金量的 1~2 倍。投料后发现翻渣，一般在 2 h 左右放渣一次，继续加料直至料面封住后 10 h，即可放出合金。

4.4.4.3 冶炼操作

加料不但要做到少加、勤加，而且要加准确。当发生刺火时，采用轻压料而不捣料的处理方法。当翻渣现象不易控制时，可放渣一次。料层不能太薄，以防塌料。当出现塌料时，可将周围熟料推至塌料区（出铁时例外），严禁将生料直接加入塌料区。要保持料面的良好透气性，发现死料区要及时用钢钎扎眼，进行适当透气，但要避免钢钎熔化到炉内。

当料批中还原剂不足时，SiO_2 不能得到充分还原，炉料发黏，料面烧结，刺火严重，甚至翻渣；同时，液态渣会提高炉内的高温导电性，电流波动大，电极不易下插，出炉温度低。此时，应在刺火处压料或放渣，并在料批中增加焦炭用量。

当料批中还原剂过多时，炉料导电性增大，电极上抬，刺火、塌料严重，铁水温度低，排渣困难。还原剂过剩严重时，炉内易生成 SiC 等碳化物，在电极下结瘤。因此，在保证合金中稀土品位达到合格标准的前提下，可配入尽量多的钢屑，以防止碳化物硬块的生成。同时，在料批中适当增加硅石量也会促使 SiC 分解，有利于电极深插，减少黏料下沉和塌料。

当电极下的SiC硬块长高至操作平台口而影响合金产量与质量时，应考虑将其清除。清除SiC硬块时速度要快，并应注意安全。SiC硬块清除后要及时下放电极，然后将周围熟料推至电极周围。

为了减少热停电时间和次数，要加强电极的维护，使电极能按正常程序烧结，防止软断和硬断。要经常保持电极铜瓦下端到料面的高度为200~350 mm，以免刺火时把铜瓦烧坏而增加热停炉。

出炉前应清扫好合金模及出铁口，准备好渣包。正常情况下，每班出炉2~3次。出铁口要开大，以便用钢钎拉渣，将渣和合金放净，渣和合金出在溢渣罐内。

合金及渣基本放净后再堵眼，以避免喷溅。堵眼时要先将炉眼外面的渣清理干净，然后再用由耐火黏土与焦粉混合物做成的泥团堵眼。堵塞越深越好，这样可以防止金属在排出口的窄沟中淤塞和冷凝，便于下次打开。

4.4.4.4 主要技术经济指标

在1800 kV·A矿热炉内冶炼稀土硅铁合金的指标、合金成分及二次渣成分，分别见表4-22~表4-24。

表4-22 矿热炉冶炼稀土硅铁合金的指标

原料	每批配料/kg				加料批数	平均班产量/kg	合金平均稀土品位/%	稀土回收率/%	电耗/kW·h·t^{-1}	单位消耗/t			
	富渣	硅石	焦炭	钢屑						钢屑	富渣	硅石	焦炭
稀土富渣	100	62	43		638	779	18.65	59.07	15760	3	1.86	1.29	
稀土精矿渣	100	80-85	50	10	991	1025	20.53	64.18	10121	2	1.7	1.0	0.2

表4-23 矿热炉生产的稀土硅铁合金成分分析（质量分数） （%）

原料	稀土	硅	铁	钙	镁	钛	铝	锰	磷	钍	硫
稀土富渣	17.93	59.60	12.43	1.38	0.34	2.0	0.78	3.22	0.032	0.09	0.002
稀土精矿渣	20.86	45.20	27.26	0.82	—	1.48	0.83	2.20	0.336	0.12	—

表4-24 冶炼合金后所产生的二次渣的成分分析（质量分数） （%）

原料	RE_xO_y	CaO	MgO	SiO_2	Fe	Al_2O_3	MnO	TiO_2	ThO_2	F	P_2O_5
稀土富渣	5.85	45.50	1.67	34.24	0.69	5.16	0.24	0.29	0.04	7.95	0.065
稀土精矿渣	10.82	37.22	1.63	29.53	0.66	8.22		0.017	0.061	8.43	0.813

4.4.4.5 矿热炉冶炼其他稀土铁合金概况

美国福特矿物公司用8000 kV·A矿热炉冶炼富铈稀土硅铁合金的炉料为氢氧化铈球团、硅石、钢屑、烟煤和木刨花，生产工艺的特点是：严格控制配碳量，保持电极深插，还原温度高（出炉温度1870~1980 ℃），少渣操作。合金的稀土总含量（质量分数）为

12%~15%，铈含量为 9%~11%，硅含量为 36%~40%，其余为铁。

苏联采用稀土精矿、硅石、钢屑和气煤在 1200 kV·A 矿热炉中冶炼含稀土 30%左右的稀土硅铁合金，稀土在合金中的回收率 70%~80%。将炉用变压器的功率增加到 1600 kV·A 后，稀土回收率提高，合金中的稀土平均含量（质量分数）为 28%~40%，硅含量为 50%~55%，铁含量为 3%~5%；配入钢屑后，铁含量为 31%~37%，硅含量降为 30%左右。

我国包头稀土研究院曾对碳热法生产稀土硅钙合金进行了系统的研究，采用稀土富渣、硅石和石灰为原料，选用焦炭、木炭或石油焦作为还原剂，冶炼出 $w[\mathrm{RE}]>10\%$、$w[\mathrm{Ca}]=12\%\sim15\%$、$w[\mathrm{Si}]\approx55\%$的稀土硅钙合金，并在一些企业中进行工业规模的生产，取得了较好的经济效益。

国外用碳热法生产稀土硅钙合金，是在炉料中碳大量过剩、无渣操作条件下进行的。如美国生产 RE-Si-Ca-Ba-Sr-Fe 合金，采用的炉料配比为：硅石 500 kg，石灰石 100 kg，钢屑 50 kg，烟煤 390 kg，木屑 400 kg，氟碳铈精矿团块 480 kg。所得合金化学成分为：$w[\mathrm{RE}]=25\%\sim40\%$，$w[\mathrm{Si}]=35\%\sim50\%$，$w[\mathrm{Ca}]=2\%\sim8\%$，$w[\mathrm{Ba}]=2\%\sim4\%$，$w[\mathrm{Sr}]=1\%\sim3\%$，其余为铁，其中稀土金属与碱土金属的比例约为 3∶1。

任务 4.5 熔配法生产稀土中间合金【案例】

熔配法是制备多种稀土中间合金简便而有效的方法，特别适用于制备多元素的复合合金。目前国内使用的稀土铜镁合金、稀土钨镁合金、稀土锌镁合金、稀土锰镁合金、稀土镁硅铁合金及铈镁打火石合金等，就是用该法生产的。

熔配法生产稀土中间合金的设备有中频感应电炉、燃油炉、焦炭地坑炉等。其中以中频感应电炉较好，其升温均匀且可控制，有电磁搅拌作用，所得合金成分均匀、偏析少。

4.5.1 坩埚式中频感应电炉

感应电炉按照输入电流的频率，可分为高频炉（10000 Hz 以上）、中频炉（500 Hz 以上）和工频炉（50 Hz）三种。坩埚式感应电炉主要由炉体、炉盖及炉盖启闭机构、倾动炉架、倾动机构、固定支架等组成。炉体是坩埚式感应电炉的主要工作部分。中频感应电炉的炉体通常由坩埚、感应器、炉壳、冷却水集管及馈电连接部分等组成，其构造如图 4-25 所示。

感应电炉类似于没有铁芯的变压器，感应线圈相当于变压器的原绕组，坩埚中的炉料相当于变压器的副绕组。副绕组的特点是仅有一圈且是闭合的。

感应炉冶炼时，炉料中的感应电动势在与磁力线的轴向垂直的平面上产生涡旋电流。但炉料中的电流并不是均匀的，由于集肤效应，电流密度在炉料表面达到最大值，并沿着料柱由外向内逐渐减小。经试验分析可知，从电流强度降低到表面电流的 36.8%的那一点到导体表面的距离，为电流穿透深度。经计算可知，沿导体横截面上，距离表面 5 倍穿透

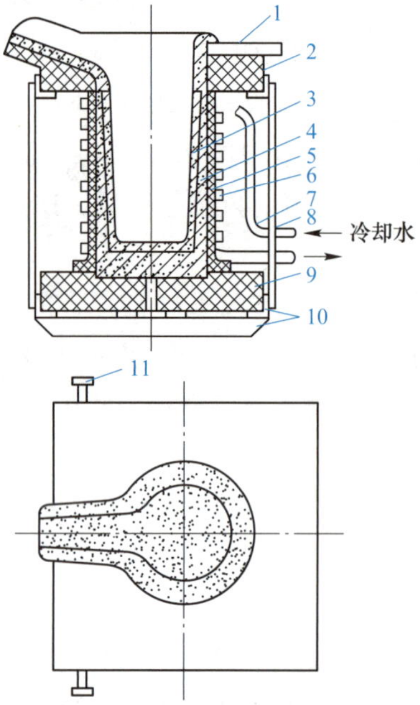

图 4-25 中频感应电炉的炉体构造

1—环氧层压板；2—耐火砖框；3—石墨坩埚；4—镁砂填充层；5—绝缘层；6—感应线圈；7—冷却水管；8—铝制炉壳；9—耐火砖底座；10—铝制边框；11—转轴

深度处的电流接近于零。炉料中的感应电流主要集中在穿透深度层内，加热炉料的热量主要由表面层供给，且依靠热传导来实现全部炉料的加热。

熔配法生产稀土中间合金使用通过整体预制的石墨坩埚和由打结材料结合成的复合炉衬，感应电流使石墨坩埚加热并将热量传递给炉料，从而使炉料加热和熔化。在坩埚内部，电磁力对熔化金属的搅拌是有利因素，它有助于炉料的迅速熔化及合金化学成分和温度的均匀化，还有利于合金液脱氧、脱气、去除夹杂物。但是电磁搅拌力会使金属表面出现驼峰，过高的驼峰会把中间的熔渣顶起并推向坩埚壁。由于熔渣不能覆盖住整个液面，合金氧化加剧；另外，剧烈运动的合金液强烈地冲刷炉衬，且炉衬与活性渣接触的表面积增加，这都加剧了炉衬的侵蚀。因此，必须把搅拌力限制在不妨碍正常熔炼过程的数值范围内。

目前，用于熔配法生产稀土中间合金的中频感应电炉的最大容量为 1 t，使用了石墨坩埚后，容量减少至 200 kg 左右。

4.5.2 配料计算

采用熔配法生产稀土中间合金时，首先确定坩埚装入量，再根据生产合金的品种、品级和主要原料的成分，由元素平衡法确定加入的原料种类和配比。现以生产稀土镁硅铁合金为例计算原料加入量。

设配制的合金成分（%）为 $w[RE]$、$w[Si]$、$w[Mg]$、$w[Fe]$，炉子容量为 G。

可供选择的原料如下：

（1）稀土硅铁合金，加入量设定为 A，化学成分（%）为 $w(\mathrm{RE})_1$、$w(\mathrm{Si})_1$、$w(\mathrm{Fe})_1$；

（2）稀土镁硅铁合金，为某一种或某几种元素不符合标准的废合金，加入量设定为 B，化学成分（%）为 $w(\mathrm{RE})_2$、$w(\mathrm{Si})_2$、$w(\mathrm{Mg})_2$、$w(\mathrm{Fe})_2$；

（3）硅铁，加入量设定为 C，化学成分（%）为 $w(\mathrm{Si})_3$、$w(\mathrm{Fe})_3$；

（4）镁锭，加入量设定为 D，化学成分（%）为 $w(\mathrm{Mg})_4$；

（5）废铁，加入量设定为 E，化学成分（%）为 $w(\mathrm{Fe})_5$。

可列出如下元素平衡关系式：

$$A+B+C+D+E=G$$

$$Gw(\mathrm{RE})=Aw(\mathrm{RE})_1+Bw(\mathrm{RE})_2$$

$$Gw(\mathrm{Si})=Aw(\mathrm{Si})_1+Bw(\mathrm{Si})_2+Cw(\mathrm{Si})_3$$

$$Gw(\mathrm{Mg})=Bw(\mathrm{Mg})_2+Dw(\mathrm{Mg})_4f$$

$$Gw(\mathrm{Fe})=Aw(\mathrm{Fe})_1+Bw(\mathrm{Fe})_2+Cw(\mathrm{Fe})_3+Ew(\mathrm{Fe})_5$$

式中　f——纯镁在配镁时的回收率，经验数据为 $f=0.9\sim0.95$。

联立求解以上线性方程组，即可求出所熔配合金的各种原料的加入量。计算中若 A、B、C、D、E 任一项出现负值，则将该项舍去（设定为零），再重新计算。但应注意：A、B 不可同时为零；当 $A>G$ 时，说明稀土硅铁合金的稀土品位不够，需用较高稀土含量的稀土硅铁合金；B、C、D、E 大于 G 均为不可能发生的情况，否则为计算有误。

在实际生产中，按以上计算的配料量熔配合金，其产品不一定符合要求。这是由于原料的成分不均匀，造成样品的代表性差别。因此，在改炼合金品级或改换批料后，都要及时取 2~3 个合金样，快速化验主要成分，校对原料加入量。

4.5.3 中频感应电炉熔配法冶炼稀土中间合金的生产工艺

用石墨坩埚式中频感应电炉熔炼稀土中间合金，由于炉体有效容积的减小，其只适合使用精料而不宜进行造渣过程，因此为熔配法熔炼。即根据合金成分的要求，按配比将各种金属或中间合金原料加入炉内重新熔化即可。熔炼过程不要求进行还原或氧化反应，只存在多种合金成分的互溶和化合状态的变化。用中频感应电炉熔配法生产稀土镁硅铁合金的工艺流程如图 4-26 所示。

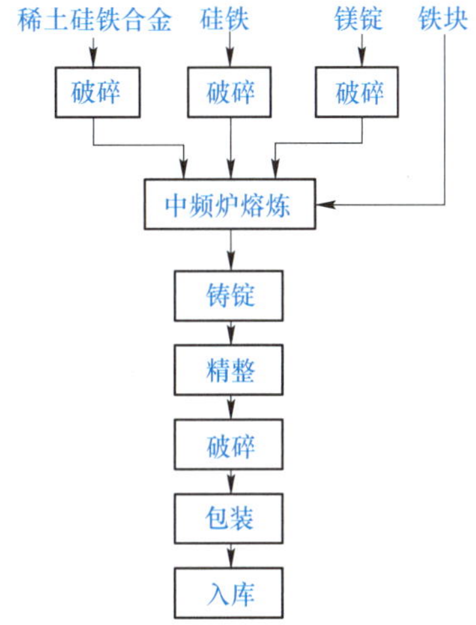

图 4-26　用中频感应电炉熔配法生产稀土镁硅铁合金的工艺流程

熔配法所用原料的尺寸规格视炉子容量大小而定。其主要原则是：炉料应纯净，不得夹有砂石和泥土，不得潮湿或夹有积雪和冰块；粒度不宜过大且要求均匀，粉状料比例不得超过 5%，以保持良好的透气性。1 t 中频感应电炉熔炼稀土镁硅铁合金的原料规格见表 4-25。

表 4-25 1 t 中频感应电炉熔炼稀土镁硅铁合金的原料规格

原料种类	成分（质量分数）/%			粒度/mm
	RE	Si	Mg	
稀土硅铁合金	20~26			≤60
硅铁		≥72		≤60
金属镁			≥93	80~100
废铁				断面≤40，长≤600

熔炼操作分为以下五个步骤。

（1）加料。烘炉后，将称量好的炉料分层加到炉中。如果铁料的块度较小，可先加铁料，再加稀土硅铁合金和金属镁，最后加硅铁；如果铁料较长，可后加铁，但不要一次加入。

（2）熔料。加完料后，将功率升至额定值熔料。待炉料熔化 1/2 以上时，用钢钎拉动上面料层以防止结壳。在熔料过程中要特别注意料层的透气性，应及时用钢钎扎动料层，使其保持充分透气。

（3）搅拌。当上部料基本熔化完毕后，可用钢钎搅动 2~3 次，使熔体内的块状料加快熔化，成分均一。

（4）出炉。经搅动后，确认熔体中无块状料及合金温度达到要求，即可出炉。把合金倾倒在铺有一层石灰浆而干燥了的锭盘中，然后清理炉口部位的挂渣。合金锭厚度要求小于 100 mm。

（5）合金精整。锭盘中的合金冷凝至暗红色时脱出，必须一炉一清，分级堆放。脱除的毛刺、浮皮另行存放，不得混入合金中。将合金锭按规定粒度进行破碎、筛分，然后装桶、称重、取样。如果化验成分合格，填写合格证后封桶、入库。

思政案例

我国冶金新工艺的开拓者——邹元爔

邹元爔（1915—1987 年），享誉海内外的冶金物理化学和半导体专家，在国内首次试制成功球墨铸铁，在世界上首次解决了含钛铁矿冶炼过程中高炉渣铁畅流难题；领导了从铁矿渣中提取硅铁稀土合金的研究，有“中国稀土第一人”之称；创立了硅铁还原法，被国内外学术界公认为“较完整的 EL2 缺陷模型的创造者”，该模型被命名为“邹氏模型”。邹元爔一生共获得国家级科学大奖 8 项，发表科学论文 180 余篇，“功在当代，利在千秋”。

从 20 世纪的 60 年代开始，邹元爔根据世界科技发展趋势，急国家之所急，不顾高龄，毅然转向纯金属和化合物半导体材料的研究领域。他将冶金原理应用到高纯元素的提纯和化合物半导体材料的制备，巧妙地利用冶金熔体间反应，以及沉淀精炼、分级结晶、萃取、升华、精馏和真空蒸馏等多种方法以提纯单质元素。在他的领导下，镓、磷、砷等高纯元素的制备工艺在国内有关工厂推广，并分别得到 1964 年国家计委、国家科委、国家经委工业新产品三等奖。

在邹元爔指导下，石英舟涂膜新工艺、常压液封原位凝固生长不掺杂的半绝缘砷化镓单晶新方法、倾侧法液相外延生长高质量砷化镓薄膜等研究相继完成。这些工作在1985年获国家科技进步奖二等奖。为了从含4%~5%稀土氧化物的包钢高炉渣中提取宝贵的稀土元素，邹元爔提出用硅铁还原法还原渣中稀土元素，成功制造稀土硅铁合金。当时称这种合金为“包钢第一号合金”。此法具有原料价格低廉和设备简单等优点，为我国稀土资源综合利用作出了重要贡献。在中国第一届稀土会议上，时任国务院副总理方毅曾引用邓小平的话说，“中东有石油，中国有稀土”，不能忘记邹元爔首创之功。现我国稀土的采掘、加工、研发、应用、出口量拥有的知识产权均持续保持世界霸主地位，故称邹元爔“功在当代，利在千秋”。

邹元爔科学研究成就，从20世纪50年代的球墨铸铁到80年代砷化镓EL2缺陷，是他几十年辛勤耕耘的结晶。它显示了一个热爱祖国、热爱科学的知识分子急国家之所急，根据世界科技发展趋势，勇于开拓、敢于攻坚、仍顽强工作、不倦探索的精神。

邹元爔在几十年科学研究生涯中，勤奋耕耘，写下了180多篇学术论文，并在不同阶段为我国化学冶金和半导体材料领域的发展和科技政策提出了许多建设性意见，为促进和推动这些领域的学术发展作出了贡献。邹元爔不仅是治学严谨、卓有成就的科学家，而且也是热情奔放的诗人。他有很高的文学修养，他生平崇敬爱国诗人陆游，晚年常以陆放翁的诗句“一片孤忠千里志，雄关要隘任驱驰”自勉。1987年，我国冶金和材料科学家邹元爔院士走完了人生的最后一程，留下了400余首诗词，诗中处处流露出他热爱祖国和热爱生活的情怀。

复习思考题

4-1 稀土铁合金有哪些应用？如何提高钢铁制品的性能？

4-2 稀土铁合金有哪几类，大致成分如何，有哪些主要用途？

4-3 稀土铁合金由哪些相组成？稀土硅铁合金粉化的原因是什么，如何防止粉化？

4-4 稀土铁合金的主要冶炼方法有哪几种，各适用于冶炼哪种稀土原料？应用稀土精矿作原料有何优缺点？

4-5 进行硅热还原稀土氧化物的热力学分析，总结能使反应进行的充分条件。

4-6 简述硅热还原法冶炼稀土硅铁合金的原理和反应各阶段的主要化学反应。

4-7 简述冶炼稀土硅铁合金电弧炉的设备组成、炉衬砌筑和烘炉方法。

4-8 简述硅热还原法冶炼稀土硅铁合金的生产工艺和操作方法。

4-9 碳热法冶炼稀土硅铁合金使用哪些原料，各有何要求？

4-10 简述碳热还原法冶炼稀土硅铁合金的原理和主要化学反应。

4-11 简述冶炼稀土硅铁合金矿热炉的设备组成、炉衬砌筑和烘炉方法。

4-12 简述碳热还原法冶炼稀土硅铁合金的生产工艺和操作方法。

4-13 中频感应电炉熔配法能生产哪些稀土合金，如何配料？简述其熔炼工艺和操作方法。

参考文献

[1] 徐光宪．稀土（上、中、下）[M]. 2版．北京：冶金工业出版社，1995.
[2] 石富．稀土冶金技术 [M]. 北京：冶金工业出版社，2015.
[3] 张长鑫，张新．稀土冶金原理与工艺 [M]. 北京：冶金工业出版社，1997.
[4] 李洪桂．稀有金属冶金原理与工艺 [M]. 北京：冶金工业出版社，1981.
[5] 程建忠，车丽萍．中国稀土资源开采现状及发展趋势 [J]. 稀土，2010，31（2）：65-69.
[6] 徐忠麟，苏艳超，等．我国离子型稀土开发中环境问题的法律思考 [J]. 稀土，2013，34（3）：98-102.
[7] 程妍东，梁英，等．清洁生产技术在稀土金属冶炼行业中的应用 [J]. 稀土，2011，32（5）：92-96.
[8] 赖兆添，姚渝州．采用原地浸矿工艺的风化壳淋积型稀土矿山“三率”问题的探讨 [J]. 稀土，2010，31（2）：86-88.
[9] 李永绣，周新木，等．离子吸附型稀土高效提取和分离技术进展 [J]. 中国稀土学报，2012，30（3）：257-264.
[10] 熊家齐，贾昭，等．化学选矿除去高品位包头稀土精矿中的钙（一）[J]. 稀土，1980，2：34-40.
[11] 马莹，许延辉，等．包头稀土精矿浓硫酸低温焙烧工艺技术研究 [J]. 稀土，2010，31（2）：20-23.
[12] 石富．包头稀土精矿浓硫酸低温焙烧的数量分析 [J]. 稀土，2008，29（2）：36-39.
[13] 柳召刚．碳酸盐沉淀法制备超细氧化铈的研究 [J]. 稀土，2010，31（6）：27-31.
[14] 刘海蛟，许延辉，等．浓碱法分解包头混合稀土矿的静态工艺条件研究 [J]. 稀土，2011，32（1）：68-71.
[15] 侯德宝，许立勇，等稀土萃取流程的产品纯度决策模型 [J]. 稀土，2011，32（1）：46-49.
[16] 钟学明．水相进料理想分馏萃取的模拟 [J]. 稀土，2010，31（5）：48-51.
[17] 尹祖平，徐志广，等．HF气体制备氟化（镨）钕产业化研究 [J]. 稀土，2010，31（1）：99-101.
[18] 高乐乐，沈雷军，等．PDP荧光粉的研究进展 [J]. 稀土，2012，33（3）：12-15.
[19] 刘荣辉，黄小卫，等．稀土发光材料技术和市场现状及展望 [J]. 中国稀土学报，2012，30（3）：265-272.
[20] 石富．稀土电解槽的研究现状及发展趋势 [J]. 中国稀土学报，2007，25（S1）：70-75.
[21] 姜银举，郭海涛，等．氧化铈熔盐电解过程预还原反应的冶金热力学分析 [J]. 稀土，2010，31（2）：28-30.